园冶

〔明〕计 成 著

刘艳春 编著

江苏凤凰文艺出版社

JIANGSU PHOENIX LITERATURE AND
ART PUBLISHING, LTD

图书在版编目（CIP）数据

园冶 /（明）计成著；刘艳春编著. — 南京：江
苏凤凰文艺出版社，2015（2015.11重印）
ISBN 978-7-5399-8090-4

Ⅰ.①园… Ⅱ.①计… ②刘… Ⅲ.①古典园林－造
园林－研究－中国－明代 Ⅳ.①TU986.2 ②TU-098.42

中国版本图书馆CIP数据核字（2015）第008904号

书　　　名	园冶	
著　　　者	〔明〕计成	
编　　　者	刘艳春	
责 任 编 辑	孙金荣	
特 约 编 辑	李玉峰　曹红凯	
文 字 校 对	郭慧红　孔智敏	
封 面 设 计	金顺設計室·车　球 DO-DESIGN STUDIO	
版 面 设 计	李　亚	
出 版 发 行	凤凰出版传媒股份有限公司 江苏凤凰文艺出版社	
出版社地址	南京市中央路165号，邮编：210009	
出版社网址	http://www.jswenyi.com	
经　　　销	凤凰出版传媒股份有限公司	
印　　　刷	北京市雅迪彩色印刷有限公司	
开　　　本	700毫米×1000毫米　1/16	
印　　　张	23.5	
字　　　数	395千字	
版　　　次	2015年8月第1版　2015年11月第2次印刷	
标 准 书 号	ISBN 978-7-5399-8090-4	
定　　　价	49.80元	

（江苏凤凰文艺版图书凡印刷、装订错误可随时向承印厂调换）

‖目录‖

【卷一】

晴川叠翠、古寺飞悬于半空，只要是可见之处，都可借来为我所用。看到那些俗不可耐的景色，就要想办法遮挡起来，遇到美景则应尽收园中，无论远处的郊野，抑或村庄，皆当作园林烟云袅袅的一处风景，这也就是我们说的"巧而得体"的含义。

园 说 / 017

　　古时造园，不是在建造一座生硬的建筑群，而是在造一个天人合一的生命体。园林风物建筑，杂糅了造园者的品格态度，一个园林就是一个人生动真实的精神世界。

古代名家论园林 / 025

相 地 / 026

　　古人在建造园林宅院之前，有个必不可少的准备工作就是相地：踏勘选定园址，对整体布局有个大致的规划，在此基础上构筑成园。

中国古代建筑"风水" / 061

立 基 / 063

　　凡为园里构筑物选择地基的时候，都应把厅堂作为整个园林的主体建筑物，还要把便于从此观景作为重要标准，来确立厅堂置于何处。

园林假山的理法 / 081

屋 宇 / 082

尽管住宅房屋和园林内的房屋在造型上大致相同，可是园林庭室又必须具有赏景的功能，它的结构要求也就略有不同。

列 架 / 136

古时候房子的木质结构，都会在两步柱中间架上大梁，能减少房中柱子数量，在梁上立上童柱，童柱上面再架上小桁梁，小桁梁上又立童柱，在柱子的尽头架上檩，架上一条檩就是一架。

装 折 / 160

大多房屋的建造，最难的就是对房屋的装修。园林中屋宇的装修和那些平常住宅还不一样，它要求在变化之中有条有理，保证庭院的形状既方正整齐，又不显得生硬呆板。

【卷二】

栏 杆 / 190

栏杆是把人和环境联系起来的一种重要工具，它让人在室外倚栏观景，是人与自然进行心灵对话的桥梁和依托。

【卷三】

门 窗 / 214

地域不同，建筑风格和装折风格会不同，门窗的形状也会有所不同。如在侨乡福建和广东一带，人们喜欢用彩绘来装饰房屋建筑，这些地方的门窗也会出现色彩感很强的漆绘装饰。

墙 垣 / 224

在建筑学上，墙是一种把空间围合起来的构件。在园林中，墙的作用更为突出。它不仅起到划分园区内外范围的作用，还起到了分隔园林内部空间，在借景中遮挡劣景的作用。

铺 地 / 251

在园林中铺路，既要考虑它本身的交通道路性质，还要着重考虑它的景观价值。设计者要把它看作是牵引人们观赏景色的工具，要使它和园中的景色搭配，和周围的环境协调，要有"出人意外、入人意中"的效果。

掇 山 / 265

从皇家宫苑到私家园林，中国古典园林中处处都有假山的身影，可谓无园不石，无石不园。那些被精心搜集用以叠山的石头，在园林中有了生命力，成为园林艺术的精华所在。

选 石 / 297

相石时根据前期对假山的设计构想，来相看石头的大小、形状、纹理、色泽等。因为很难找到和构想中一模一样的石头，因此选石决定了叠山是否成功，很多成功的假山作品都是从选石开始的。

借 景 / 336

借景必须审度四时景色和气候的变化特点，和风水学所说的八宅没什么关系。林下和池沼旁边适合人们站立眺望的地方，就可借用或萧寒或青翠的树林、竹林景色。

自 识 / 344

中国的园林建造，从南北朝开始，就注重以园林来体现人的情怀，营造一种诗情画意的境界。因此，在古时候有很多诗人、画家成了兼职造园师。

冶叙

　　余少负向禽[1]志，苦为小草[2]所绁[3]。幸见放[4]，谓此志可遂。适四方多故，而又不能违两尊人[5]菽水[6]，以从事逍遥游，将鸡埘、豚栅[7]，歌戚而聚国族焉已乎？銮江[8]地近，偶问一艇于窳园[9]柳淀[10]间，寓信宿[11]，夷然乐之。乐其取佳丘壑，置诸篱落许；北垞[12]南陔[13]，可无易地，将嗤彼云装烟驾[14]者汗漫[15]耳！兹土有园，园有"冶"，"冶"之者松陵[16]计无否，而题之"冶"者，吾友姑孰[17]曹元甫也。无否人最质直，臆绝灵奇，侬气客习，

■〔清〕孙温 大观园全景图

对之而尽。所为诗画，甚如其人，宜乎元甫深嗜之。予因剪蓬蒿瓯脱[18]，资营拳勺[19]，读书鼓琴其中。胜日，鸠杖板舆[20]，仙仙于止。予则"五色衣"，歌紫芝曲[21]，进兕觥[22]为寿，忻然将终其身。甚哉，计子之能乐吾志也，亦引满以酹计子，于歌于月出，庭峰悄然时，以质元甫，元甫岂能己于言？

崇祯甲戌清和[23]届期，园列敷荣[24]，好鸟如友，遂援笔其下。

石巢阮大铖[25]

【注释】

〔1〕向禽：汉代向长和禽庆两个人。他们喜好山林，不愿出仕，曾一起游历名山大川，后不知所踪。

〔2〕小草：一种药草，又叫远志苗。这里指入仕为官，无法过上自己喜欢的隐居生活。

〔3〕绁：一般指绳子，这里为牵绊、束缚的意思。

〔4〕见放：放逐，古时候官吏因罪被朝廷流放。

〔5〕两尊人：指父母亲。

〔6〕菽水：菽，豆科植物的总称。菽水，古时候指赡养父母。

〔7〕鸡埘、豚栅：鸡埘指的是鸡窝；豚栅指的是猪圈。

〔8〕銮江：今天江苏仪征。

〔9〕寤园：园林名，在今天的江苏仪征。

〔10〕柳淀：生长在浅水里的柳树林。

〔11〕寓信宿：寓指寄居、借宿。信宿指寄居两个夜晚。

〔12〕北垞：垞，指小丘。本句中的北垞指园林中的景物。

〔13〕南陔：《诗经》中有一诗序说："南陔，孝子相戒以养也。"这里的南陔指孝子赡养父母。

〔14〕云装烟驾：云装指以云为衣，烟驾指游览于烟霞之中。

〔15〕汗漫：没有边际，广泛。这里指像神仙一样云游四方。

〔16〕松陵：在今天的江苏吴江。

〔17〕姑孰：在今天的安徽当涂县。

〔18〕瓯脱：瓯脱是古时候匈奴语言的翻译，意思是在边境守望的处所。此处指宅院边角看似荒废无用，实则可以用来造园的地方。

〔19〕拳勺：比喻山水景物。

〔20〕鸠杖板舆：指在闲暇之时，陪着父母长辈游园散心。鸠杖：古代人把斑鸠的形状雕刻在老人用的拐杖上，暗含对老人长寿的祝福。板舆：古时候用来乘坐的一种推车。

〔21〕紫芝曲：指古时候隐居在商山的四皓（东园公、甪里先生、绮里季、夏黄公）所做《紫芝歌》。

〔22〕兕觥：古时候盛酒的器物，为椭圆形或者方形，底部为四足或者圈足，在商周时代比较盛行。

〔23〕清和：月份的别称，汉魏六朝时指的是阴历六月，从唐宋开始指的是阴历四月。

〔24〕敷荣：指园林里所有的景物都表现出欣欣向荣的样子。

〔25〕阮大铖：今安徽怀宁人，明末政治人物、著名戏曲作家。因其在政治上毫无气节，为后人所不齿。

【译文】

我年少之时，就有效仿向子平和禽庆的愿望，想隐居山林之间，但由于入仕做官，无法获取自由时光，所以一直没能做个隐士。幸蒙朝廷把我放逐回乡，自忖我的这个愿望终于可以达成了。但适逢四方多难，战乱频发，我也不可能违背孝道，丢下年迈的双亲，独自到各地逍遥旅行。那么就建造一座园林，在园中饲养鸡、猪等家禽，并且以此奉养双亲，应该可以吧？

江苏的仪征离我家非常近，一个偶然的机会，我坐着一艘小船到了寤园，在绿柳浅湖之畔连住两晚，游玩得非常愉快。我非常高兴地看到在此园中，优美的丘陵溪泉被巧妙地安置在人工的篱笆之间，如此一来，游历山水的愿望和侍奉双亲的职责，就可以在同一地点实现，不用到外面去寻找秀美山水了。因此，我对那些背着行囊不辞劳苦去远方赏景的人，开始嗤之以鼻了。

我们这里有一座幽美的园林，还有一本叫《园冶》的书，写书论述造园之术的是江苏吴江人计无否。为这部书题写书名的，是我的好朋友——安徽当涂县的曹元甫。计无否性格质朴，心思灵秀，那些世俗客套的习气，在他身上一点也没有。

他的诗文书画和他本人一样，清新俊逸不俗气，曹元甫对此人非常喜爱。因为这些原因，我就把家乡一块宅院边角上的土地，修剪了野草蓬蒿之类的杂草，

■〔明〕仇英 辋川十景图（局部）

在上面叠山造屋，建成一座园林，经常在里面弹琴读书。到举家欢庆的节日，我会让年迈的父母拄着拐杖，或坐着板车，优哉游哉地在园林里游玩散心。我穿着五色的彩衣，唱着古代隐士创作的《紫芝歌》，用那些贵重的酒器给父母敬酒，祝贺他们健康长寿，如此悠闲快乐地度过我的余生。真是太好了，计无否能够帮助我把年少时的愿望实现，我也应该给他斟满一杯酒，好好地感谢他。当歌声停歇，皎洁的月亮升上高空，我把这一切告知曹元甫，元甫怎可默不作声，不回应我呢？

崇祯七年（1634 年）四月，园林草木繁盛，鸟鸣不绝似我好友，于是在此春色美景里提笔写了这篇序。

石巢阮大铖

【延伸阅读】

阮大铖，生于 1587 年，卒于 1646 年，字集之，号圆海，又号石巢、百子山樵，明万历年间进士。阮大铖宦海沉浮，曾为东林党重要成员，又依附逆臣魏忠贤，后又降清。其人品为后人不齿，所以籍贯竟然无法确定，一般认为他是今安徽怀宁人。

阮大铖人品不齿于后世，其才学却被高度认可，他不仅书法造诣高超，而且写得一手好诗。他在戏曲创作以及戏曲表演上的杰出贡献，最为后人赞赏。由他编写的戏曲作品多为精品，有《春灯谜》《双金榜》《燕子笺》等。据载阮大铖闲居期间，在石巢园内养了一个戏班，自写自导，每出戏排演到完美无缺时才公演示人，在当时的名声非常大。张岱在《陶庵梦忆》中，对阮家戏班大加赞赏，认为他们所演的戏"与他班孟浪不同"，"皆主人自制，笔笔勾勒，苦心尽出……故所搬演，本本出色，脚脚出色"。

【名家杂论】

明崇祯二年，即公元1629年，官场失势的阮大铖被罢官回了老家。一般失意之人会沮丧失落，阮大铖却不然。他本就才华横溢，兴趣广泛，现在有了机会，绝不做待在家里迎风流泪、对月伤怀的主儿，而是热热闹闹地修园林、养戏子、交朋友。

一次偶然的机会，他见到了造园家计成的作品，就请他在金陵城南的库司坊内建了一座"石巢园"。这个园林面积不大，但设计精巧合理，老树成荫古意盎然，楼台亭阁池水石山无所不有，在当时，算是盛名在外的私家园林之一。但是，他的卑劣声名带累了这座精妙的园林。清代学者甘熙在《白下琐言》里记载，因为阮大铖的入住，石巢园所在地库司坊，被人们起了个非常不好听的秽名：裤子裆。

清代中后期，文人陶湘买得石巢园，改名"冰雪窝"，此时的石巢园已非常破旧，失去了昔日光彩。陶氏钟爱此园，经过多次整修，才开始风华重现。1922年，石巢园被称为韦公馆。20世纪80年代，石巢园已面目全非，被建成了南京金笔厂、南京光学厂，库司坊也改称饮马巷。

时光流转，亭台阁榭已变断壁残垣。当年袅袅丝竹管弦之音，已消云外，只有斯园遗址数易其主，见证曾经的荣辱成败、沧桑往事。

题词

古人百艺，皆传之于书，独无传造园者何？曰："园有异宜[1]，无成法[2]，不可得而传也。"异宜奈何？简文[3]之贵也，则华林[4]；季伦[5]之富也，则金谷[6]；仲子[7]之贫也，则止于陵[8]片畦。此人之有异宜，贵贱贫富，勿容倒置者也。若本无崇山茂林之幽，而徒假[9]其曲水[10]；绝少"鹿柴"[11]"文杏"[12]之胜，而冒托于"辋川"[13]，不如嫫母[14]傅粉涂朱，只益之陋乎？此又地有异宜，所当审[15]者。是惟主人胸有丘壑，则工丽可，简率亦可。否则强为造作，仅一委之工师、陶氏[16]，水不得潆带[17]之情，山不领回接之势，草与木不适掩映之容，安能日涉成趣[18]哉？所苦者，主人有丘壑矣，而意不能喻之工。工人能守不能创，拘牵绳墨，以屈主人，不得不尽贬其丘壑以徇[19]，岂不大可惜乎？此计无否之变化，从心不从法，为不可及；而更能指挥运斤，使顽者巧、滞者通，尤足快也。予与无否交最久，常以剩水残山，不足穷其底蕴，妄欲罗十岳[20]为一区，驱五丁[21]为众役，悉致琪花瑶草[22]、古木仙禽，供其点缀，使大地焕然改观，是一快事，恨无此大主人耳！然则无否能大而不能小乎？是又不然。所谓地与人俱有异宜，善于用因，莫无否若也。即予卜筑[23]城南，芦汀柳岸之间，仅广十笏[24]，经无否略为区画，别现灵幽。予自负少解结构，质之无否，愧如拙鸠[25]。宇内不少名流韵士，小筑卧游[26]，何可不问途无否？但恐未能分身四应，庶几以《园冶》一篇代之。然予终恨无否之智巧不可传，而所传者只其成法，犹之乎未传也。但变而通，通已有其本，则无传，终不如有传之足述。今日之国能[27]，即他日之规矩，安知不与《考工记》[28]并为脍炙[29]乎？

崇祯乙亥午月朔，友弟郑元勋[30]书于影园[31]

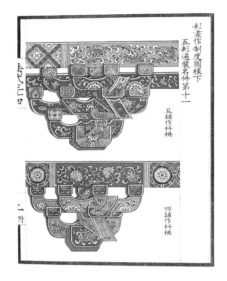

■《营造法式》图样及彩画

【注释】

〔1〕异宜：指在不同条件下，建成的园林各具特色。

〔2〕成法：已经固定下来的法则，前人制定下来的一些制度。

〔3〕简文：指南朝梁简文帝的文章。简文帝名萧纲，文才非凡，最善诗赋，有《梁简文帝集》存世。

〔4〕华林：指华林园。

〔5〕季伦：西晋有名的富豪石崇，字季伦。此人生性贪婪，聚财颇多。

〔6〕金谷：晋代富豪石崇在河阳修建了一座别墅，风格兼有古代庄园和园林的特点，取名金谷园。里面有上万株柏树，楼阁、观宇、溪池、鱼禽等，无所不有。

〔7〕仲子：战国时期齐国人陈仲，也被称为田仲。相传出身于贵族之家，哥哥叫陈戴，有封地，每年得到的俸禄粮米多达几万石。陈仲感觉食之有愧，断然离开家，带着妻子到当时的于陵定居下来，靠妻子编草绳、自己编草鞋为生。

〔8〕于陵：今山东长山一带。

〔9〕徒假：只是借用。

〔10〕曲水：指曲水流觞，古时人们在农历三月三举行的集会风俗，和如今的郊游野炊类似。此处代指山水名胜。

〔11〕鹿柴：原意指把篱笆上的竹木削尖，捆绑在一起做成像鹿角一样的栅栏。这里指唐朝王维辋川别业里的一个景点。王维曾作诗《鹿柴》："空山不见人，但闻人语响。返景入深林，复照青苔上。"

〔12〕文杏：杏树的一种，用来指代优良美好的树木。文杏馆也是王维辋川别业中的一处胜景。

〔13〕辋川：初唐诗人宋之问在辋川山谷建造的一个山庄，后来王维在此基础上营造了辋川别业，今已不复存在。在诗文载录中可以看出，它是一座既富自然之趣又具诗情画意的自然园林。

〔14〕嫫母：传说中黄帝第四个妃子，相貌非常丑陋，不过为人贤良淑德。

〔15〕审：通"慎"，慎重考虑。

〔16〕工师、陶氏：木工和瓦匠。

〔17〕潆带：流水环绕流动的样子。

〔18〕日涉成趣：形容在园林里享受到了山林之趣。

〔19〕徇：迁就，妥协。

〔20〕十岳：泛指天下的著名山脉。

〔21〕五丁：中国古代神话传说中的五个大力士。

〔22〕琪花瑶草：神话传说中虚构的奇异花草。

〔23〕卜筑：选择地点建造园林和房屋。

〔24〕十笏：笏，古时官吏上朝时拿在手里的狭长朝板，用来记录上奏事宜，一般用象牙或竹木做成，有一尺多长。这里用笏形容空间狭小。

〔25〕拙鸠：像斑鸠那样愚笨。形容自己的愚笨。谦辞。

〔26〕小筑卧游：用欣赏山水画比喻在园林里游览赏玩，指在精致园林里，不用跋涉，也能欣赏到奇山秀水。

〔27〕国能：高超技能。

〔28〕《考工记》：《周礼》一部分，主要记录了上古时期百工做活的事情。

〔29〕脍炙：原指切得很细的烤肉，后来形容诗文受欢迎程度。

〔30〕郑元勋：明代画家，工诗善画。崇祯十六年（1643年）进士，官至清吏司主事。

〔31〕影园：计成设计的一座著名园林，在当时的江都县城南，即今江苏扬州。建在山水之间，可见山影、水影、柳影，故名影园。

【译文】

古时发明的各种技艺，都有著述传于后世，为什么唯独缺少建造园林的书籍呢？有人说："园林建造，有人、地的因素制约，没有固定章法可循，因此无法把建造园林的方法写成著作流传后人。"

什么是"异宜"呢？南北朝时，梁代简文帝尊贵无比，建了富丽堂皇的华林园；西晋的石崇用他的巨额财富，建了奢侈之极的金谷园；战国时齐国的陈仲子，非常穷苦，只能在于陵拥有一个小小的菜园子；这便是人和人之间的"异宜"。人有穷富贵贱，所以与之相配的园地在规模和风格上也有差别，这是不能随便颠倒的。如果没有层峦叠嶂的幽雅之形，而非用"曲水流觞"这样的雅称；没有"鹿柴""文杏"般的景致，却要冒用"辋川别业"那样的美名，这不是和丑陋的嫫母涂脂抹粉一样，反而变得更加丑不可睹吗？因此，各处的地理条件不同，在设计园林的时候，也要随之变化，这个道理需要建造者慎重考虑。

只要园林主人丘壑在胸，那么园林的布局建造，既能奢华，也能简朴。否则勉强建造，所有的事情交给那些木工瓦匠，势必出现园林里的水流没有回环萦绕的趣味，而园林里的石头也失去映衬接应的气魄，草木缺乏掩映露藏的形态，没有优美的山水，园林主人怎么会领略到"日涉成趣"的美好呢？让人烦忧的是，有些主人心里勾画得很好，却无法让工匠领会他的意趣，工匠就墨守成规不创新，主人只能委曲求全，放弃自己的山水意象去迁就他们，这样不是非常遗憾吗？

计无否主持园林建造的时候，能够机智地应对不同情况，懂得建造规律又不死板硬套老方法，这是普通的匠人超越不了的；他更长于在现场指挥工作，有丰富的实践经验技巧，能把那些顽石变得灵奇，让那些沉闷的空间变得灵动，这些都是他的作品深得人心的原因。我和计无否结交很长时间了，常感觉小园林里的造景工作不能淋漓尽致地发挥他的才能，因此总想把天下名山合于一处，把神话里的五个大力士给他驱使，搜罗世间所有的花草树木和奇异的鸟禽，给他布置山林之用，使得这世界的样子焕然一新，这才是让人称心的好事啊，可惜的是找不到这样的人！这么说，计无否是不是只能建造大园林而不能设计庭院呢？不是这样。正如之前所说，地理条件和园林主人的客观原因是不一样的，能把这些不同条件整合好，来规划布局，没有人可以和计无否相提并论。以我建在城南的影园为例，它位于芦花汀和杨柳岸之间，非常狭小，被计无否稍加设计，就变得很有

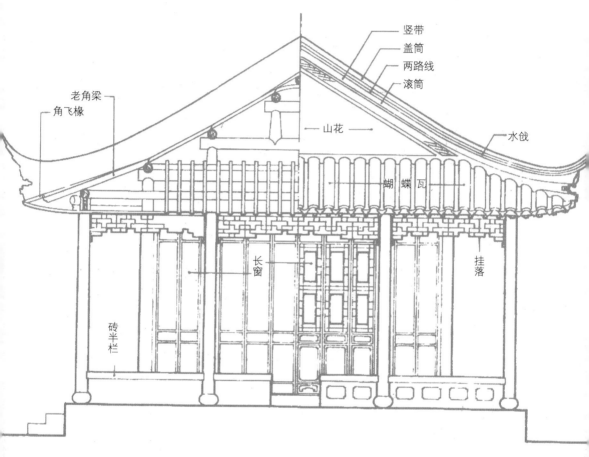

竖带
盖筒
两路线
滚筒
老角梁
角飞椽
山花
水戗
蝴蝶瓦
长窗
挂落
砖半栏

■《营造法原》中的殿庭结构图

空灵幽雅的意味。

我自认为在园林建造方面，还算是内行，但和计无否比起来，那就是不会垒建鸟窝的笨斑鸠了。天下有很多名人雅士，想建造一个小园林好用于休憩游览，怎么能不向计无否请教呢？不过恐怕他没有分身之术，应对四方的邀请，所以只能写本《园冶》来帮助指点造园人了。

不过，我还是认为计无否真正的造园智慧没有办法传授，书里只能讲些实践得来的成法，这种传播造园技艺的方法和不传授差不多。不过，看书的人可以机智地把书里的教条运用到实践中，在基本技术上加以变化，这样一来，无传就不如有传好了，因为有了书，人们在建造园林时就有本可依了。计无否堪称国内最好的造园高手，他的这本书也能成为后人造园参照的法则，谁能说《园冶》不能和《考工记》一同被后人称颂并承传下去呢？

崇祯八年（1635 年）五月初一，友弟郑元勋写于影园

【 延伸阅读 】

郑元勋，生于 1598 年，卒于 1645 年，今江苏扬州人，明代著名画家。崇祯十六年（1643 年）考中了进士，官至清吏司主事。

郑氏家族在扬州算是名门望族，郑元勋自幼喜好山水竹木，工诗善画。他的山水画师法元代吴镇，在山水小景方面尤为出色，为当时江东名流。1640 年江南曾遭大饥荒，郑元勋号召郑氏家族捐赠财物，为灾民捐出一千余石的粮食，建立一个施粥点，赈济百姓。他和当时著名的画家董其昌关系极好，和著名造园师计成也志趣相投，后曾邀其为自己设计建造了著名的私家园林影园。

郑元勋是个悲剧人物，影园建成后没过多久，就干戈四起。战乱之中，郑元勋好心出城与乱军说和解围，遭到官民误解被杀，含冤惨死。后经史可法查证，冤情大白，但江都郑氏一门，从此衰落。郑元勋让后人记住，更多的是因为那座影园。

【 名家杂论 】

明崇祯年间，在建造园林方面极为出色的造园师计成，受扬州名士郑元勋之邀，为郑元勋建造园林。《扬州画舫录》记载，在园子建造初具规模的时候，郑元勋的好友，当时著名的画家董其昌到扬州拜访郑。郑元勋让董其昌为此园取名，董看

该园咫尺山林，却纳多方胜景，且园中山水绿柳之影婉然动人，便以"影园"命名。

后来，郑元勋用画家的情怀与审美意识，悉心料理着这座本就清雅精美的园子。对园子后期的加工，郑元勋就如自己作画时一样，馆池花木屡建屡更；影园如画，其朴野之趣便是画的灵魂。遗憾的是，时光轮转至康熙中期，郑氏家族家道衰微，影园也开始荒废。到民国之时，几已无存，仅在园址屿上留三五渔家，结屋渔耕。沧桑之感，颇似"犹有白头园叟在，斜阳影里话当年"。

后人多为扬州八大名园之一的影园感到可惜，也有重建的建议不断被提出。从影园的占地面积和耗资来说，重建是可行的。然而园林之美，多在意趣。想当日它的引人之处，是山影重重，柳影娉婷，加之水影粼粼。如今再看，西边山冈已夷为平地，即便亭榭散落也难觅朴野之趣。水、柳俱在，若无青山做伴，也意趣全失。如此一来，影园无影，又怎能重现当日风采？最重要的是，旧时影园之气度，在于名士聚集，纷纷题诗写句，为此园增添无限文人风雅之情。这些墨迹提高了此园品位，也是历史的印记。如今园毁，墨迹亦随雨打风吹去，重建难复旧日品格，不如暂且留一处空白的念想，于梦中重会影园吧。

自序

　　不佞[1]少以绘名，性好搜奇，最喜关仝[2]、荆浩[3]笔意，每宗之。游燕及楚，中岁归吴[4]，择居润州[5]。环润皆佳山水，润之好事者，取石巧者置竹木间为假山；予偶观之，为发一笑。或问曰："何笑？"予曰："世所闻有真斯有假，胡不假真山形，而假迎勾芒[6]者之拳磊[7]乎？"或曰："君能之乎？"遂偶为成"壁"[8]，睹观者俱称："俨然佳山也！"遂播闻于远近。适[9]晋陵[10]方伯[11]吴又予[12]公闻而招之。公得基于城东，乃蒙元温相[13]故园，仅十五亩。公示予曰："斯十亩为宅，余五亩，可效司马温公[14]'独乐'[15]制。"予观其基形最高，而穷其源最深，乔木[16]参天，虬枝[17]拂地。予曰："此制不第[18]宜掇石而高，且宜搜土而下，令乔木参差山腰，蟠根嵌石，宛若画意；依水而上，构亭台错落池面，篆壑[19]飞廊[20]，想出意外。"落成，公喜曰："从进而出，计步仅四百，自得[21]谓江南之胜，惟吾独收矣。"别有小筑[22]，片山斗室，予胸中所蕴奇[23]，亦觉发抒略尽，益复自喜。时汪士衡中翰[24]，延于銮江西筑，似为合志，兴又予公所构，并骋南北江焉。暇草式所制，名《园牧》尔。姑孰[25]曹元甫[26]先生游于兹，主人偕予盘桓[27]信宿[28]。先生称赞不已，以为荆关之绘也，何能成于笔底？予遂出其式视先生。先生曰："斯千古未闻见者，何以云'牧'？斯乃君之开辟，改之曰'冶'[29]可矣。"

时崇祯辛未知秋杪[30]，否道人[31]暇于扈冶堂中题

【注释】

〔1〕不佞：没有才能的人，谦虚的自称。

〔2〕关仝：五代时期著名的山水画家，今陕西西安人。他初师从荆浩，后又

专心研习唐代名画,画风气势雄浑,染色古朴淡雅,意蕴深长,后人称他的画为"关家山水"。

〔3〕荆浩:五代后梁著名画家,五代后隐居太行山,今河南济源人。最擅长全景山水画,风格自成一家,被后人赞誉冠盖唐宋山水。他提出了绘画艺术中的"六要",为后人习画给予理论指导。

〔4〕吴:今江苏。

〔5〕润州:今江苏镇江。

〔6〕勾芒:传说中管理林木及农事的春神,又称芒神,木神。

〔7〕拳磊:用拳头大小的石块垒成的石堆。

〔8〕壁:墙壁,陡峭的山体。本处特指一种假山造型。

〔9〕适:正好,恰好。

〔10〕晋陵:今江苏常州。

〔11〕方伯:一种官位名称,明清之时用作称呼布政使。

〔12〕吴又予:吴玄,字又予,明万历年间进士,曾在江西做布政使。

〔13〕温相:元代蒙古族人,曾担任集庆军节度使。

〔14〕司马温公:指司马光,去世之后被朝廷追封为温国公。

〔15〕独乐:司马光在洛阳建造了一座园林,名为独乐园。这里用"独乐"指代独乐园。

〔16〕乔木:泛指树干高大的树种,树干高度通常在6米以上,树干和树冠区分明显。如松树、白桦、玉兰等。

〔17〕虬枝:虬,四爪龙;虬枝指盘曲起来像龙一样的树枝。

〔18〕不第:不但。

〔19〕篆壑:像篆体字一样弯曲的沟壑。

〔20〕飞廊:悬于半空或架于水上的长廊。

〔21〕自得:自己体会到。

〔22〕小筑:规模比较小的园林,或者指体积不大的建筑物。

〔23〕蕴奇:藏于心内的一些奇特的好想法。

〔24〕中翰:官位的一种称呼,指内阁中书,明清时这种官吏主要做文字方面的工作,如编撰、拟写、记录、翻译、缮写等。

〔25〕姑孰:在今安徽省当涂县。

〔26〕曹元甫：名履吉，号根遂，今安徽当涂人。明万历年间进士，生卒年月无从考证。

〔27〕盘桓：在某处逗留。

〔28〕信宿：在一个地方连住两晚。

〔29〕冶：原意是熔炼金属类物质，这里指开创、造就。本句是指园林设计师在造园的过程中，要把各个方面的因素综合起来考虑，把一切可以利用的因素结合起来，建成具有艺术审美价值的园林。

〔30〕杪：原指树枝末梢部位，此处指文章末尾。

〔31〕否道人：计成，号否道人。

【译文】

我年少之时，以擅长绘画出名，同时也对一些新奇事物颇具探索精神，最喜欢关仝和荆浩二人山水画中雄浑气壮、着色古淡的意趣，因此作画的时候常模仿这种风格。

我曾经在燕京（今称北京）、湖南、湖北等地方游览，人到中年之时，便选择在家乡江苏润州定居。润州是个风景秀美的地方，四围青山丽水美不胜收。本地一些喜好建造园林的雅士，常常把一些形状奇巧的山石放置在竹林树木之中，做成人工假山。我碰巧看到了，不禁为之一笑。有人问我："你为什么发笑？"我说："常听说世上有了真的才有假的，我们为何不参照那些真山的形状来造山，而要弄出像迎春神时石头堆一样的假山呢？"有人就问我："你能用大石块叠成假山吗？"借着这个机会，我当场给他们叠成了一座陡峭的"山"。所有看到的人都赞叹："太像一座漂亮的真山了！"从那个时起，我能叠山的才能被很多人知道了。

恰巧，常州有做过布政使的吴又予公闻我的名来邀。他在城东面得来一块可造园的地基，原是元朝温相的老宅子，占地十五亩。吴又予告诉我："这里的十亩地用作建房屋，剩余五亩之地，用来造园，你可以模仿当年司马光独乐园的样子建造。"我勘察了一下地基的势态，发现这里的地势非常高，而邻近的水源却很低深，地基上有高入云霄的老乔木，也有盘曲的树枝垂在地上。我建议说："根据此地的地基情况，造园的时候要用叠石垒山来增高一些地方，同时应把一些低洼之处挖得更深，那些乔木要错落有致地安插在山腰之上，盘曲交缠的树根之间应放上石块，如此一来山水画般的意境就呈现出来了；然后在有水的池塘旁边建造亭台，让参差不一的亭台之影映于水上，再挖凿一些弯曲回环的沟壑，搭建一些悬于空中的走廊，建成之后这里的意境将会出乎我们的意料。"园子造好后，吴又予非常愉悦地说："从进门起到出门止，这个园子不过四百步，可是我认为江南的美景，我这园子都一一呈现了。"除此之外，我又接到几个小点的工程，尽管都是方寸之间的小地方，但能把心中蕴藏的一些奇思妙想发挥出来，我自己也乐在其中。

后来，中书大人汪士衡也请我在江苏銮江的西边建造一座寤园，寤园建成后非常符合一些士大夫的志趣，因此这座园子和吴又予的园林一起，驰名大江南北。在建造寤园的间隙，我把一些图纸和文稿整理了一下，集成一本叫《园牧》的书。姑孰的曹元甫到寤园来游玩，园主和我一起陪着他在这里逗留了几天。曹先生对寤园赞许有加，说眼前看的如同是荆浩、关仝的山水佳作一般，于是就询问什么时候能把造园的方法撰写成文。我当时把绘制的样图给他看。曹先生说："这样的书从来没有听说过，也没见过，为何起名叫园'牧'呢？这是你独创的，把它改成'冶'才合适。"

崇祯四年（1631 年）秋末，否道人空闲时写于扈冶堂

【延伸阅读】

计成，字无否，号否道人，明万历年间人，祖居今天江苏苏州的同里镇。他生于公元 1582 年，逝世年份已无从考证。计成家世并不显赫，少时生活可算富足，不过中年时不知何故日渐落魄。在众多明代才子中，他算不得出色的，却以其在园林艺术上的卓越贡献，名垂千古。

他少年之时，便对园林建造产生了浓厚兴趣，后来更是"逃名丘壑中"，彻底投身到园林建造这一行业。此举契合他的精神理想追求，又保障了经济生活。在五十三岁的时候，他综一生所学，著成《园冶》一书。此书把中国园林建造的精髓理念尽收其中，总结并提出了很多独具心裁的造园观点。计成把中国国画构图写意的方法，用到了园林建造之中，诗情画意在园林之中皆尽生色，意境悠远。

计成也是一个能诗擅画的才子，他用"骈四俪六"的创作方法完成了《园冶》这部书。该书措辞雅丽，描述生动，在文学史上，也有重要的地位。

【名家杂论】

如果说有一种艺术形式，用立体的方式把中国古人的审美情趣呈现出来，那就非中国古典园林莫属了。园林这种奢侈艺术是一般人玩不起的，它要求的条件非常特殊。首先要有财力支持；其次要有风雅情怀，有一定的审美鉴赏能力。

最早的园林起于帝王之家。商周之时，王公贵族们常以狩猎为乐事，于是在那些山水秀美、动物出没的区域里修建园囿。皇族待的地方，虽然为狩猎之用，也要细致规划，如此一来，以自然山水为骨的园林建造理念便初步形成。之后，造园乐事开始被民间风雅豪绅所喜，逐渐普及。秦汉之时，皇室修建的园林开始以山水为范，形成一林三山的园林模式。当时最出名的是汉武帝时期所建的上林苑。魏晋时期，文人们避乱世尚清淡雅致的生活，对于山水之趣尤为热爱，这种观念也渗入到园林建造之中。此后，文人雅士争相建造山居别业。隋唐时期，以王维和白居易为代表的文人，把诗文书画理念，也融入到园林艺术中。王维的"辋川别业"，白居易的"白莲庄"，都把建筑之美和诗画之美相结合，为园林别业中的无上佳品。

明朝中后期，以江南为重心的园林建造大量兴起。苏杭、扬州等地成为私家园林的汇集之地。一些具有诗画素养的造园家，在这些园林设计中发挥了很大作用。他们总结前人经验，把诗、画、园林融为一体，每个园林都是当时文人风雅精致生活的投射，用立体的形式展现着中国文人的至高审美追求。计成就是其中一位，他的东第园、寤园和影园，名噪一时，流传后世。

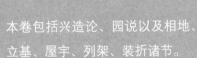

卷 一

本卷包括兴造论、园说以及相地、立基、屋宇、列架、装折诸节。

在这一卷中，作者论述了园林建造的重要性，园林用地、景物设计的要求，房舍与景区基础总体布局的关系，房舍建筑形式，以及屋梁平面构图等园林内外空间结构的布局安排。

兴造论

晴川叠翠、古寺飞悬于半空，只要是可见之处，都可借来为我所用。看到那些俗不可耐的景色，就要想办法遮挡起来，遇到美景则应尽收园中，无论远处的郊野，抑或村庄，皆当作园林烟云袅袅的一处风景，这也就是我们说的"巧而得体"的含义。

世之兴造，专主鸠匠[1]，独[2]不闻"三分匠，七分主人"之谚乎？非主人也，能主之人也。古公输[3]巧，陆云[4]精艺，其人岂执斧斤者[5]哉？若匠惟雕镂[6]是巧，排架[7]是精，一架一柱，定[8]不可移，俗以"无窍之人"[9]呼之，甚确也。故凡造作，必先相地立基，然后定期间进，量其广狭，随曲合方，是在主者，能妙于得体合宜[10]，未可拘率[11]。假如基地偏缺，邻嵌[12]何必欲求其齐，其屋架何必拘三五间，为进多少？半间一广[13]，自然雅称，斯所谓"主人之七分"也。第园筑之主，犹须什九，而用匠什一，何也？园林巧于"因""借"，精在"体""宜"[14]，愈非匠作可为，亦非主人所能自主者；需求得人，当要节用。因者：随基势[15]之高下，体形[16]之端正，碍木删桠，泉流石注，互相借资；宜亭斯亭，宜榭斯树，不妨偏径，顿置婉转，斯谓"精而合宜"者也。借者：园虽别内外，得景则无拘远近，晴峦耸秀，绀宇[17]凌空；极目所至，俗则屏之，嘉则收之，不分町疃[18]，尽为烟景，斯所谓"巧而得体"者也。体宜因借[19]，匪[20]得其人，

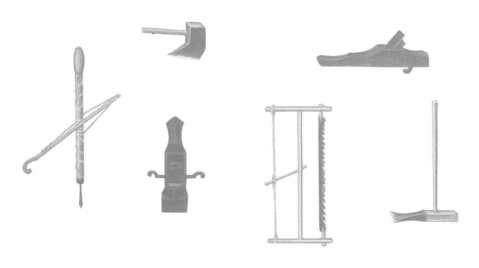

■ 房屋建造必备工具（一）

兼之惜费，则前工并弃，既有后起之输、云，何传于世？予亦恐浸失其源，聊绘式于后，为好事者^[21]公焉。

【注释】

〔1〕鸠匠：鸠，古代一种交通工具；鸠匠指建筑工匠。

〔2〕独：难道，岂不。

〔3〕公输：公输班，春秋时期鲁国人，世称鲁班，被尊为木匠祖师。据记载，他能够用竹木做成风筝，在天上飞三天而不落。也曾制造出用于战争的云梯。

〔4〕陆云：字士龙，吴郡吴县（今江苏苏州）人。在《登台赋》中，他对建楼阁的一些技术作了很详细的说明。

〔5〕执斧斤者：斤，用来砍伐木材的刀；斧即斧子。这里指用刀斧做工的工匠。

〔6〕雕镂：精心地雕刻装饰。

〔7〕排架：把木质构架组合起来。

〔8〕定：固定起来，不再变化。

〔9〕无窍之人：不知道随机应变、合理趋避的人。

〔10〕合宜：和主人的要求相符合，能够合理地利用材料、地基的形状。

〔11〕拘率：过于拘泥某种固定形式，或者太随意草率。

〔12〕邻嵌：邻，靠近。嵌，填进空隙之中。这里是说在布局园林的时候，应该以地形特点来规划，把地形的特点充分利用好。

〔13〕广：一种紧贴山崖建造的房子，只有一个坡顶，也叫披厦。

〔14〕巧于"因""借"，精在"体""宜"：要巧妙地因地制宜，借助可以利用的景色；要让园内建筑物的高低大小、形状式样都合适。

〔15〕基势：地基的形态。

〔16〕体形：园林的地势形态。

〔17〕绀宇：寺庙。

〔18〕町畽：町，田间的小径。畽，指村庄。町畽指代田野。

〔19〕体宜因借：在建造园林的时候，根据主人的意思、地理形势以及修建的时间来规划，要懂得借用和引入可提升园林美感的景物。

〔20〕匪：通"非"。

〔21〕好事者：指喜好建造园林的人。

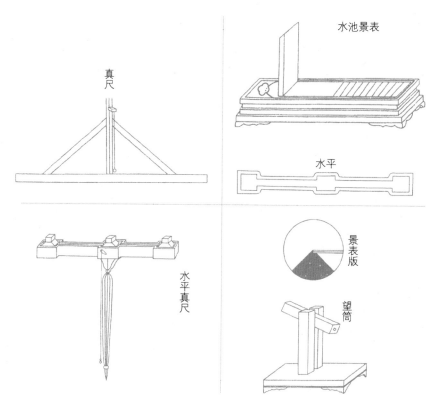

■ 房屋建造必备工具（二）

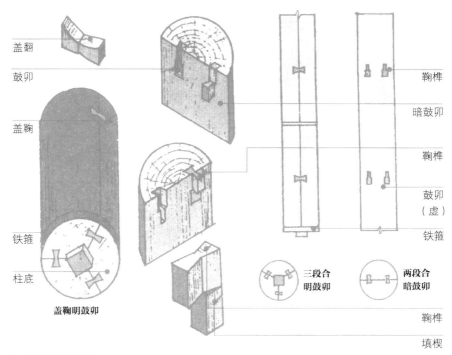

盖翻

鼓卯

盖鞠

铁箍

柱底

盖鞠明鼓卯

鞠榫

暗鼓卯

鞠榫

鼓卯
（虚）

铁箍

三段合
明鼓卯

两段合
暗鼓卯

鞠榫

填楔

■ 宋法式合柱鼓卯图

【译文】

如今人们建屋造房，都是依工匠之言施工，难道这些人对"三分匠，七分主人"的俗谚闻所未闻吗？这里所说的"主人"，不是指房子的主人，而是指会整体规划，可以在施工过程中给予指导的设计师。

春秋时鲁班可以制作精巧的器物、建造架构巧妙的房屋，陆云能够用文字把楼台亭榭布局之美刻画得幽雅动人，他们难道只是一般持刀斧的工匠吗？一般的工匠认为能够雕刻细致就是巧技，按照已成的样式做出准确的构架就算精致了，他们严格按照规定，不妄动哪怕一根梁柱，人们把这样的工匠称为"无窍之人"，也算是非常恰切了。

因此，只要是建屋造房，就一定要勘察地理情况，事先构局谋划，敲定地基设于何处，之后确定需建几进几间，再根据地形的宽窄曲直，合理布局。最重要的是主建人能够根据实际情况，合理设计楼阁屋宇的排布，在设计的过程中既不可墨守成规，又不能散漫随意。如地基不够整齐，没必要一定修整拼凑成一个整块；在房屋建造上，一定要限制为三间五间，或者规定几进，又有多大意义呢？即便半间小屋建于崖旁，也可具幽雅之趣，这正是"主人之七分"的体现啊！可以说，造园师在建造园林的过程中，发挥了九成作用，那些工匠仅有一成贡献。为何如此说呢？因为一座优秀园林的落成，一定要因地制宜，布局巧妙，仅靠一般工匠是不可能做好这些工作的。即使园林的主人懂得审美，也不可能一个人设计出来，一定要请专业的园林设计师，在他们的主持下，在节约费用的情况下，完成园林建造。

造园艺术中的"因"是指：根据地基的高低不同，对地形进行整修，有些树木遮挡人们欣赏美景的视线，就要把枝条修剪一下；假如园中有溪流婉流，就要设法让其流经石上，石与水相衬，意趣非凡；在适合建造亭、榭的地方，就建造亭、榭；开辟小径不妨选在偏僻幽静的地方，并使其蜿蜒有致，此即为"精而合宜"的意义所在。

造园艺术中的"借"是指：尽管园林分成了内外两个区域，但取景时可不受限，远景、近景可以相互搭配映衬。晴川叠翠，古寺飞悬于半空，只要是可见之景，都可借来为我所用。看到俗不可耐的景色，就要想办法遮挡规避，遇到美景则应尽收园中，无论远处的郊野，抑或村庄，皆可当作园林烟云袅袅的一处风景，这也就是我们说"巧而得体"的含义。

这些让园林得体适宜、根据地形巧借景色的工作，假如没有合适的人选来布局规划，并且亲自主持建造，又加之主人吝啬，那么建成美好园林的愿望就成泡

■〔清〕郎世宁 宫苑图

影了。即便有像鲁班和陆云一样的能工巧匠出现，又怎么可能建造出流传后世的佳园？我担心这些优秀的园林建造技艺会慢慢消失，所以就把不同的造园图样画出来，附在文后，让那些喜爱园林的人能够细品，并可做造园参考之用。

【延伸阅读】

古时候的建筑师，大体可分为两类：一类是皇家专有，专门负责建设都城、宫殿之类的大工程；还有一类属于民间建造师，为普通老百姓建造居所，或者为那些达官贵人设计建造私家园林。

在正式造园师出现之前，那些头脑聪明、有自己想法的匠人担当了设计图纸和建造的双重工作。后来，私家园林兴起，一些园林主人的要求越来越高，目不识丁的匠人们再也满足不了主人对园林的审美要求。这个时候，一些文人兼设计师开始出现，真正的造园师从匠人中独立出来。他们成为沟通园林主人和一般工人之间的纽带，负责整体规划设计，并主持建造工作。

当时的造园师收入并不高，但要想在园林建造界有名气，也不是简单的事情。他们必须有一定的文化修养和审美素养，只有如此，才能和园主在精神层面达成一致，并能着手设计蓝图。比如，生于万历年间的著名园林大家计成、张南桓、文震亨等人，都是文学素养高，又能诗会画的人。

【 名家杂论 】

以今人的眼光来看，造园师交往的都是一些有钱有势的大人物，而且他们的工作只管设计指挥，不必在工地上搬抬挪运地流汗，表面上看，他们应该过得非常逍遥自在。事实情况并不如此，即使再出名的造园师，在那个时代也属于工匠之流，地位仅高于人所不屑的商人；收入上，因为园林主人要和造园师沟通协商，造园师的吃住都由主人提供，所以酬金也不算多，只比一般工匠高些罢了。

地位不高，收入也不多，造园师的工作却不是坐在雕梁画栋的房中，随意在图纸上勾画就可以了。首先，造园师要和园林主人沟通，了解主人的喜好，然后才能根据实际情况反复修改蓝图。如果不幸碰到了固执己见的主人，他们还要完全摒弃自己的设计思路，听从主人的意思。据传明代著名建造师张南桓就曾经碰到一位不懂审美，非得按自己意思建园的东家，后来园林建成，张南桓每次从那里经过，都要喃喃自语一番："这一定不是张南桓建的，这一定不是张南桓建的。"

即使得到东家的信任，可以放手设计，造园师的工作也不那么轻松：门梁使用哪种结构、窗子用何种图式、地上铺什么砖、院子里栽种什么花草，这些都要在建园之初一一谋划好。此外，在造园师这一行当里，有三条规矩必须遵守，否则会坏了名声：一是保证园林具富丽之态，还要尽力节省资金；二是物尽其用，必须利用好所有材料；三是对园林审美的要求永无止境，要精益求精。三个要求都做到了，才能算得上是一流的建造师。在今天看来，这三种要求也是非常合理但又非常难做到的。

苏州拙政园

苏州拙政园在唐朝时，是诗人陆龟蒙的宅院。到了元代，被改建为大宏寺。公元 1509 年，明弘治年间的进士王献臣官场失意，退而归隐到苏州。他决意在山水园林之中消遣余生，于是聘请当时著名的画家文征明帮自己设计了一张园林蓝图。历经十六年，园子得以竣工。王献臣很喜欢西晋潘岳《闲居赋》中所说的"灌园鬻蔬，以供朝夕之……此亦拙者之为政也"，于是依此为该园取名拙政园。

文征明本是吴派书画大家，对江南山水之美有高超的表现手段，他参与设计的拙政园也表现出卓尔不凡的美感。拙政园不仅是苏州占地面积最大的园林，也

■〔明〕文征明 拙政园三十一景图册（部分）

是江南园林中的杰出代表。它的布局疏密有致，自然天成。最主要的特点是全园风景以水为主体，人工建筑物分布在池水的周围。各个建筑之间以漏窗、回廊等连接起来，加之园中山石奇巧，古木繁茂，绿竹青翠，花草秀美，整体看来就是一幅意境悠远的美图。

　　建成拙政园不久，王献臣就去世了。他的儿子在一次赌博中，把园子输给了一个徐姓人士。后来，在四百多年的岁月里，拙政园一直在更换主人，最悲惨的时候，曾被分成三个部分。它们有时是私家园林，有时成为地方官办公地，有时又变为民居。直到20世纪50年代，三个分割的园区才合为一园，恢复旧名拙政园。

　　如今拙政园中的建筑，大部分是清咸丰十年（1860年），被当作太平天国忠王府花园时重新修建的，在清朝末年，被分成东、中、西三个不同的小园，东部园区叫"归田园居"，西部园区叫"补园"。拙政园以其集山水园林之大成的设计，成为苏州古典园林中的佼佼者，也被后人誉为"天下园林之母"。

苏州留园

苏州留园修建于公元 1593 年，也就是明代万历二十一年，其主人是一个叫徐泰时的官吏。留园最初的园名为东园。徐泰时逝世后，家道中落，东园也渐渐荒废。乾隆五十九年（1794 年），江苏吴县一个叫刘恕的人在东园的故址上重修了此园。当时院内多梧桐、青竹，加之池水澄碧，所以名之"寒碧山庄"。

后历经战乱，但留园幸存于战火之中。清代同治年间，常州人盛康购买了该园，重新修缮加筑，历经数年而完工。盛康根据人们"刘园"的叫法，为园林命名"留园"，这一名沿用至今。清代俞樾在《留园记》中夸赞留园"嘉树荣而佳卉苗，奇石显而清流通，凉台燠馆，风亭月榭，高高下下，逶迤相属"。留园的占地面积有两万三千多平方米，园中建筑是非常典型的清代风格，厅堂高敞轩丽，建筑艺术精巧无比。园中的庭院深得传统文化幽深雅致之趣，山石奇峻，池水青碧，有"不出城郭而获山林之趣"的美誉。

全园一共由四个部分组成，它的奇妙之处在于，人们可以欣赏到山水、田园、山林、庭园四种风格迥异的景观。园林的西北是堆叠而成的假山区，假山大多为土石山，以黄石为主要石材，风格雄奇古朴。这里土阜曲溪，沿岸栽种着桃柳，土阜之上缀有黄石，枫树满山，待到秋日鲜红一片，不愧是苏州园林土山佳作。园区东南是一组建筑群，包含了建筑形式中的山房、楼阁、轩馆、亭榭等诸多元素，体现了江南园林卓越的建筑艺术。在园林东部，由林泉耆硕之馆、冠云楼、冠云台、待云庵建筑，围成了一处庭院，院子中间有个水池，冠云峰立在水池的北边。园林北部特别开辟了一处盆景园，里面有数百盆盆栽，皆为天下名品绿植。

北京颐和园

颐和园在北京西北。其前身是清代的清漪园，是以杭州西湖为范本、借鉴江南园林设计特点建造而成的规模宏大的山水园林，被称为"皇家园林的博物馆"，是迄今为止保存得最完整的皇家行宫景区。在乾隆登基之前，北京西郊一带就已经建起四座规模很大的园林，从海淀一路绵延到香山。美中不足的是，这四座园林并没有通过一个合理的建筑连接起来。几座园林之间，原有个翁山泊，是一片空旷地段。乾隆继位后，决定在翁山泊附近建造一座园林，和其余四个园子连接起来。清漪园建成后，形成了从清华园到香山约四十里的园林区。1860 年，清漪园一度被毁，六年之后重建，改名颐和园。

颐和园以万寿山和昆明湖为主要构景点，其中水面占据整个园区三分之一面积，这在水资源相对匮乏的北方非常难得。它既有北方园林的大气，也有南方园林的灵巧。其中三大特点，被人们赞叹不已。

长廊。江南园林中不乏设计精巧的经典廊建筑，但是像颐和园中长达七百二十八米的长廊，却非常罕见。长廊本身造型优美大气，巧妙地把颐和园各景点连接起来。廊中的绘画作品，更有着极高的艺术价值。

西堤和西堤上别具匠心的桥。西堤原本是一条较窄的长堤，并没有什么用处，可高明的设计者把长堤从中断开，然后在断开处架设了六座造型优美的桥，形成"西堤六桥"景观，并由此产生"六桥烟柳"的佳景。其景致和杭州西湖的苏堤相比，也毫不逊色。

后湖景区。显示出皇家园林建造者的高超布局功力。它用后湖来使万寿山三面环水，这样一来，不但体现出园林的山水之美，还使湖水起到了防火的作用。在干燥的北方，这无疑是值得赞赏的设计。

听鹂馆

乾隆皇帝为其母所建，内有两层的戏台，因古人常借黄鹂鸟的叫声比喻音乐的优美动听，故名之为"听鹂馆"。

长廊

长廊面向昆明湖，北依万寿山，东起邀月门，西止石丈亭，全长 728 米，共 273 间，是中国园林中最长的游廊，1992 年被认定为世界上最长的长廊，列入"吉尼斯世界纪录"。

清晏舫

清晏舫俗称石舫，长 36 米，用大理石雕刻堆砌而成。船身上建有两层船楼，船底花砖铺地，窗户为彩色玻璃，顶部砖雕装饰。下雨时，落在船顶的雨水通过四角的空心柱子，由船身的四个龙头口排入湖中。

十七孔桥

十七孔桥横跨在东堤廊如亭和昆明湖中的南湖岛之间，始建于乾隆年间，光绪时重修。桥长 150 米，宽 8 米，有 17 个券洞连续而成。

廊如亭

亭坐北朝南。平面呈八方形，每面显 3 间，周围有廊。重檐八脊攒尖圆宝顶，亭中共有 42 根柱子。亭内每面各有一块木匾（共 8 块），上镌乾隆御制诗文。

排云殿

在万寿山前建筑的中心部位，"排云"二字取自郭璞诗"神仙排云山，但见金银台"，比喻似在云雾缭绕的仙山琼阁中，神仙即将露面。

万寿山

万寿山属燕山余脉，高 58.59 米。从山脚的"云辉玉宇"牌楼，经排云门、二宫门、排云殿、德辉殿、佛香阁，直至山顶的智慧海，形成了一条层层上升的中轴线。

智慧海

建筑外层全部用精美的黄、绿两色琉璃瓦装饰，上部用少量紫色、蓝色的琉璃瓦盖顶，殿外壁面嵌千余尊琉璃佛。全部用石砖发券砌成，没有枋檩承重，称为"无梁殿"。又因殿内供奉了无量寿佛，所以也称"无量殿"。

佛香阁

一座八面三层四重檐的建筑。阁高 41 米，阁内有 8 根巨大铁梨木擎天柱，结构复杂，为古典建筑精品。原阁咸丰十年（1860 年）被烧毁，光绪十七年（1891 年）花了 78 万两银子重建，是颐和园里最大的工程。

乐寿堂

乐寿堂面临昆明湖，背倚万寿山，东达仁寿殿，西接长廊。堂前有慈禧乘船的码头，"乐寿堂"黑底金字横匾为光绪手书。乐寿堂庭院内陈列着铜鹿、铜鹤和铜花瓶，取意为"六合太平"。

布局

避暑山庄不同于其他的皇家园林，按照地形地貌
特征进行选址和总体设计，完全借助于自然地
势，因山就水，顺其自然。

建筑

园内建筑规模不大，殿宇和围墙多采用青砖灰瓦、
原木本色，淡雅庄重，简朴适度，与故宫的黄瓦
红墙、描金彩绘、堂皇耀目呈明显对照。山庄的
建筑既具有南方园林的风格、结构和工程做法，
又多沿袭北方常用的手法，成为南北建筑艺术完
美结合的典范。

宫殿区

坐落在避暑山庄南部，东北接平原区和湖区，西
北连山区。主体建筑居中，附属建筑置于两侧，
基本均衡对称，充分利用自然环境而又加以改
造，使自然景观与人文景观巧妙结合，使避暑山
庄宫殿建筑园林化，又显示出皇家园林的气派。

平原区

平原区主要是一片片草地和树林，分为西部草原和东部林地。地势开阔，有万树园和试马埭，碧草茵茵，林木茂盛，一片草原风光。

山区

位于山庄西北部，面积443.5万平方米，相对高差180米。这里山峦起伏，沟壑纵横，众多楼堂殿阁、寺庙点缀其间。整个山庄东南多水，西北多山，是中国自然地貌的缩影。

湖区

位于山庄东南，有大小湖泊八处，即西湖、澄湖、如意泗、上湖、下湖、银湖、镜湖及半月湖，层次分明，洲岛错落，碧波荡漾。湖区的风景建筑大多是仿照江南的名胜建造的，如"烟雨楼""如意洲"。

外八庙

在避暑山庄的东面和北面，武烈河两岸和狮子沟北沿的山丘地带，共有11座寺院，分属8座寺庙管辖。寺庙融合了汉、藏等民族建筑艺术的精华，气势宏伟，极具皇家风范。这些庙宇多利用向阳山坡层层修建，主要殿堂耸立突出、雄伟壮观。

承德避暑山庄

承德避暑山庄由皇家宫室、园林以及寺庙组成，在承德市北部，热河西岸的狭长谷地上。山庄由宫殿区和苑景区组成，苑景区分为山区、湖区和平原区，占地五百多公顷，是现存占地面积最大的皇家宫苑。山庄内景点众多，当年康熙皇帝亲自定了七十二景，其特点是山中建园，园中有山。在山水之中点缀楼台阁榭、堂斋轩馆等建筑，建筑多达一百余处。和庄严雍容的紫禁城相比，承德避暑山庄摄取了真山真水的本色，又兼有江南和北方的风景，格调朴素淡雅，有山野之趣，因而深得当时的皇室贵族喜欢。

从开工到竣工，整个山庄营造工期长达九十年。这个时间段，正是清朝国力强盛时期，很多能工巧匠被召集到这里，为山庄修建贡献力量。康熙皇帝还亲笔题写了"避暑山庄"四个大字。山庄南部是供皇室成员生活的宫殿区，按照紫禁城的模式建造，由正宫、松鹤斋、万壑松风、东宫组建而成。正宫是清朝的皇帝在山庄生活和办公的地点；松鹤斋是太后的居所；万壑松风是皇帝批奏折和读书的地方；东宫是皇室举行庆宴大典的地方。

景苑区以水为主，附以山地、平原，把江南园林的灵秀之气和北方园林的雄浑开阔之气完美地结合起来。其中湖区五十七公顷，含九湖十岛，在洲岛之间架设有桥进行连接。湖区东部是平原区，占地面积仅次于湖区，有五十三公顷。南部沿湖有很多人工建筑，其中的万树园最为特殊，它里面没有任何建筑，只是按照蒙古族的习惯，设置了几座蒙古包。如果有北部的少数民族来觐见皇帝，皇帝就会在这里接待他们，并且举行少数民族风俗中的野宴。平原区西边和北边是山岳区，面积最大，有四百二十公顷。那里有燕山的余脉风云岭山系，山间有风景奇险的峡谷，山岩峰岗之上，巧借山林溪泉，建造了四十多处建筑。那些高耸的山峰，正好如同天然的屏风，把西北凛冽的寒风挡在外面，有效调节了山庄的气候。

避暑山庄和其他靠人力造就的皇家园林不一样，它深得中国古典园林"虽由人作，宛自天开"的真味，借助自然环境，因地制宜，把南北园林的精华集于一处，因而得到了"中国地理形貌之缩影"和"中国古典园林之最高范例"的赞誉。

园 说

> 　　古时造园，不是在建造一座生硬的建筑群，而是在造一个天人合一的生命体。园林风物建筑，杂糅了造园者的品格态度，一个园林就是一个人生动真实的精神世界。

　　凡结林园，无分村郭，地偏[1]为胜，开林[2]择剪蓬蒿；景到随机，在涧共修兰芷。径缘三益[3]，业拟千秋[4]，围墙隐约[5]于萝间，架屋蜿蜒[6]于木末。山楼凭远，

■ 圆明园四十景之汇芳书院

■〔清〕陈枚 圆明园山水楼阁图册（部分）

纵目皆然；竹坞寻幽，醉心既是。轩楹[7]高爽，窗户虚邻；纳千顷之汪洋，收四时之烂漫。梧阴匝地[8]，槐荫当庭；插柳沿堤，栽梅绕屋；结茅竹里[9]，浚[10]一派之长源；障锦山屏，列千寻[11]之耸翠，虽由人作，宛自天开。刹宇[12]隐环窗，仿佛片图小李[13]；岩峦堆劈石[14]，参差半壁大痴[15]。萧寺[16]可以卜邻，梵音到耳；远峰偏宜借景，秀色堪餐[17]。紫气[18]青霞[19]，鹤声送来枕上；白萍[20]红蓼[21]，鸥盟[22]同结矶边。看山上个篮舆[23]，问水拖条枂杖[24]；斜飞堞雉[25]，横跨长虹[26]；不羡摩诘辋川，何数季伦金谷[27]。一湾仅于消夏[28]，百亩岂为藏春[29]；养鹿堪游，种鱼可捕。凉亭浮白[30]，冰调[31]竹树风生；暖阁偎红，雪煮炉铛涛沸。渴吻消尽，烦顿开除。夜雨芭蕉，似杂鲛人之泣泪[32]；晓风杨柳，若翻蛮女[33]之纤腰。移风当窗，分梨为院；溶溶[34]月色，瑟瑟风声；静扰一榻琴书，动涵半轮秋水[35]，清气觉来几席，凡尘顿远襟怀。

　　窗牖无拘，随宜合用；栏杆信画[36]，因境而成。制式新番，裁除旧套；大观[37]不足，小筑[38]允宜。

【注释】

〔1〕地偏：地理位置比较偏僻。这里指距离城市喧嚣之地较远的地方。

〔2〕开林：采伐林中树木，留出可供建造之用的空地。

〔3〕三益：古人把松、竹、梅称为"三益之友"，很多文人把这一称呼写入诗文之中。

〔4〕业拟千秋：流传千秋万代的园林产业。业，园林建筑产业，也代指在园林中的生活。拟，比拟。千秋：千年，泛指很长的时间。

〔5〕隐约：不清晰，不分明。

〔6〕蜿蜒：曲曲折折的样子，这里形容园林的建筑物轮廓曲折有致。

〔7〕轩楹：形容高大轩敞的屋宇。轩指带窗子的长廊，也指在园林里，基于加高屋檐的考虑，在屋檐上"前添长卷"的建造构筑手段。楹，指房屋的柱子。

〔8〕匝地：遍地，满地。唐代王勃《还冀州别洛下知己序》："风烟匝地，车马如龙。"宋代赵崇嶓《蝶恋花》词："风旋落红香匝地，海棠枝上莺飞起。"

〔9〕竹里：指竹林或者竹林里面。

〔10〕浚：疏浚水道。

〔11〕千寻：古代长度单位，八尺为一寻。这里用夸张的手法，极言假山之高。

〔12〕刹宇：寺庙。

〔13〕片图小李：指唐代著名的山水画家李昭道。其父李思训也擅长山水画，世称"大李将军"，称李昭道"小李将军"。又因为李昭道更善于画小幅山水，所以被称作"片图小李"。

〔14〕劈石：石头呈现出被刀斧劈削过的形状。在中国山水画创作中，讲究大斧劈、小斧劈的皴法。

〔15〕大痴：常熟人黄公望，自号大痴道人。元代著名的书画家，曾拜在董源的门下，研习山水画，后著成《山水画决》一书。

〔16〕萧寺：泛指佛教的寺院庙宇。

〔17〕秀色堪餐：形容山水景色的秀丽美好。

〔18〕紫气：古人认为紫气是祥和高贵之气，常用来形容珠宝的光泽。

〔19〕青霞：此词从道家的传说中来，后借指仙人所住的宫阙。本文指远处的那些道观可为园林所用，借景取意。

■ 圆明园四十景之北远山村

〔20〕白萍：浮于水面的水草，夏季开白花，故称白萍。

〔21〕红蓼：生长于水边的植物，花朵密集，颜色红艳，宜观赏。

〔22〕鸥盟：古人诗词中，常以此指和鸥鸟为伴，隐居江边的生活。

〔23〕篮舆：用藤条编成的轿子、滑竿类的载人工具。

〔24〕枥杖：用栎树木材所做的手杖。

〔25〕堞雉：指城墙。堞，城墙上向外一侧所设墙垛，因形状如美女侧卧，又称女墙。雉：古时候计量城墙面积的单位，长三丈、高一丈是为一雉。

〔26〕横跨长虹：以彩虹来比喻拱桥。此种拱桥状如彩虹，横跨在水面上。

〔27〕季伦金谷：指西晋富豪石崇建造的金谷园。

〔28〕消夏：用各种方式避暑。此处指在靠近水的地方建造房屋，能得清凉之风，暂避夏日酷热。

〔29〕藏春：位于江苏镇江的一栋建筑，名为藏春坞。

〔30〕浮白：古人把罚人喝酒叫"浮"，称罚大杯酒为"浮一大白"。

〔31〕冰调：用冰块来调制饮料。

〔32〕鲛人之泣泪：形容芭蕉叶上的水珠像珍珠一样美好。

〔33〕蛮女：相传唐代诗人白居易家里有个擅长跳舞的婢女名小蛮，她的腰肢非常纤细，舞动起来婀娜迷人。白居易曾写出"杨柳小蛮腰"的诗句来形容此女。

〔34〕溶溶：形容月光的柔美动人。

〔35〕动涵半轮秋水：映着半圆月亮的池水，在秋风中粼粼闪亮。

〔36〕栏杆信画：很随意地把栏杆的图式画出来。

〔37〕大观：气势宏大，非常壮丽的景物。

〔38〕小筑：面积小的园林，或者是园林中的一些局部小建筑。

【译文】

一般来说，建造园林，不论是在乡间还是在城郊，都以地段僻静幽雅为最佳选择。开垦林间荒地然后修剪荒芜杂草，根据当地的情况借景为我所用，并在溪泉之畔栽种兰花香草。按照古人"三益之友"的风雅典故，沿路种植松竹梅，开辟雅致园路，建成可传千秋的园林产业。围墙掩映于藤萝之间，远处曲折蜿蜒的房屋轮廓犹如悬在树枝之上。

登山间之楼，倚栏远望，壮丽美景一览无遗；在竹林之中漫步，到处都是让人心旷神怡的景观。高大阔敞的屋子、明亮宽大的窗户，能够尽观汪洋千里的水景，迎送四季的花开花落。梧桐浓密的树荫遮覆了地面，老槐树带来的清凉也怡然惠及整个庭院；沿着堤岸种下杨柳树，绕着房屋栽种蜡梅花；选清幽竹林修一座茅屋，疏通水路引出一脉细水；高大山石如同屏障，青翠如玉排列在千寻之山的前面。这些景物虽是人力所为，但欣赏时只觉它天然形成，得造化之功。

从圆形的窗户中远望，山林中隐约可见几座古寺院，就像是唐代李昭道画的小幅山水图；园林中像刀斧砍削的山石峭立，高低变化，就像是黄公望所画的山水图。寺庙可以当作邻居，隔壁吟诵佛经的声音不断地传入耳朵；远处的山峰可以借来造景，俊秀的山景尽在眼中。缥缈之处有紫气青霞，仙鹤悦鸣传到枕上；近处岸边可见白萍红蓼，也可与水鸟做朋友，余生隐居江边。

如果想欣赏山色，就乘一顶竹轿上山；如果想欣赏水景，则可挂着栎木做成的手杖来到水边；城墙高耸斜入云间，彩虹般的拱桥横跨于水面之上；在这里观景能达到赏心悦目的境界，就不需要羡慕唐代山水诗人王维那座辋川别业，也不用羡慕当年石崇的金谷园了。

■〔清〕吴历 兴福庵感旧图卷

　　一脉曲折蜿蜒的清水便可解除夏日的炎热，百亩之阔的园林又岂止是小小的藏春坞可比的；在园里养几只鹿可以和它们一起玩耍，养一池鱼能够满足垂钓的愿望。夏季在凉亭里喝点清酒，用冰块调些饮品解暑，但觉竹林树木生风；冬季在暖阁依偎着炉子取暖，壶中煮的雪水在炉火上翻滚沸腾。如此可消口渴之苦，可去除长日烦闷。等夜雨轻打芭蕉，芭蕉叶上应有鲛人泪般的水珠；清晨微风吹拂着岸边的杨柳，如同细腰起舞的少女身姿。移栽几株竹子到窗前来，再种些梨树在庭院之中；柔柔月色里，风影扰乱了锦榻上的古琴与诗书，池塘里的粼粼波光打碎了半圆月亮的影子。坐在席子上一股清气扑面而来，顿时觉得心胸旷怡，凡尘之事渐远。

　　窗子上的花纹可随心选择，只要符合主人的心意，并且和身份、环境相符合就行了；栏杆的样式也可以随意选择，只要和环境符合即可。不过图案还是要选择那些雅而不俗的才好，不要太没新意。按照这样的思路，可能不足以建成气势宏大的园林，但要建成舒适幽静的小园林，还是绰绰有余的。

【延伸阅读】

　　造园之术的记载，可追溯到《周礼·考工记》中对都城街区的规划，但真正的古典园林建造法，形成于秦汉。

造园过程大致是选定某个区域，利用此地的地理环境，借助自然山水或人工叠山引水，并结合植被的栽种和园内建筑的布局，构建成一座山水相映、馆池相间的优美园林，供人游玩居住。中国古典园林建造，所追求的最高审美旨趣是"虽由人作，宛自天开"，走的是模仿自然山水的路子，力求营造诗画一样的境界。园林建造几乎都带有随机性和偶然性，在布局上千变万化，整体和局部之间也不会规定从属关系，直接来说就是无规律可循。含蓄、虚幻、弦外之音的美感，使人们置身其中有扑朔迷离和不可穷尽的错觉，这都是中国园林最喜欢的境界。

总之，古时造园，不是在建造一座生硬的建筑群，而是在造一个天人合一的生命体。园林风物建筑，杂糅了造园者的品格态度，一个园林就是一个人生动真实的精神世界。

【名家杂论】

对那些羁绊于仕途的士大夫来说，建造园林不仅是一种物质上的享受，更是为自己找到了精神上偷得浮生半日闲的地方。少时常住江南，对园林艺术非常熟悉的曹雪芹，在《红楼梦》中用重笔描绘了曲直虚实、隐现藏露、布局非常巧妙的大观园。

大观园的重要鉴定者贾元春就说这是一个"天上人间诸景备"的地方，它有

帝王园囿气势的省亲别墅，还有几个非常有特色的馆苑。其中能体现田园风光的，莫过于芦雪庵和稻香村。芦雪庵是建在一个小山边的河滩上，几间茅舍，推窗即可垂钓。稻香村借地势之便，在深宅之中假造一处有乡野趣味的茅舍屋院，深得贾政喜爱。无以控制世事，便于繁华中建造一处有田园风味的处所，聊以遣散困顿已久的愁闷——也是园林之于那些士大夫的一种功德吧。至于那些真在田间耕作的农民，如刘姥姥之辈，土屋陋室住得厌了，倒巴不得到富丽堂皇的怡红院睡上一觉呢。

很多优秀的园林建筑，都是有性格有态度的。比方大观园里给各位公子小姐住的处所：怡红院显然是古代贵族园林馆苑的代表，它极尽奢华，彰显出富家公子贾宝玉的雍容华贵之气；潇湘馆千百株翠竹婆娑生姿，又有清泉绕墙，一条石子甬道穿院而过，清幽雅致，一如目下无尘的主人林黛玉；秋爽斋阔朗大气，院中种有芭蕉，落雨之夜，且听雨打芭蕉如诉如泣，也是贾探春诗情闲趣的写照。

古代名家论园林

石令人古，水令人远，园林水石，最不可无。要须回环峭拔，安插得宜。一峰则太华千寻，一勺则江湖万里。又须修竹、老木、怪藤、丑树，交覆角立，苍崖碧涧，奔泉汛流，如入深岩绝壑之中，乃为名区胜地。

——明·文震亨《长物志》

余尝游于京师侯家富人之园，见其所蓄，自绝徼海外奇花石无所不致，而所不能致者惟竹。吾江南人斩竹而薪之，其为园，弈必购求海外奇花石，或千钱一石，百钱买一花而不自惜。然有竹据其间，或芟而去焉，曰："毋以是占我花石地！"而京城人苟可致一竹，辄不惜数千钱。然才遇霜雪，又槁以死。以其难致而又多槁死，则人益贵之。而江南人笑之曰："京师人乃宝吾之所薪！"

——明·任光禄《竹溪记》

过红土桥，即随园。柴扉北向，入扉缘短篱，穿修竹，行绿荫中，曲折通门。入大院，四桐隅立，面东屋三楹，管钥全园。屋西沿篱下坡，为入园径。屋右拾级登回廊，北入内室。顺廊而西，一阁，为登陟楼台胜境之始，内藏当代名贤投赠诗，谓之曰诗世界……北折入藤画廊，秋藤甚古，根居室内，蟠旋出户而上高架，布阴满庭。循廊登小仓山房，陈方丈大镜三，晶莹澄澈，庭中花鸟树石，写影镜中，别有天地。……东偏移室，以玻璃代纸窗，纳花月而拒风露，两壁置宣炉，冬炭，温如春，不知霜雪为寒。……斋侧穿径绕南出，曰水精域，满窗嵌白玻璃，湛然空明，如游玉宇冰壶也。拓镜屏再南出，曰蔚蓝天，皆蓝玻璃。……上登绿晓阁，朝阳初升，万绿齐晓，翠微白塔，聚景窗前。下梯东转，曰绿净轩，皆绿玻璃，掩映四山，楼台竹树，秋水长天，一色晕绿。……随园一片荒地，我平地开池沼，起楼台，一造三改，所费无算。奇峰怪石，重价购来，绿竹万竿，亲手栽植。

——清·袁枚《遗嘱》

相 地

古人在建造园林宅院之前，有个必不可少的准备工作就是相地：踏勘选定园址，对整体布局有个大致的规划，在此基础上构筑成园。

园基不拘方向，地势自有高低；涉门成趣[1]，得景随形，或傍山林，欲通河沼。探奇近郭[2]，远来往之通衢[3]；选胜落村，藉参差[4]之深树。村庄眺野，城市便家[5]。新筑易乎开基，只可[6]栽杨移竹；旧园妙于翻造，自然[7]古木繁花。如方如圆，似偏似曲；如长湾而环璧[8]，似偏阔[9]以铺云。高方欲就亭台，低凹可开池沼；卜筑[10]贵从水面，立基[11]先究源头，疏源之去由，察水之来历。临溪越地，虚阁堪支；夹巷借天[12]，浮廊可度。倘嵌他人之胜，有一线相通，非为间绝，借景偏宜；若对邻氏之花，才几分消息，可以招呼[13]，收春无尽。架桥通隔水，别馆[14]堪图；聚石迭围墙，居山可拟。多年树木，碍筑檐垣；让一步可以立根，斫[15]数桠不妨封顶[16]。斯谓雕栋飞楹构易，荫槐挺玉[17]成难。相地合宜，构园得体。

【注释】

〔1〕涉门成趣：进入园门就能看到山水、林木之趣。

〔2〕郭：原指城墙，这里指繁华都市的外围，和整个城市相距较远的区域。

〔3〕通衢：四通八达的道路。

〔4〕参差：高低不一，不整齐的样子。

〔5〕便家：便于家居生活。

〔6〕只可：只能，只可以。

〔7〕自然：当然，自然而然。

〔8〕环璧：逶迤回环，如同玉璧一样。

〔9〕偏阔：宽阔倾斜的地形。

〔10〕卜筑：选择地点，修建房屋。

〔11〕立基：规划园中各建筑物的地基，是开始园林建造的一项重要工作。

〔12〕借天：借助天然的地形条件。

〔13〕招呼：挥手召唤。

〔14〕别馆：古代统治阶级在自己常住地之外建造的行宫或别墅。在一些私家园林里，除正堂外，常在僻静的地方建造一些斋馆，也称别馆。

〔15〕斫：用刀斧等砍削。

〔16〕封顶：用建材铺设房屋的顶层。

〔17〕槐荫挺玉：已成形、可观赏的古槐和修竹。

■ 太保相宅图

【译文】

造园选择地基，不在方向上做限制，地势可高可低，重要的是山水情趣，要在一进园林大门就有所体现。园中景观顺应周围的地势而成，或是建在山林旁边，或是与溪河连通。如果有意在城市外围寻求奇趣，就应该避开四通八达的道路；如果有意在乡村安享幽静，就要利用高低的树林。

在乡村造园，能够远望四野；在都市造园，便于居家生活。新辟园林有利于打地基和重新规划布局，不过只可移栽杨树、竹子等易于生长繁衍的植物；改造旧园的好处是可以在原有基础上整理翻新，原有植物能够保留花木繁盛的样子。

■〔明〕沈周 十四夜月图

给园林规划布局的时候，要巧妙利用天然地形条件，或者是方形，或者是圆形，有些要顺坡势建造，有些根据地势的曲折而建。地势狭长而且弯曲的地形，和回环的玉璧一样；阔朗倾斜的地形，看起来层次感很强，如同天上铺叠的云层。在高的地方可以建造亭台，在低的地方应该挖些水塘。建房的地点，选在水边最好，在房屋规划的时候，要先考察好水的源头在何处，知道水的来历，以便疏通好园内水的流向。如果选择的地点有小溪，就可以在溪水上建造亭阁；如果园内有小巷，就可以在空中建造两边对接的浮廊。

假如能借别处的景色，哪怕有一点可用，就不要去遮挡阻断，借景是造园的一种手段；假如邻家有伸过来的花木，哪怕只有几枝，也应该借它为园子造景，展现无尽春色。架桥使水路畅通，然后可以在桥旁边建设斋馆；用那些粗糙的大石块来垒砌外形粗犷的墙面，营造出的氛围足够和那些山居野趣相比了。假如碰到长了很多年的老树妨碍建造房檐和垒造墙壁，那就需要重新考虑房屋的位置，保留老树。如果有必要，可以把老树的枝丫修剪一下，这样就可以顺利建造房檐了。这就是平时说的：那些雕梁画栋的房屋很好建造，但是想拥有老槐树和成形的修竹却非常难。总而言之，先把选地规划的工作做好，园子建造出来就会合适得体了。

【延伸阅读】

相地之术由来已久，商周时期，原始村落建造之前，人们就会相看地形环境。所以古人在建造园林宅院之前，有个必不可少的准备工作就是相地：踏勘选定园址，对整体布局有个大致规划，在此基础上构筑成园。

踏勘主要是观察周围的地势地形和自然条件，并对其进行建筑学和风水学意

环境

《阳宅十书》说："人之居处，宜以大地山河为主。其来脉气势，最大关系人祸福；最为切要。"面水背山的环境是十分理想的生态环境，近水楼台分布错落有致，使人与自然更亲近更和谐。在堪舆说法中水的有利形态除了随龙之外还有拱揖、绕城、腰带。引入私家园林中，图中的大小水面与建筑假山环绕形成拱揖之势，建筑与水你中有我，我中有你，使活动空间更丰富。

建筑

此处建筑依山傍水，四围山地、水流、朝向都与穴地协调，房屋左右对称，聚财聚气。

植物

风水理论认为"草木郁茂，吉气相随""木盛则生""益木盛则风生也"。清《宅谱尔言·向阳宅树木》中指出："乡居宅基以树木为毛衣，盖广陌局散，非林障不足以护生机，溪谷风重，非林障不足以御寒气。故乡野居址树木兴旺宅必兴旺，树木败宅必消乏。大栾林大兴，小栾林小兴，苛不栽树木如人无衣，鸟无毛，裸身露体，其保温暖者安能在钦……惟其草茂木繁则生气旺盛。护阳地脉，斯为富贵坦局。"可见园林树木景观对形成"吉地""龙穴"之作用。

借景

《园冶》中对借景手法的记述，可以看出是受风水思想的影响。在"借景"中说："构园无格，借景有因。……林皋延仁，相缘竹树萧森，城市喧卑，必择居邻闲逸。高原极望，远岫环屏，堂开淑气侵入，门引春流到泽。"可见，这种园林空间与风水的空间结构是一致的。

对景

清代李渔《闲情偶记》中论园林窗户时说："开窗莫妙于借景。"讲的就是对景，主要利用门窗对景。对景的表现手法从风水理论中变化而来。风水理论中的"朝山""案山"就是园林中的对景，案山就是四神中的"朱雀"，位置在前，与主山相对，又称"宾山"；离得太近又不太高的山称"案山"或"座山"；离得远且高的山则称"朝山"或"望山"，前者相当于园林中的近对，后者相当于园林中的远对。

点景

点景是造园者用较少的笔墨，略施小筑，可使园林注入灵气，顿时移情生辉，成为有机的空间图景。这种手法也是从风水理论中变化而来的。

补景

补景也是中国传统园林的组景手法之一，在平地或无山的地方造园所进行的人工堆山掇石、挖池引水等方法就是补景。它是从风水理论中的"补风水""培风脉"变化而来的。如山欠高以塔或亭增之，砂不秀育林美之，冈阜不圆正加土培之，水无聚疏导浚之，宅后植风水林，宅前凿畔池都属于补景一类。

义上的评估。评估完毕，就可对楼台亭阁、造景构图进行初步的规划，并设定动土立基的地点。

不得不提的是，对于相地来说，选址园林宅院地基，并非仅是地理意义上的事，其以"风水"为代表的迷信色彩一直没有褪去。

【名家杂论】

如果按地域条件分，中国的古典园林分为北方园林、江南园林、岭南园林、巴蜀园林等几大类。这些园林地理条件和环境资源不一样，也呈现出不同的园林风格。

北方园林以北京皇家园林为代表。北方土地阔朗，范围也大，又因为历代的政治中心多设于此，所以建筑多呈现出富丽堂皇、宏伟大气的格局。和南方的园林相比，北方园林中因为水资源的缺乏，还有气候干冷的影响，没有南方绿植葱郁、池水荡漾的灵秀之美。但是冬秋树木花草凋零，色彩感减弱后，北方园林以其独特的幽雅沉稳气魄，别具一种萧索寒林的画意韵味。

江南多山水，又加之人口密集，所以园林占地一般很小，略有局促之感。但是此地气候温和，四季花木葱郁，且湖河之中奇巧之石颇多，因此叠山理水、栽花植树的条件优越。江南的园林也呈现出精致细腻优美、景色明媚秀丽又不失淡雅的风格。园林布局讲究曲折幽深，层次感非常强。江南园林分布在苏州、扬州、杭州、南京等地，其中苏州园林最具代表性，也最为著名。

古时岭南指的是越城岭、都庞岭、萌渚岭、骑田岭、大庾岭等五岭以南的区域。因其地处热带，山川河流众多，植物四季几无凋零，且地广人稀，因此这里建造园林的条件要比北方和江南都好。岭南园林的特点是视域开阔优美，建筑具有地域风情，呈现一种自在、轻盈、敞开的状态。后来的岭南园林，在与外界日益频繁的交流中，逐渐具有了越来越浓厚的地方色彩和民间色彩。现存的岭南园林有东莞的可园、番禺的余荫山房等。

围墙

《易林》云：千仞之墙，祸不入门。在中国众多私家园林中围墙有方有圆，取"天方地圆"之说。以达到天人和谐之意。

门窗

门是很重要的附件，风水术很重视门。它是宅的颜面、咽喉，是兴衰的标志。沟通宅内与宅外两个空间，是"气口""气道"。在众多私家园林中做了很多镂空的花窗，既有美观的作用更有其实际的价值。通过门、窗可以上接天气，下接地气，迎吉避凶。

筑山叠石

园林假山是真山的抽象化、典型化的缩移摹写，在很小的地段上展现咫尺山林的局面、幻化千岩万壑的气势，这样就能够体现园林高于自然的特点。

山林地

园地为山林最胜，有高有凹，有曲有深，有峻而悬，有平而坦，自成天然之趣，不烦人事之工。入奥疏源，就低凿水，搜土开其穴麓[1]，培山接以房廊。杂树参天，楼阁碍云霞而出没；繁花覆地，亭台突池沼而参差。绝涧安其梁[2]，飞岩假其栈[3]；闲闲[4]即景，寂寂[5]探春。好鸟要朋，群麋[6]偕侣。槛逗几番花信[7]，门湾一带溪流，竹里[8]通幽，松寮[9]隐僻，送涛声而郁郁[10]，起鹤舞而翩翩[11]。阶前自扫云[12]，岭上谁锄月[13]。千峦环翠，万壑流青。欲藉陶舆[14]，何缘谢屐[15]。

【注释】

〔1〕穴麓：山洞和山脚。麓，山脚。

〔2〕梁：这里指桥。

〔3〕栈：栈道。指倚悬崖峭壁，悬空搭建在山体上的通道。一般用木板铺设，非常狭窄，仅可供一人或一马经过。

〔4〕闲闲：形容人安然从容的精神面貌。

〔5〕寂寂：形容环境清幽安静。

〔6〕麋：麋鹿。

〔7〕花信：也即花信风，古人有从小寒节气开始吹花信风，到谷雨节气结束的说法。

〔8〕竹里：指王维辋川别业中一处叫竹里馆的地方，与松寮一处相对应。

〔9〕松寮：在松间建造的小屋子。

〔10〕郁郁：花草树木茂盛的样子。

〔11〕翩翩：形容鸟在天空轻快飞翔的样子。

〔12〕扫云：一种虚拟的行为，扫除天上的云彩，用来借指隐居者弃绝尘世琐事的状态。

〔13〕锄月：在月亮之下锄地，用来比喻隐士休闲散淡的生活方式。

〔14〕陶舆：一个典故。东晋时，陶潜足部有病，外出游玩只能坐由两个儿子抬着的竹轿。

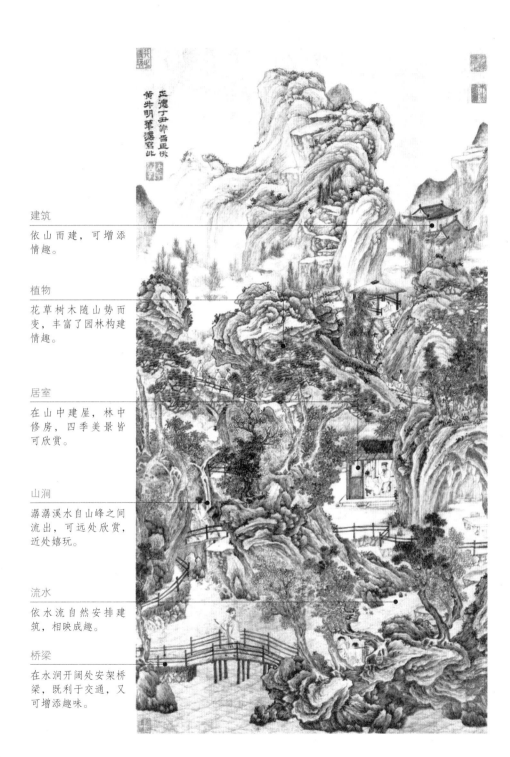

建筑

依山而建，可增添情趣。

植物

花草树木随山势而变，丰富了园林构建情趣。

居室

在山中建屋，林中修房，四季美景皆可欣赏。

山涧

潺潺溪水自山峰之间流出，可远处欣赏，近处嬉玩。

流水

依水流自然安排建筑，相映成趣。

桥梁

在水涧开阔处安架桥梁，既利于交通，又可增添趣味。

〔15〕谢屐：一个典故。晋代谢灵运在爬山的时候，穿上了特制的木鞋，上山时把木屐的前齿去掉，下山时把木屐的后齿去掉。喻指游玩时非常辛苦。

【译文】

在有山林的区域修建园林，颇能借助天然的优越条件，它的地势高低有型，地形也是曲折有致；既拥有陡峭的悬崖，也拥有平整的坦地，这些特征都能让园林体现自然之趣，不必再动用人工改造。

在深水中疏通源头，在低洼处开凿池塘。挖开沙土，可辟出幽静的山洞和用作点缀的山脚；把土堆叠成山，可连接屋宇长廊。园中佳木参天，楼阁亭台屹然高耸，仿佛挡住了天上变幻的云霞；地上繁花铺地，台榭映衬池沼，妙影漾于水面，高低错落有致。在溪涧无路处架设小桥，在峭壁上构建木栈；就这样闲适地观赏眼前的美景，安静地寻访满园春色。

这里充满着悦耳鸟鸣，似有呼朋唤友之意；到处奔跑着灵巧的麋鹿，成群结队而过。雕栏之中拈花玩味，看门外一脉清溪细流。竹林之中清幽的小路通向馆苑，松林中的小房舍在僻静处安然静立。风把郁郁葱葱的松树吹得更绿，不时传来松涛之声，仙鹤拍打翅膀舞步翩翩。高楼台阶之前彩云舒卷，月色之下不知何人在梅岭苦苦耕耘。千座山峰绕园，恰似青翠的屏障；万条溪水细细流淌，好像青绿的碧玉。可以如晋代陶潜一样，坐一乘滑竿优哉游哉地游览山水，不必穿上谢灵运那样的木鞋，辛苦地跋涉。

【延伸阅读】

山林地，指可于该处建造园林的山林区域。中国园林以山水为其灵魂所在，几乎所有的造园师都认为在山林地上选基是不错的选择。对于追求天然之趣的园林审美来说，山林地提供了最原始、最天然的造园条件：它的地形变化是最自然的，无须再花费太多的人力、物力来改造；另外，在山林地上造园，不仅有地理环境上的优势，还能把该地的野生动植物，统统借来为己所用。参天古树、奇花异草、飞禽走兽，只要稍加规划，这些用财力亦难购得的绝美点缀物，便可为园林增添风韵。

有了山林的优厚自然条件，人力工作也减省了很多。在低处疏通水源，于山脚挖凿洞穴，按高低层次建起楼台亭榭，如此就可得到一座清雅自然的园林。西晋的

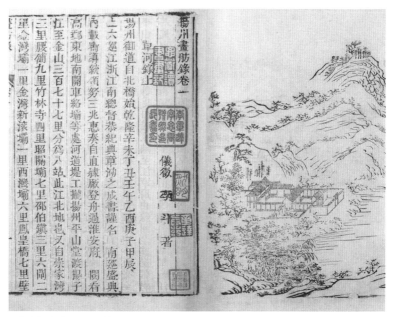

■〔清〕李斗 扬州画舫录

石崇在洛阳建造了一座金谷园，它随山势高低巧妙筑台凿池，又因山形建筑馆苑，几十里内楼台错落，溪水萦绕，鸟鸣幽村，成为园林史上最成功的山林园林之一。

【名家杂论】

谢灵运在《山居赋》中说：古巢居穴处曰岩栖，栋宇居山曰山居。古往今来文人们对山居文化似乎情有独钟，那种"只在此山中，云深不知处"的幽美居住境界，不知是多少为世事烦扰人梦寐以求的。

隐士，一般是文化水平很高的名士，他们或身世畸零、心灰意冷，或淡泊名利、乐享山居清净。当然，也有不得志钻到山林里等待东山再起的，更有躲到山林装清雅沽名钓誉的。据明代周工亮《书影》记载：一个吏部的官员，在深山中修建宅院，表面上看起来是过着闲云野鹤般的生活。结果一天家中遭遇强盗，就现出了原形：他私藏于此的巨额财富被洗劫一空。办案的官差来询问丢了什么，这人没办法坦白，就故作轻松地说丢了一床旧毯子而已。可办案的人死心眼，一路追捕，找到了那伙强盗，缴获所盗之宝归还这位官员。官员却死活不认账。

此等沽名钓誉的人，只能以自身的污浊之气来熏染山林罢了。那些真正山居隐者，枕着星月入睡，听着鸟鸣醒来，想必盗贼也不会惦记吧？不过山居者并不一定都是落魄的人，有些家资颇丰的富贵之人，喜欢青山隐隐水迢迢，便会在山林间修建别墅山庄。北宋著名诗人苏舜钦（字子美），曾用四万之资买下沧浪亭，并徜徉其间，其乐无穷，惹得当时的欧阳修酸溜溜地写道"清风明月本无价，可惜只卖四万钱"。这是嫉妒苏舜钦好运气，能有幸买到性价比这么高的好园子。

不过，还是那句话，建园这样奢侈又风雅的事情，只能是那些做官的或者特别有钱的文人做，对于那些食不果腹、饥寒交迫的读书人，造园只能是梦中之事。苏子美有能力一掷千金，用四万之数购得沧浪亭，前朝的杜子美却只能在茅屋被无情秋风吹破后，苦哈哈地写下"安得广厦千万间，大庇天下寒士俱欢颜"的诗，用以自我安慰。

城市地

市井[1]不可园也；如园之，必向幽偏可筑，邻虽近俗，门掩无哗[2]。开径逶迤[3]，竹木遥飞蝶雉；临濠蜒蜿，柴荆[4]横引长虹[5]，院广堪梧，堤湾宜柳，别[6]难成墅[7]，兹易为林。架屋随基，浚水坚之石麓；安亭得景，莳花[8]以春风。虚阁荫桐，清池涵月；洗出千家烟雨[9]，移将四壁图书[10]。素入镜中飞练[11]；青来郭外环屏。芍药宜栏，蔷薇未架；不妨凭石，最厌编屏[12]；未久重修，安垂不朽？片山多致，寸石生情；窗虚蕉影玲珑[13]，岩曲[14]松根盘礴[15]。足征市隐[16]，犹胜巢居[17]，能为闹处寻幽，胡舍近方图远；得闲即诣[18]，随兴携游。

【注释】

〔1〕市井：古时指位于城市中心比较繁华的商业区域。

〔2〕无哗：没有嘈杂的声音。

〔3〕逶迤：曲折悠长。

〔4〕柴荆：用木板和荆棘条做成的简易门。

〔5〕长虹：像彩虹一样的拱形长桥。

〔6〕别：另外，此外。

〔7〕墅：在正式常住宅院之外又修建的居所，一般选在风景优美的地点，供人休闲歇息之用。也被称作别馆、别业。

树木

院中墙根处可种植树木、芭蕉或月季，芭蕉和月季更能增添情趣。

庭院

庭院中可种植花草树木，随季节变换四季景色，花朵斗艳，树木葱茏，甚是好看。

墙

若靠近湖畔，外墙可与走廊连建，可同时欣赏屋外景色，与山水相呼应。

亭

亭中可设石桌凳，以供品茶、下棋或休息用。

桥

河流之上，架设桥梁，可与亭相连，可观景，可游乐。

〔8〕莳花：名词做动词，意为种植花卉。

〔9〕洗出千家烟雨：形容雨过天晴，空气清新，天空明丽如洗。烟雨，像缥缈烟雾一样的小雨。

〔10〕四壁图书：房间的四壁都摆满了书籍。形容主人藏书之多。

〔11〕飞练：瀑布飞流，颜色就像是洁白的丝绢。练，颜色雪白而又柔软的丝绢。

〔12〕编屏：指通过人工干预，让花积堆开放，组成像屏风一样的花屏。

〔13〕玲珑：形容半透明的或经过镂空的物体，让人观之有精巧的感觉。

〔14〕岩曲：山岩的曲折拐弯处。

〔15〕盘礴：与"磅礴"同义，形容事物无边无际，非常阔大。

〔16〕市隐：指在闹市中隐居，借用"小隐隐陵薮，大隐隐于市"。

■〔清〕徐扬 姑苏繁华图（局部）

〔17〕巢居：在树木上居住，引申为循迹于山林之间。

〔18〕诣：到达某处，引申为拜访。

【译文】

城中喧闹的市井之地，并不适宜建造园林；如果要在城市里造园，就应该选在静僻的地段。尽管园林淹没于俗世之中，却可掩门享受一片宁静。

园中的小路要修得逶迤曲弯，竹木丛中要有若隐若现的女墙斜飞；挖成曲折有致的渠池，使它穿过荆棘条编成的柴门，和横跨其上的长拱桥相承接。庭院场地开阔，可栽种梧桐树；弯曲的池岸边可以种杨柳。其他很难建造别墅之处，可构筑林亭。

构造房间时要按照园基的规划布局，疏通渠道时要使用石头，以使地基牢固；

安插一些亭子可以使景色别致生动，种植一些花木以迎接和暖的春风。凌于高处的亭阁上覆满了浓密的梧桐树荫，清澈的水池之中，倒映着清寒的月影。蒙蒙细雨如烟似雾，把天空洗得明媚清亮，那光亮一直照射到房中四处摆放的书籍上。飞流直下的瀑布如一条白色丝绢，落入池塘；城郭之外的山峰排列，像是青翠如碧玉的屏风。芍药圃用栏杆围起来，不妨就设置在岩石的旁边；蔷薇花不一定要搭架子，更忌讳编成花屏这样俗气的东西。假如不悉心修剪，怎可使得花期漫长，花木茂盛？一片小山能变成极富情趣的地方，一块小石也能让人情思绵绵。透过若明若暗的窗户，欣赏窗前玲珑的芭蕉树影；走上蜿蜒的山间小路，观看大气磅礴的松林盛景。可以说这种在城市中隐居的生活，比古时候在山林中巢居岩栖好多了。既然城市中的园林满足了闹市区寻幽静的需求，又何必辛辛苦苦去郊外游玩呢？无事就能到园中闲游，兴之所至还可与人共游。

【延伸阅读】

在城市中建造园林，是那些入仕奉君者，或是生活在城市中又想享受山水之乐人的不二选择。在城市中建造园林的好处是让居住在园林中的人享受都市生活的便利，假如在选址和布局上安排合理，也能建造出好的园林，让人实现于闹市中寻求幽静所在的愿望。

园林的一大品格就是幽静，让人悠游其间去除世事纷扰之苦。所以选择城市

■〔元〕赵孟頫 摹王维辋川诸胜图（局部）

地建园，也要尽量在闹中取静，达到掩上园门，便可享受宁静的效果。另外，城市地一般面积不大，所以在布局中更见建造师方寸之间造大世界的功力。但是，在此建园所费的人力，要远远大于在山林间建园，比方说要叠山凿池、栽种花木等等。

计成为阮大铖所造的石巢园，就位于南京城西南隅，属于典型的城市地。当时阮大铖仕途不如意，曾在此园中写戏演戏，大有不问世事、大隐隐于市的势头。其实阮氏不过是以此掩盖政治失意，欲求他日东山再起。

【名家杂论】

园林建造从皇家普及民间，其发展也开始呈蓬勃之势，民间园林主人多为领一时思想风潮的文人名士。这就使得园林与中国山水画，与中国丰富的诗文意境，得以相互启导。甚至也融合了老庄哲理精神、佛道教义精髓、魏晋风流等，使园林成为体现古代高端知识阶层精神风貌的鲜活载体。

真正有实力造园，并付诸实践的文人、画家参与造园，是在隋唐之后。先是在自然山水之上构思布局，然后借天然之力建园；后来，浪漫的画家们开始尝试把已成画作当底稿，大胆选基造园，把诗画作品中的意境情趣，引到园景的布局之中。

把中国传统的无尽画意，寄托到真实的景色之中，我国的造园艺术也从自然山水园阶段，推进到写意山水园阶段。唐代的王维，便是该种园林艺术的实践者。他辞官后居住于蓝田县的辋川，并在此地相地造园。他以诗人的情怀和画家的视角，设置了园内山峰水流，堂前亭阁桥梁。这一切都按画图设计建筑。建成之后，如诗似画的园景，正展现了他诗画的风格。苏轼曾赞美说："味摩诘之诗，诗中有画；观摩诘之画，画中有诗。"他的辋川别业，也可谓"园中有画，画中有园"了。

村庄地

古之乐田园者，居畎亩[1]之中；今耽[2]丘壑者，选村庄之胜，团团篱落，处处桑麻；凿水为濠[3]，挑堤种柳；门楼[4]知稼，廊庑连芸[5]。约十亩之基，须开池者三，曲折有情，疏源正可；余七分之地，为垒土[6]者四，高卑无论，栽竹相宜。堂虚绿野犹开，花隐重门若掩[7]。掇石莫知山假，到桥若谓津通[8]。桃李成蹊[9]，楼台入画。围墙编棘[10]，窦[11]留山犬迎人；曲径绕篱，苔破家童扫叶。秋老蜂房未割，西成[12]鹤廪[13]先支。安闲莫管稻粱谋[14]，酤酒不辞风雪路。归林得志，老圃[15]有余。

【注释】

〔1〕畎亩：田地，耕地，这里指经过规划的田地。

〔2〕耽：痴迷于某种爱好，沉浸其中。

〔3〕濠：原指护城河，这里泛指河道。

〔4〕门楼：明朝时一些富足之家，用雕刻好的花砖装饰大门上的层檐，像楼的形状，被称作门楼。

〔5〕芸：一种香草，又叫芸蒿，花朵和叶片有香气，香气可以驱虫。能食用，可生吃也可煮熟吃。文中借以指代菜圃。

〔6〕垒土：积累堆叠起来的土层。

〔7〕花隐重门若掩：栽种花木能够区划空间，增强层次感，也可作不同区域之间的隔断。

〔8〕津通：渡口可以通行。

水

乡野之地依傍水塘，就增添几分灵气，又方便引水入田。

树木

墙旁、田边、水边，都可以种植高大树木，水边还可种一些桃树，春季桃花盛开，一派美景。

田地

田地可分成小方块，种植新鲜蔬菜、瓜果等，重在新鲜。

墙

用墙将田地与庭院隔开，增添诸多趣味，形成两个不同的世界。

〔9〕桃李成蹊：《史记·李将军列传》中有"桃李不言，下自成蹊"的典故，此处用字面意思，指桃李盛开，花朵芬芳，观赏的人多了，就在树林里走出了一条路。

〔10〕编棘：用带刺的草木做成绿色的篱笆。

〔11〕窦：洞穴，洞孔。

〔12〕西成：指秋季的收成。

〔13〕鹤廪：用来存放仙鹤食物的仓库。古时人们喜欢在园林中养观赏用的仙鹤，所以要备有鹤粮。

〔14〕稻粱谋：形容人们为了生计而奔波。

〔15〕老圃：负责栽种蔬菜的老园丁。

■〔清〕恽寿平 山水册

【译文】

古时候向往田园生活的人，会选择在乡野之间居住；如今喜欢林间泉旁生活的人，都选择村庄之地作为别馆的建造地。那里四处都是篱笆院落，到处种有绿意盎然的桑麻；挖凿水池开通河道，建筑堤岸栽种柳树；登上高高的门楼可以查看庄稼长势，走廊可以直通外面的菜圃。十亩之阔的地基，可把三亩挖成池塘，池塘应该灵活转曲，以便把源流疏导通畅；剩余的七亩地，四亩挖土垒造成山，所造之山不管高低，栽种竹子最为适宜。厅堂宽敞明亮，面对着开阔的田野；花木茂盛，隐隐约约遮蔽着房屋，好像重重大门。架筑桥梁，让人们通过时像经过渡口一样。桃李芬芳，林中小路自然形成；楼台亭阁，都可画入美景。用荆棘藤条编成绿色篱笆，留出一个洞孔，好使小狗出入迎客；绕着绿篱开辟一条小路，以使家中童仆踩着青苔打扫落叶。秋色已晚，蜂房里的蜂蜜还没来得及割，先从秋收的庄稼中留出仙鹤的粮食存到仓库。这样安闲地自给自足，不用为衣食奔波劳苦，外出打酒也不怕一路风雪。归来居于林木之间，悠然惬意；甘愿做个种菜的老园丁，尽得余生之乐。

【延伸阅读】

古时候，村庄一般在城市周边，地阔人稀，自然条件好，生活也算便利。在这样的地方造园，极目四野尽是田地，鸡犬之声相闻，布衣素食生活恬淡，是很多人的向往。

在乡村建园，就要因地制宜，体现乡野之趣。城市中用名贵木料雕刻而成的栏杆，在乡村园林中不再适用，用荆条绿枝编成野趣盎然的篱笆才好。借助乡野地阔优势，可开辟菜圃果园，享受播种收获的乐趣。当然，这些菜圃果园也需经过精心布局，与周边风景、园林格局相协调。

早在上古时期，就有人在园圃等劳作之处建造房舍，广植花木，筑台凿池，形成最早的园林雏形，对后世园林发展有奠基开源的作用。

【名家杂论】

古徽州有一个古村落唐模，经过几代人的修整，该地的水口园林，成为著名的乡村园林。园林中有小桥流水、古木老屋、亭阁水榭、堤岸碑坊。

■〔明〕文征明 拙政园三十一景图册（部分）

据唐模村史记载，有个在杭州经商的人，为了让年迈的母亲见识西湖美景，就仿造了一座"小西湖"。"小西湖"由三座池塘连接而成，月明之夜，池中也有三潭映月的美景。后以"小西湖"为据点，又建造了湖心亭、白堤、玉带桥等景点。一个小小的村落，发展成如此规模，实在难得。生活在这样的地方，不知道是多少人的梦想。很多人不喜欢世俗喧嚣，又舍不得绝迹人间归隐山林，就会选唐模村这样淳朴平凡的地方，看岁月轮转中的沧桑变化，过日升日落的简单生活。

以陶渊明为代表的文人雅士，认为"采菊东篱下"比"摧眉折腰事权贵"强。仕途艰险，隐居又太寂寞，不如在淳朴厚重的村落边建一栖身之地。看农人晨起晚归，春种秋收；听冬夜柴门轻启，家犬吠叫。人间烟火气氤氲萦绕，粗茶布衣中尽得人生真味。

郊野地

郊野^[1]择地，依乎平冈^[2]曲坞^[3]，叠陇^[4]乔林^[5]，水浚通源，桥横跨水，去城不数里，而往来可以任意，若为快也。谅地势之崎岖，得基局之大小；围知版筑^[6]，构拟习池^[7]。开荒欲引长流，摘景^[8]全留杂树。搜根^[9]惧水，理顽石而堪支；引蔓^[10]通津，缘飞梁而可度。风生寒峭^[11]，溪湾柳间栽桃；月隐清微^[12]，屋绕梅余种竹。似多幽趣，更入深情。两三间曲尽春藏，一二处堪为暑避。隔林鸠唤雨，断岸马嘶风^[13]。花落呼童，竹深留客。任看主人何必问，还要姓字不须题。须陈风月清音^[14]，休犯山林^[15]罪过^[16]。韵人安褷，俗笔偏涂。

【注释】

〔1〕郊野：城市外面被称为郊，郊外的地方叫野。城市之外的所有地方都统称为郊野。

〔2〕平冈：平坦的小山顶峰。

〔3〕曲坞：曲曲折折的山坞。坞指四周高、中间低的地段。

〔4〕叠陇：连绵起伏的山岗。

〔5〕乔林：由高大乔木组成的树林。

〔6〕版筑：古时垒建土墙时，先用两块木板固定好，在木板中间倒上黏土，

亭台

用作登高远望的亭子，不用多大，可于亭中设石桌凳，供饮茶、下棋用。

树木

庭院植被可借助原始树木，如果没有合适树木，可种植一些枝叶繁茂的品种，以便呈现四季景色。

走廊

依靠水边建造小走廊，临水一边设置栏杆，旁边放几张石凳，可依靠，可垂钓。

建筑

建造房间或小楼都可以，需要注意的是，房间需宽敞明亮，干爽透风，阳光充足。

之后用石杵夯实，等到土干之后取下板子，墙自然成形。这种筑墙的方式被称为"舂土筑墙"。

〔7〕习池：习家池，又称高阳池，是位于今天湖北襄樊的一个郊野园，历史非常悠久。

〔8〕摘景：构造出园林的风景。

〔9〕搜根：挖凿筑构园林地基。

〔10〕引蔓：疏引出水流。蔓，指草本植物生出的枝叶根茎。此处用以形容细窄狭长、弯弯曲曲的小溪。

〔11〕寒峭：非常寒冷，寒气扑面。

〔12〕清微：形容较为朦胧、不甚明亮的月色。

■〔明〕沈周 文征明 山水图卷

〔13〕隔林鸠唤雨，断岸马嘶风：这两句用马嘶鸟鸣来形容郊野园林生气盎然的样子。

〔14〕清音：清亮悦耳的声音，此处指郊野的天籁之声。

〔15〕山林：有山有林的区域，这里借指园林。

〔16〕罪过：指亵渎山林美景的行为。

【译文】

选择在郊野中建造园林，要根据平坦的山冈，以及曲折有致的山坞来规划，利用现有的山坡和高大的乔木林，疏通沟池和溪泉，在水面之上构筑桥梁。此处距离市区也不过几里的路程，可以随时从城里到郊区欣赏不同的美景，真是人生惬意之事啊。

对郊野地规划布局，要观察地势高低起伏的特点，还有地基的范围大小。围墙适合采用土墙，挖凿的池塘可以仿效名闻天下的习家池。

在荒芜处开辟地基时，一定要疏引一脉细流，造景时注意保留那些原有林木。绕水流挖成地基，用坚硬的石块夯实地基，以便牢牢支撑地面上的建筑物；加长河流的长度，疏浚水源，架设长桥以供人行路。溪水边的柳树丛里，不妨栽种些桃李树木，好在暖风扑面的春季欣赏柳绿桃红之美；梅树成林，绕屋而立，在月色缥缈的冬夜，可赏梅花风姿绰约，可赏竹影婆娑。园林之中花木繁盛，增添不少意趣，更使人情思绵绵。两三所曲折往复的馆苑，温暖而舒适，便于欣赏春色；溪边一两处凉亭静立，清风拂面，正好纳凉避暑。隔着葱郁的树林，鸠鸟鸣叫，似在唤细雨飘洒，不知哪个岸边不时传来骏马嘶鸣。

唤来童子打扫庭院中飘落的花瓣，留下客人一起欣赏幽静的竹林。可以随情所至，到园林中欣赏美景，主人没必要过问来者是谁，客人也不用通报姓名。一

■〔明〕文征明 林榭煎茶图

定要呈现出郊野无限风光和大自然的天籁妙音，切莫破坏山林清幽的意境。风雅之士怎会轻易亵渎自然风光，庸俗之人才会偏爱信笔涂鸦。

【延伸阅读】

郊野地是建造园林选地的一种，有自己独特之处。从地理位置来讲，一般距离城市几里之地，既没有城市的喧哗热闹，还因离市区近而生活便利。既有山林风光，也有乡野情调。

郊野建园，要合理利用自然山水，可以疏通水道，连接自然界的溪河之水；郊野地具有避暑纳凉的功能，要在通风处修建凉亭等建筑。郊野之地的杂木丛林，可稍作修整，添加桃李等树，春暖花开，别有一番情趣。

在郊野建造园林，既可感受大都市的繁华，又能享受真正自然之趣。加之交通便利，因而成为不少达官贵人首选之地。

【名家杂论】

襄阳凤凰山下的习家池，是典型的郊野园林。西汉末年，襄阳的习郁跟随刘邦起事，后被封为襄阳侯，他按照春秋范蠡所书养鱼之法，在凤凰山下建造了一个鱼池，为其命名习家池。

据郦道元《水经注》记载，最初的习家池，长约六十步，宽有四十步。池水澄澈宁静，色翠而温润。在池中有一座亭子，供人赏景垂钓之用。池水周围栽种着丛丛毛竹，滴青流翠，楚楚动人，宋人苏轼"宁可食无肉，不可居无竹"的审美标准，原来汉时已被池主人领悟。池塘西南侧，依偎着两个不同形状的副池，小巧玲珑犹如戏台般大小。一个似十五满月，名曰"溅珠"；一个弯如玄月，名曰"半规"。山风拂过，池水荡漾，一池似蛾眉忧戚，一池似笑靥如花。古人说养花可以探春色，蓄水可以窥天地，习家池深谙此中真理。

习家池作为郊野园林，尽得天地之巧，和雄峻的山脉、莽苍的密林、幽窈的山谷以及迢迢汉水结合，映以高渺天空，景色大气独特。最先对习家池佳处欢喜不已的是山涛的第五子山简。他常到习家池饮酒，饮酒必醉，每每倒戴官帽，垂首瘫卧马上，缓缓而归。

此地风景绝佳，且有故人逸事可供凭吊，所以自古就是文人骚客常来之处。李白有《习家池襄阳行乐处》一诗，其中"江城回绿水，花月使人迷""岘山临汉水，水绿沙如雪""山公欲上马，笑杀襄阳儿"等句子，可谓把习家池自然和人文风姿尽现笔端。

置石

置石应选择造型轮廓突出、色彩纹理奇特、颇有动势的山石。置石应"以少胜多、以简胜繁"，可随意造型，随心建筑。

花草

园林中的花木依靠篱笆，可以种植月季、芭蕉，也可以依山石栽培，能显出如画的妙趣。因傍宅地狭小，花木的种植宜紧凑有致。

傍宅地

宅傍与后有隙地可葺园，不第[1]便于乐闲[2]，斯谓护宅之佳境也。开池浚壑，理石挑山，设门[3]有待来宾，留径[4]可通尔室。竹修林茂，柳暗花明；五亩何拘，且效温公之独乐；四时不谢，宜偕小玉[5]以同游。日竟花朝，宵分月夕，家庭侍酒，须开锦幛之藏[6]；客集征诗，量罚金谷之数[7]。多方题咏，薄有洞天[8]；常余半榻琴书，不尽数竿烟雨。洞户[9]若为止静，家山何必求深；宅遗谢朓之高风[10]，岭划孙登之长啸[11]。探梅虚蹇[12]，煮雪当姬[13]，轻身[14]尚寄玄黄[15]，具眼胡分青白[16]。固作千年事，宁知百岁人[17]；足矣乐闲，悠然护宅。

篱笆

篱笆可将住宅与庭院隔开，形成不同的环境，篱笆旁、住宅处，可种植一些树木，使环境清雅自然。

种松

松树天生姿态优雅，历来为文人所喜爱。可种植于宅旁小山，也可以种于亭子旁。

【注释】

〔1〕不第：不仅，不只是。

〔2〕乐闲：消磨闲暇时光。

〔3〕设门：设置从园外街巷直接进入园林的大门。在城市里修建的园林，是居家宅院的一部分，为了避免游园的客人打扰主人内眷的起居生活，会另开园门通向街巷。

〔4〕留径：留便捷的小路通向住宅区。

〔5〕小玉：指婢女。因在唐诗中频现该词，并作侍女之意用，故后世沿袭此称。

〔6〕须开锦幛之藏：需要拉起锦缎绣成的幕帐。出自《开元天宝遗事》。

〔7〕量罚金谷之数：和当年石崇在金谷园喝酒时罚酒的分量一样。据记载，当年石崇在金谷园宴请文人，如果不能写出规定的诗文，就要喝三斗酒。

〔8〕洞天：道家人把神仙、真人所居之所称为洞天福地。据说有三十六洞天、七十二福地，供神仙和真人居住。

〔9〕洞户：指在山间水边建造的房舍。

〔10〕谢朓之高风：谢朓，南朝著名诗人，在山水诗上造诣最高。此处指园林主不仅有像谢朓那样幽美的园林，还有谢朓那样的风雅情怀、高雅人格。

〔11〕孙登之长啸：孙登，魏晋名士，隐居在山中，熟读《易经》，弹琴唱歌，性格极为洒脱不羁。尤善长啸。此处借孙登来暗指园林主人豪迈弃世的不俗情怀。

〔12〕蹇：指跑不快的驽马，也指驴子。此处引用了唐朝山水田园诗人孟浩然在大雪天骑着驴子看梅花的典故。

〔13〕煮雪当姬：在姬妾的陪伴下，收集雪水煮茶喝。

〔14〕轻身：指卸去官职的人，或者普通人。

〔15〕玄黄：这里指天地。在《周易》中有"夫玄黄者，天地之杂也，天玄而地黄"的句子，故后人用玄黄代指天地。

〔16〕具眼胡分青白：不用费尽心思区分人的好坏，用友好的青眼或者敌意的白眼来看人。此处引用了《晋书·阮籍传》的典故，据说阮籍性格非常与众不同，他看那些欣赏喜爱的人，用青眼；看那些讨厌的人，用白眼。

〔17〕固作千年事，宁知百岁人：这是作者计成劝诫吴玄的话，让他放弃官场上不同党派之间的纷争，尽情享受生活。

■ 傍宅地

【译文】

正宅旁边或后面的空闲之地，都能用来建造园林，这样不仅便于园主人在闲暇之时到此游玩，也给宅院营造了护宅的幽雅环境。开凿池馆，疏浚溪泉沟壑，把玲珑的石块叠成山峰，挑来泥土堆成小山。在园林之侧安门，方便来往的宾客通行，再留下小径通向内宅。

林木盎然绿意，花柳明暗生趣。即便仅有五亩之大，也不妨碍把这里建成司马温公精致巧雅的独乐园；四时有花次第开放，可携带娇婉婢女一起游赏。花朝节可整日嬉游，月圆之夜可以玩至深夜。家里摆设宴席，女眷们不必围起帷帐遮挡；雅集客人作不出诗赋，则可效仿石崇金谷园规则，罚三斗饮酒。

多处题咏诗文，别具仙居之味；屋中琴书堆积了半榻，几株修竹在烟雨蒙蒙中静立。在山间水边修筑几处小室，以得静幽之乐；堆山院中，不求高险深奥。园内体现谢朓般的风情雅趣，岭上学孙登的仰天长啸。探赏蜡梅花开，不用像孟浩然一样骑驴上山；煮雪烹茶，身边有娇美姬妾的陪伴。无官身轻可以暂时逍遥于天地之间，对人心胸阔朗，何必分青眼白眼？佳文固可传诵千古，但人生在世也不过短短百年。做人知足心怀欢悦，乐得享受安闲时光，于宅第园林之中怡然度日。

【延伸阅读】

傍宅园林一般在正宅后面或旁边修建，从正宅可以直通园林。这种园林既丰富了住宅环境，又让主人方便领略山水林木之美，并且可以和正宅隔开，不妨碍日常生活。那些有物质条件和地理条件的豪门贵族，常会在正宅边建一座园林，用以观赏、会客、休息、防护。

傍宅园林的局限在于它一般用宅旁剩余的土地造园，面积大都狭小。因而更考验园林设计师的功力，他们要精打细算，巧妙利用每一寸土地，才能造出视觉上不显促狭的园子。

【名家杂论】

傍宅园林大都比较窄小，位于正宅之外的小空地上。筑建这样的小园，也可以亭台俱全，花明柳暗，极富情趣。即使是小到只可筑一室一舍，能在此中享受一丛翠竹幽情，几株老梅风姿，也让人心满意足了。另外，因为它的位置在正宅范围之外，使正宅和外界有一园相隔，所以它既可做平时游乐休息的场所，也可做护宅之用。

据古代戏曲里描述，中产阶级人家，就有能力置办一个后花园。花园一般位于正院之

■〔明〕文徵明 竹林深处图

后，简陋些的只是种些花草，加个凉亭。豪门之家精心构建的花园，则俨然一座小型的傍宅园林。

这种小园林，对古时待嫁女子来说，意义非凡。在中国古典礼教的严密束缚之下，那些女子，尤其未出阁的女子，除了居住的房屋，能够和外界接触的处所，也就是花园了。"墙里秋千墙外道，墙外行人，墙里佳人笑。笑渐不闻声渐悄，多情却被无情恼。"这是苏轼对后花园内外场景的描述，明丽可爱，也是园林中的另一番风景。

花木

可因地使用原生树木，与房屋相辉映，阁楼掩藏于树荫间。根据庭院建造格局，适宜种植绿植。绿树成荫，清旷而幽静。花树可以依房屋而种，墙根、角落皆可种植月季、芭蕉等。

盖楼

建两层小楼为佳，楼上可眺望远山美景，也可欣赏河中景象，妙趣横生。月圆之夜，打开窗户，也是赏月的好地方。

江河

江水围绕园林，形成孤岛的氛围，增添了几分灵气。河道上，可随船只欣赏两岸美景，应接不暇。

建桥

建一座石拱桥，为交通提供了便利，在桥上可欣赏荡漾的河中景色，晚上则可以出现桥月辉映的美景。

江湖地

江干[1]湖畔,深柳疏芦[2]之际[3],略成小筑[4],足征大观[5]也。悠悠[6]烟水,澹澹[7]云山,泛泛[8]鱼舟,闲闲[9]鸥鸟,漏[10]层阴[11]而藏阁,迎先月以登台。拍起云流[12],觞飞霞伫[13]。何如缑岭[14],堪[15]偕子晋吹箫[16]?欲拟瑶池[17],若待穆王侍宴[18]。寻闲是福,知享即仙。

【注释】

〔1〕江干:江边。

〔2〕深柳疏芦:柳树的深处和稀疏的芦苇荡里。

〔3〕际:边际、边缘。

〔4〕小筑:指一些规模较小的建筑,或面积小的园林。

〔5〕大观:指气势宏大的建造群,或者景观齐备的大型园林。

〔6〕悠悠:形容渺茫没有边际的样子。

〔7〕澹澹:形容云朵或者水面摇荡的样子。

〔8〕泛泛:漂浮荡漾的样子。

〔9〕闲闲:安适悠闲的样子。

〔10〕漏:原意是指水从缝隙里滴下,这里是光线从空隙里射出的意思。

〔11〕层阴:层叠的光影,此处形容光线穿过一层层的树叶。

〔12〕拍起云流:音乐的节拍随着浮云漂漂流动。

■〔明〕仇英 辋川十景图(局部)

〔13〕觞飞霞伫：推杯换盏尽情饮酒，这热闹的时光真好，让人想在这一刻停留下来。

〔14〕缑岭：指位于今河南省偃师之南约二十公里的缑氏山，周朝时称"抚父堆"。多指修道成仙之处。

〔15〕堪：可以，能够。

〔16〕子晋吹箫：用以指代神仙。相传周灵王的太子名叫晋，平时喜欢吹箫，每每吹出凤凰鸣叫的声音。他到今河南伊水和洛水之间游玩，一个叫浮丘公的道士领他到了嵩山，修炼了三十年，然后于缑氏山骑仙鹤成仙而去。

〔17〕瑶池：中国神话传说中西天王母娘娘的住地。

〔18〕穆王侍宴：此处借用了《穆天子传》的典故，此书记载了周穆王乘着八骏到西方游历的事情。

【译文】

在江河湖泊的岸边，或有茂密柳林、稀疏芦苇的地方，稍微借景修筑屋宇台榭，便可形成大观之境。园林之外，是水气溟蒙的烟水及缥缈沉浮的云山雾海；轻漾于水面之上，悠然鸥鸟自在飞。园中楼阁若隐若现于层叠的树荫之内，为睹新月清丽可以登到高楼之上。轻叩乐器，欢快的歌声直入云间；推杯换盏，且留几许易逝韶华。这山和缑氏山比起来如何，能否和子晋一同吹起箫乘鹤化仙而去？此处可与王母的瑶池仙境相比，似在等候周穆王乘着八骏之车来参加宴席。会在忙碌之中寻得闲暇就是福气，懂得品味生活之趣即是神仙。

【延伸阅读】

借助江水或湖水的秀美景色，在江湖之畔建造园林，是很多园林主人的选择。首先江湖边视野较开阔，即使建造几座亭榭，也可形成大观之象。再者，水边的景色和陆地不同，它经常云雾缥缈，颇有人间仙境的感觉。

水本灵秀之物，在水边借景造园，云影、树影婆娑生姿，园林也有不一般的灵气。况且每日可看水鸟飞翔，听江上渔歌往来，是都市之中享受不到的乐趣。在古典园林中，寤园和影园一个建在江畔，一个建在湖边，都是典型的江湖地园林。

【名家杂论】

明朝中期，不断有徽商来江苏一带做盐业生意。其中汪氏迁居仪征，经营盐业。后传至汪士衡这代，生意兴隆，财源不断。但是商人在旧时的地位非常低，汪士衡想结交上流人物，就必须抬高自己的身价。他花钱捐了一个文华殿中书的虚职，作为步入上流社会的一个头衔。后来他又斥巨资请计成造了一座园林，作为与文人雅士及达官贵人交际的场合。

这座建在銮江边的园子，有高岩曲水，极亭台之胜，吸引了不少名人。当时的阮大铖为此园写了"一起江山寤，独创烟霞阁"的诗句，因此园子取名"寤园"。据《仪真县志》记载，因为寤园吸引了不少达官贵人前来宴游，当地县令姜埰也必须亲自迎接，后来实在被烦扰得很，就发牢骚说："我且为汪家守门吏矣。"汪士衡听了这个话，非常害怕，就毁掉了园林里的部分建筑。这个传闻稍嫌夸张，即便是当时盐商的地位低，也不至于为了县令的一句牢骚而毁掉园林。后人推测是因为汪士衡和当时正处舆论风口浪尖的人物阮大铖交往过密，寤园和阮大铖不无关联，所以才有毁园的举动。

世事沧桑，非人力可以扭转。比较有戏剧色彩的是，当年因寤园发牢骚的姜埰，于清顺治五年（1648年），在荒废的寤园旧址里修葺旧屋，取名"芦花草屋"。姜埰身居此地十二年，著书立说，看江上渔歌往来，飞鸟盘旋，极尽优哉游哉之情。

中国古代建筑"风水"

古人建造房屋之前，往往会先考虑"风水"问题。老子说："万物负阴而抱阳，中气以为和。"负阴抱阳，背山面水，这是古人建筑选址的基本原则和基本格局，也是顺应自然，并合理改造自然的一种理念。以下为《鲁班经》中建造房屋需注意的一些事项。

门高胜于厅，后代绝人丁；门高胜于壁，家人多哭泣。

门柱不端正，斜偏多招病。家退祸频生，人亡空怨命。

门扇或斜倚，夫妇不相宜。家财常耗散，更防人谋欺。

门边墙壁不可偏。左大换妻惹讼冤。右大孤寡儿孙常叫天。

门柱补接主凶灾，仔细巧安排。头目患中劳吐，下补脚疾苦。

门上莫作仰栱装，此物不吉祥。两边相指或无言，论讼口争交。

一家不可开二门，父子没慈恩。必招进舍嗔门客，问罪饶不得。

一家两门出鳏寡，冤屈不论家中正，主人大小自相凌。

厅屋两旁有屋横吹，祸起纷纷。便言名曰抬丧山，人口不平稳。

当厅若作穿心梁，其家定不祥。便言名曰停丧山，哭泣不曾闲。

人家相对仓门开，定断有凶灾。风疾时时不可医，世上少人知。

路如牛尾不相和，头尾翻舒反背哦。父子相离真未免，妇人待嫁又如何？

 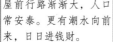 屋前行路渐渐大，人口常安泰。更有潮水向前来，日日进钱财。	 门前腰带田路大，其家有分解。围墙门畔更回环，名曰进财山。	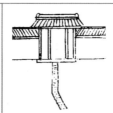 路若源流水并流，庄田千万岂能留。前去若更低低去，退后离乡好手游。	 石如酒瓶样一般，楼台田满山。其家富贵一求得，斛注使金银。
 门前行路渐渐小，口食随时了。或然直去又低垂，退落不知时。	 门前土堆如人背，上头生石出徒配。自他渐渐生茆草，家口常忧恼。	 右面四方高，家里产英豪。浑身斧凿成，其山出贵人。	 门前石面似盘平，家富有，声名两边来从。进宝山，足食更清闲。

立 基

> 凡为园里构筑物选择地基的时候，都应把厅堂作为整个园林的主体建筑物，还要把便于从此观景作为重要标准，来确立厅堂置于何处。

凡园圃立基[1]，定厅堂为主。先乎取景，妙在朝南，倘有乔木数株，仅就中庭[2]一二。筑垣须广，空地多存，任意为持，听从排布；择成馆舍，余构亭台；格式随宜[3]，栽培得致[4]。选向非拘宅相[5]，安门须合厅方。开土堆山，沿池驳岸；曲曲一湾柳月，濯魄[6]清波；遥遥十里荷风，递香幽室。编篱种菊，因之陶令[7]当年；锄岭栽梅，可并庾公[8]故迹。寻幽移竹，对景莳花；桃李不言[9]，似通

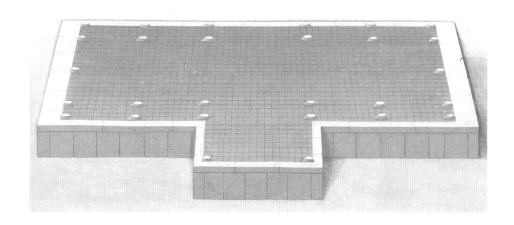

津信；池塘倒影，拟入鲛宫[10]。一派涵秋[11]，重阴结夏；疏水若为无尽，断处通桥；开林须酌有因，按时架屋。房廊蜿蜒，楼阁崔巍，动"江流天地外"之情，合"山色有无中"之句[12]。适兴平芜[13]眺远，壮观乔岳[14]瞻遥；高阜可培，低方宜挖[15]。

【注释】

〔1〕立基：立基的重点是确定园林内馆阁亭榭这些人工构筑物的位置，同时开始设计空间环境和景物安置布局。

〔2〕中庭：指厅堂之前的院子，被主要建筑物环绕，一般被称为中庭、庭院。除了中庭，还有前庭、后庭、便庭、主庭等，分布在园林的不同位置。

〔3〕格式随宜：格式指园中建筑的类型、大小、体积以及造型。随宜：根据人的想法、地理环境和景色特点等因素，制订合适的布局方案。

〔4〕得致：极富情趣，指植物呈现出美好的姿态和意趣。

〔5〕宅相：指宅子的风水，包括"宅形"及"宅穴"两方面内容。古人对风水非常迷信，认为家居宅院的朝向和里面布局，会对住宅主人的命运有影响。所

以在建成之前或者建成后，会请一些风水师相看。

〔6〕濯魄：可以洗涤魂魄的清波，此处喻指月光之下水波的清澈美好。

〔7〕陶令：指陶渊明，晋代名士，平生最喜菊花，更喜欢用菊花入诗，以此寄予高洁的人生境界。因为其在彭泽当过县令，故此处用"陶令"代指其人。

〔8〕庾公：指汉代的庾胜将军。他曾率军伐南越，后来在大庾岭驻守。到了唐代，张九龄率军在此开辟道路，并在山上种了很多梅花树，人们改称此地为梅岭。此典故意在说明在园林中栽种梅花和菊花的人，也和陶渊明、庾胜一样具有高洁风雅的情怀。

〔9〕桃李不言：借用《史记·李将军列传》中"桃李不言，下自成蹊"之句。

〔10〕鲛宫：水中鲛人的宫殿。

〔11〕涵秋：蕴含着秋天的意趣。

〔12〕动"江流天地外"之情，合"山色有无中"之句：此处用唐朝山水诗人王维《汉江临眺》中的诗句，形容在园林之中遥望远处的景象。

〔13〕平芜：平坦的田地。

〔14〕乔岳：高耸入云的大山。

〔15〕高阜可培，低方宜挖：在高的地方培土使其更高，在低的地方挖掘使之更低。

【译文】

但凡为园林立地基，主要是确立厅堂的位置。首先从观景角度来确立厅堂置于何处，如能朝南而立最好不过。若选定的厅堂地基处有大树挺立，在中庭位置略留一两棵即可。绕园砌墙时，应尽量扩大范围，以便充分保持园林的立意结构，便于今后在园中建造屋宇、安置景物；选择合适的地方修建馆舍，余下的地方可以零散地设置亭台点缀；楼阁台榭的风格款式要和周围景物相称，周围栽种的花木要非常有情致。

屋宇的位置不要受限于宅房风水学学说，但园林大门和厅堂大门的朝向要统一。可用挖池塘时挖出的土堆成山，池塘四周用石头砌成堤岸。在弯曲有致的水塘岸边栽种一些绿柳，月光穿过柳条在清澈的池水中荡漾；十里荷花次第开放，清风把荷香送到厅堂中来。编成竹篱种上菊花，就如陶潜当年乐于南山；开辟荒岭之地栽种梅花，可与当年庾胜雅事媲美。移栽几株青翠的修竹营造清雅之景，种植几丛花供游玩者观赏；桃李绚烂不曾言语，林间小路却蜿蜒有致好像直通河边渡口；池中水面倒映着阁楼台榭的影子，就像是鲛人的水中宫殿一样。一脉细流中秋意盎然，层叠的树木枝叶遮蔽了天上的炎日。疏通流水要想有无尽的韵味，可以在断水处铺架桥梁；开林造景一定要先明白此园要追求的艺术主题及其作用，构筑屋宇的时候，要便于观赏四时美景。园林中的房廊轮廓要曲婉有致，楼阁要于高处耸立，有凌空之势，让人有"江流天地外"的美感，也要有"山色有中无"的意境。

远眺无际山野，可以怡情；仰视高峻之山，足以壮阔胸怀。地势高的地方可以用土培得更高，增加其气势；地势低洼之处，可以深挖使其愈加深奥。

【延伸阅读】

园林立基指勘地之后对于园林的整体布局，包括各个人工建筑如何设置、空间如何规划、风景意境如何达到要求等。

无论是房屋还是园中的山水、绿植和亭台楼阁，其位置设置不仅要考虑审美，还要依据堪舆学上的建议。计成在立基的建议中，并没有在房屋的朝向上做出刻板规定，但是提出了"凡园圃立基，定厅堂为主"的法则，并且表明，主要建筑物一定要背北朝南，这和传统堪舆学的立基程序是一样的。

中国比较著名的古典园林，在立基布局上都遵照主体建筑倚山居北，将人工湖或池塘凿筑在南面的原则。如皇家园林颐和园，就是用开掘昆明湖的土增高万寿山，从而形成北边是山、南面是湖的格局。之后在湖边山脚建报恩延寿寺，形成主轴线，然后在主轴线上建造佛香阁，成为整个颐和园的构图中心。

【名家杂论】

在欣赏园林时，不可忽略的一点就是：中国古典园林的堪舆之说与形式之美是相互交融的。何为堪舆？《淮南子》中解释为："堪，天道也；舆，地道也。"堪舆学就是天地之学。它把天道运行、地气流转以及人的活动，结合成一个整体，形成一套理论。

风水和园林是我国古代山水文化体系中两个重要组成部分，它们之间向来存在不可忽视的内在联系。就连曹雪芹也在《红楼梦》里借贾宝玉之口，开启"风水模式"，点评稻香村的立基是个败笔——"背山无脉，临水无源"。去其糟粕，取其精华，抛开唯心主义色彩，用物理学现象来科学合理地解释堪舆学，也是探知古典园林内涵的一种解读方式。

　　在建筑选址上，堪舆学讲究"藏风聚气"，一般选择在山环水抱、自然景色优美的地方立基，再选取一处寓意吉祥的地点造屋建房。立基之处要求既能进出自由又相对封闭、空间完整均衡。建筑物朝向必须坐北朝南、背山面水。试想，身处如此山明水秀之中，满目郁郁葱葱的山林佳木、清莹如玉的碧水悠悠，人的心境必定是悠然自得的。抛开堪舆的迷信说法，这种立基法则本身就是中国古人生存智慧的一种反映。

厅堂基

　　厅堂立基，古以五间三间为率[1]。须量地广窄，四间亦可，四间半亦可，再不能展舒[2]，三间半亦可。深奥[3]曲折[4]，通前达后，全在斯半间中，生出幻境也。凡立园林，必当如式。

【注释】

〔1〕率：表率，准则。

〔2〕展舒：扩展或者拓宽加长。

〔3〕深奥：形容屋宇藏在隐蔽处，一般不容易看到。

〔4〕曲折：指建筑物里面的空间比较曲折，变化多端。

【译文】

厅堂的地基设置，从古代开始就以三间或者五间为标准。园林建造与住宅建造不同，要根据土地的面积大小来确定，可四间也可四间半，面积实在狭窄的，三间半也行。而庭园各个建筑物之间的藏匿隐现、穿厅度廊，都与巧妙利用这半间屋子有关，它可以让观者产生无限的空间幻觉。所以造园时必须按此准则行事。

【延伸阅读】

园林的布局中，一定是把厅堂作为主体建筑来立基的。厅堂既是主人接待来客和聚会宴饮的地方，也是举行大型祭祀活动的地方，几乎所有的家族文化活动

都可以在此举行，所以它的使用频率非常高。因此，它必须作为主体建筑，在园林的中心地带建造，厅堂基一般要安置在主景区，再围绕此处散置其他附属建筑。

在安排厅堂的位置时，要考虑赏景需要；在朝向上要面南背北便于通风和采光。在厅堂的周围要设置一些附属建筑和花木，或者以回廊等围造成庭院。甚至园林的大门方向，都要以厅堂的大门朝向为基准来设定，要使人一进入园门就看到厅堂，并进入主景区。

总之，在立基中，厅堂基就是中心，以此辐射到周围，再考虑楼阁廊榭、斋馆亭台等的位置。

【名家杂论】

厅堂是古人生活起居、聚朋宴饮、品茶对弈、谈诗论画的地方，它既要满足人们生活的需要，还要能彰显主人的文化素养和艺术品位。因此，在所有建筑物中，厅堂建筑面积经常是最大的，在房体装修、家具陈设、书画等艺术品装饰方面也是最考究的。即便是一般的人家，对于厅堂的布置也非常重视。

比较讲究的大户人家，通常会给自家的正厅取名，题写在匾额上挂在厅堂的正上方。堂名一方面可以成为该处建筑的标志；另一方面也是主人某种情怀的具体体现，如"尚德堂""履福堂"等等。明代桐庐人李乐，因做人正直，为官清正，退隐之后获朝廷赐的厅堂匾额"真君子"。厅堂的"脸面"作用，由此可见一斑。

在厅堂正面的墙上，会挂大幅画轴，又称"中堂画"，书画几乎是明清以来中国传统民居厅堂里的"标配"，有的人家会求得名人字画高悬正堂，题材多以象征吉祥为主，如松柏、松鹤等。有的人家直接把祖宗的画像当作中堂画来悬挂。一般画轴两边会悬挂对联，画轴之下设一长桌，雅称"压画桌"；长桌之前设有八仙桌，桌旁有太师椅等坐具。有些人家还会在厅堂的两侧摆设茶几座椅，并在侧墙之上悬挂字画。

有些厅堂堂前有列柱，富贵人家会用泥金在柱子上刻上楹联，楹联内容多是表达传统的道德观念，体现主人正面积极的追求与向往，或是对世事人生的体味，或是对子孙后代的劝诫，如"几百年人家无非积善，第一等好事只是读书""传家有道唯存厚，处世无奇但率真"等。

楼阁基

楼阁之基，依次序[1]定在厅堂之后，何不立半山半水之间，有二层三层之说？下望上是楼，山半拟为平屋，更上一层，可穷千里目[2]也。

【注释】

[1] 次序：指一般住宅建筑的空间布局。南方山水占地多，住宅用地较少，庭园一般面积狭小，院落也浅，因此把每进房屋的高度逐次增加，形成前低后高的布局模式，加强院落的层次感，也能让后面的房间得到很好的采光效果。

[2] 穷千里目：借用唐代诗人王之涣的诗句"欲穷千里目，更上一层楼"。喻指登上越高的楼阁，就可以看到越远的景观。

【译文】

按照传统的空间排序，通常是把楼阁建在厅堂后面，为什么不把它设置在半山半水之间呢？在半山之间建造楼阁有个讲究，叫作二层变一层：从山下仰望是两层的楼，走到山腰时，又会感觉那仅是一层之楼，待走进去才发现已经到了二楼了，大有"欲穷千里目，更上一层楼"之妙趣。

【延伸阅读】

楼阁建筑是园林中不可缺少的一个部分，在地势空间和经济条件允许的情况下，园林中都会有楼阁的身影。

楼阁的造型多种多样，其审美特点也历经一系列演变过程。秦汉时期，中国的建筑审美以高大壮观为主，因此楼阁也是高轩巍峨的。据《吴越春秋》的记载，春秋时期，范蠡曾经到高楼之上观天象，"立龙飞凤翼之楼，以象天门"；《三辅黄图·秦宫》中描述秦二世"起云阁，欲与南山齐"；当时无名氏所写《西北有高楼》中描写楼阁"上与浮云齐"。

至魏晋时期，士大夫阶层开始热衷自然山水之乐，楼阁审美也开始摒弃高大之美，空间尺度变得相对小巧，更注重建筑和自然景色相适宜。到后来，楼阁更是成为园林不可或缺的组成部分了。在园林中，楼阁的层数不高，一般是两层，也有少数是三层的。出于观景需要，它的地基经常被设计在高处，比方说山腰上。其造型为：一层是厅堂式建筑，外部用立柱来支撑上层的建筑，形成外廊。在楼的二层安装有窗，以便观景。邻近楼阁之间第二层相通的楼，叫"串楼"；楼阁内用廊相连通，可沿廊绕楼而行的，称为"走马楼"。

门楼基

园林屋宇，虽无方向，惟门楼基，要依厅堂方向[1]，合宜则立。

【注释】

〔1〕依厅堂方向：指门楼的朝向和厅堂的朝向保持一致。

【译文】

园林中的建筑物，并没有朝向何处的硬性规定，只是园门楼的方向一定要与厅堂的朝向相同，符合总体布局要求，才可立基。

【延伸阅读】

园林既有供人游玩观赏的功能，又有为人提供居所的作用。在设计园林建筑时，要充分考虑到区分生活区和游览区。设置园门时，这方面的考虑体现得更为突出。

园林一般都会留一个朝向街巷的园门，可供外来游览者直接进入园中，不会打扰园主人的家庭生活。园门的朝向和园中厅堂的朝向一致，这样既方便主人在厅堂中接待贵客，也可以使客人尽快进入围绕厅堂而建的主景区。园林门楼基一般面积很小，以避免门楼建成后太过张扬。

书房基

书房之基，立于园林者，无拘内外，择偏僻处，随便通园，令游人莫知有此。内构斋、馆、房、室，借外景，自然幽雅，深得山林之趣。如另筑，先相基形：方、圆、长、扁、广、阔、曲、狭，势如前厅堂基，余半间中，自然深奥。或楼或屋，或廊或榭，按基形式，临机应变[1]而立。

【注释】

〔1〕临机应变：随机应变，此处指根据不同的天然和人文条件，因地制宜建造房屋。

【译文】

在园林中设计书房的位置，应该选在深幽僻静的地方，无论是在景区中还是在景区外，都应保证既能方便于从书房到景区，又能让外来的游客不知道有书房小院坐落园中。在书房所在的院落内构筑房舍，可借用周边外景，使其有天然之味、雅静之情、山林之趣。假如在园林外建造书房，就要先查看地基的形状：是方抑或是圆，是长抑或是扁，是直抑或是弯，是阔朗抑或是窄小。要依照之前"厅堂基"中所述的"余半间"的模式建造，才能让书房显得自然而幽深。书房可建成楼阁或屋宇、长廊或亭榭等形式，可根据地基的形状，随机应变规划布局。

【延伸阅读】

书房，古时又被称为书斋，是文人从事文化活动的处所。它既可办公，又是家居生活的一部分。书房必须具有宁静、沉稳的特点，要使人身处其中自然能平心静气。

古代文人把书房称为"琅嬛福地"，是文人的精神巢穴，修身治学的最佳去处。传统的书房从环境规划到室内物品陈列，从房间色调到家具材质，都体现出雅静的特征。

不过，中式书房在追求沉静风格的时候，难免会选择一些暗色调的家具，在外观上给人一种沉闷感。因此，书房选址既要选在静僻之处，又要保证光线充足。另外，用适当的绿色花草装点和修饰，也会让书房清雅幽静而富有情致。

【名家杂论】

如果选出和"文化"关系最密切的家居建筑，那只能是书斋了。它代表的精神文化意象，是别的事物无法取代的。中国古代文人就是以它为中心，建立起自己的生活方式。即便是最落魄的文人，家徒四壁，也会修建一座收纳文人风骨的简陋书斋。至于那些经济条件宽裕的文人，更可以优哉游哉地躲进一间满室书香的屋子，或"雪夜闭门读禁书"，或邀文友数位"奇文共欣赏，疑义相与析"了。

从古至今，书房的形态千变万化，并没有形式上的定规。家财万贯者可以以雕梁画栋的高楼为书房，贫寒者陋室一间也能当作书斋。尽管形式不同，但它们都有一个共同的特点，就是清雅。清代的李渔在《闲情偶寄》中，就主张书房要具有"高雅绝俗之趣"，这大致概括出了古时文人对书房的追求。《红楼梦》第四十回里，刘姥姥夸赞林黛玉的房间精致，就说："这那里像个小姐的绣房？竟比那上等的书房还好呢！"书房在人们心中的地位之高，由此可见。

书房大小，并不是主人精神境界高低的评判标准，明朝著名学者归有光，年少时在老家有一座让他感念一生的书斋——项脊轩。据作者描述其"室仅方丈，可容一人居"，屋子并不大，却不失风雅，可以"借书满架，偃仰啸歌；冥然兀坐，万籁有声"。《金瓶梅》中的西门庆在步入仕途后，也附庸风雅地修造了一座"翡翠轩"。这所书房堪称豪华，有"彩漆描金书橱"，还在"绿纱窗下，安放一只黑漆琴桌，独独放着一张螺钿交椅"。屋内雅物俱全，书房之外还接有三间三面敞开的小卷棚，格局生动。而到了花木生长的季节，"前后帘栊掩映，四面花竹阴森"，纳凉消夏再好不过。当然，这样的书房在西门庆这样人物的手里，只是摆设而已，但仍能让今人从中窥视当时文人书房的格局设置及幽雅气质。

书香、墨香、琴音之外，古人还常在书房中放置香炉，在香篆缭绕中静坐冥想，让自由的思绪在轻烟袅袅中进入一种旷远澄澈的境界。据记载，有一读书人在山中游览，见云雾缥缈动人，就囊云而回，跑到书斋里放出。囊中云雾早已烟消云散，但书房在读书人心目中的清雅气格，却一直延续至今。

■〔清〕丁观鹏 弘历鉴古图

亭榭基

花间隐榭,水际安亭,斯园林而得致者。惟榭只隐花间,亭胡拘水际,通泉竹里,按景山颠,或翠筠^[1]茂密之阿^[2]；苍松蟠郁^[3]之麓；或借濠濮之上,入想观鱼；倘支沧浪之中,非歌濯足^[4]。亭安有式,基立无凭。

【注释】

〔1〕翠筠：翠绿色的竹子。筠,原指竹子的表皮,这里引申为竹子。

〔2〕阿：山的角落,水的边际。

〔3〕蟠郁：形容盘曲弯折且非常茂盛。

〔4〕沧浪之中,非歌濯足：不用唱着要用沧浪之水洗脚的歌。暗指园林中水非常清澈。

【译文】

榭应该建在花木之中,使其若现若藏；亭通常修建在溪池之畔,它们皆为营造园林美景的重要元素。榭只可在花木之中建造,亭却不一定非要在水边修建,亭可以建在山泉咚咚的竹林之中,建在景色宜人的山顶,或在翠竹繁茂的山谷之中,或在苍松郁郁葱葱盘曲的山麓之间。如果将亭建在一湾溪水之上,可倚栏欣赏水中游鱼嬉戏,任思绪漫游冥想；假如建在池沼中间,潺潺清水也会让人心旷神怡,神清气爽。亭子的建造有一定形制,而至于把亭子的地基选在何处,却并没有什么固定法则。

【延伸阅读】

榭和亭，都是园中用于点缀的建筑，还可以供人游览憩息。榭一般考虑建在花木之中；而亭子立基则更为灵活些，可根据园子的实际情况来决定，可以在山顶、水边、湖心、竹林中、花丛中等等。在这些地方建亭，可以为园林的艺术效果增色。除此之外，也有在桥上建亭的成功例子，像北京颐和园的桥亭，还有扬州瘦西湖的五亭桥等。杭州西湖的湖心亭，在选址上也非常恰当，它四面临水，有佳木繁花掩映，加上飞檐翘角的明黄琉璃瓦屋顶，色彩感非常强烈。湖心亭和"三潭印月"、阮公墩三岛，就像是传说中的三座仙山一般立于湖心。

总的来说，这些附属点景建筑，选址立基合理，就可以营造出诗情画意的意境；如果选址失败，则会让全园都显得凌乱。在考虑为亭榭立基时，不必拘泥于已有之法，可以因地制宜，只要与园中整体景象保持和谐，建成之后就能达到预期效果。

廊房基

廊基未立，地局先留，或余屋之前后，渐通林许[1]。蹑[2]山腰，落水面，任高低曲折，自然断续蜿蜒，园林中不可少斯一断[3]境界。

【注释】

〔1〕林许：树林之内，林木之中。

〔2〕蹑：攀爬，登上。

〔3〕一断：一截，一处。

【译文】

在建造房廊的地基之前，一定要在总体布局时把房廊的位置预留出来。也可以留出房前屋后的屋檐作为檐廊，以便通向树林之中欣赏风景。房廊可架在山腰，或建在水面之上，随着地势高低起伏，显现出一种蜿蜒曲折、若隐若现的情致，它是园林中必不可少的景色之一。

【延伸阅读】

中国古典园林，对廊的运用表现得非常突出。廊不但是建筑的重要部分，还在划分园林空间、造景上起到了很大作用。正因为有了廊，静态的园林才能显现出动态之美。为廊立基时，应充分考虑地形特点。根据地形的不同，廊可以分为平地廊、水廊、桥廊、爬山廊等。

爬山廊在山坡上建造，它使得山坡上和山下的建筑之间有了联系，同时廊随着地形的高低变化而起伏有致，也让园中景色显得丰富而别致。水廊都是在水面之上搭建，它一方面增加了水面的空间层次感，另一方面倒映在水面上的廊影也非常富有情趣。桥廊是在水面上架设的走廊状桥梁，既可以供人通行，又可以供人休息。

廊基设计合理，能为园林带来意想不到的效果。苏州留园就巧妙地使用了走廊，游人进入园门就见一个小院落，在院落尽头有游廊蜿蜒曲折引人向前，到了"五峰仙馆"，但见空间狭促，似乎去路已绝，但沿游廊到了三岔口左拐，廊墙上一侧的漏窗显示墙外还有空间存在。廊的前面有个斜着的门洞，门洞后的景物隐隐可见。这种"曲径通幽"的设置，正是得益于对廊的合理设计。

假山基

假山之基，约大半在水中立起。先量顶之高大才定基之浅深。缀石须知占天[1]，围土必然占地[2]，最忌居中，更宜散漫[3]。

【注释】

〔1〕占天：专业术语，指占用上空的空间。

〔2〕占地：专业术语，指占用地面的面积。

〔3〕散漫：指假山的峰峦并不聚集在一起，而是散布在各个地方，形成一种错杂自由的布局形态。

【译文】

假山的地基，大多在水里垒筑而成。首先要测量假山的高低和占据空间的大小，才能确定地基深浅如何。用石块叠成高山，一定要注意它的空间视觉效果；培土成山，一定要注意地理环境效果。设计山峰的时候，最忌讳将假山放在庭院的中间，要根据实地环境，自由布局。

【延伸阅读】

秦汉时期，假山从开始的筑土为山慢慢发展到构石为山。以石头堆叠假山，对立基的要求更高。从占地面积来说，要预估需要多大、多深的地基，还要考虑山体所占空间的体积多大。这就要求在假山立基之前，要反复相看将要使用的石料，区别出不同的石质、纹理和种类，然后按照它们在掇山过程中的位置标记好，避免用错。只有经过反复研究和构思，才能把石块运用合理。之后，就要奠定假山的地基了。

地基的深度由山石预计高度、重量以及当地土质情况决定。根据土质不同，可分为桩基、石基、灰土基等。在泥沙土质的地方，就要用桩基垫底；在土质较好的地方，就用石基打底；在干燥的地方，用灰土基就可以了。

立基之后，还要做起脚的工作。这是为了让假山的底层牢固，以便在堆叠山石时可以保证安全。一般的做法是在假山四周以及主峰下面垫上底石，然后填上泥土夯实。起脚后，就可以堆叠中层了。假山中层是指底层上面、顶层之下的一大部分山体。它是整个假山的主体，假山的造型是否美观、整个工程是否稳固，都与中层紧密相关。古代掇山工匠把叠造中层的方法归纳为三十个字：安连接斗跨，拼悬卡剑垂，挑飘飞戗挂，钉担钩榫扎，填补缝垫杀，搭靠转换压。

园林假山的理法

宋代画家郭熙在《林泉高致》中说:"山有三远。自山下而仰山巅谓之高远;自山前而窥山后谓之深远;自近山而望远山谓之平远。"园林假山的布局可以兼顾此三远。按照水脉和山石的自然皴纹,将零碎的山石材料堆砌成为有整体感和一定类型的假山,使之远观有"势",近看有"质"和对比衬托,包括大小、曲直、收放、明晦、起伏、虚实、寂喧、幽旷、浓淡、向背、险夷等。

屋 宇

> 尽管住宅房屋和园林内的房屋在造型上大致相同，可是园林庭室又必须具有赏景的功能，它的结构要求也就略有不同。

凡家宅住房，五间三间[1]，循次第[2]而造；惟园林书屋，一室半室，按时景[3]为精。方向随宜，鸠工合见[4]；家居必论，野筑[5]惟因。随厅堂俱一般[6]，近台榭[7]有别致。前添敞卷[8]，后进余轩[9]。必有重椽[10]，须支草架[11]；高低依制，左右分为。当檐最碍两厢[12]，庭除[13]恐窄；落步[14]但加重庑[15]，阶砌犹深。升拱[16]不让雕鸾，门枕[17]胡为镂鼓。时遵雅朴[18]，古摘端方。画

■〔北宋〕刘松年 四景山水图卷一

彩虽佳，木色^[19]加之青绿^[20]；雕镂易俗，花空嵌以仙禽。长廊一带回旋，在竖柱之初，妙于变幻；小屋数椽委曲^[21]，究安门之当，理及精微。奇亭巧榭，构分红紫之丛；层阁重楼，迥出云霄之上。隐现无穷之态，招摇不尽之春。槛外行云^[22]，镜中流水，洗山色之不去，送鹤声之自来。境仿瀛壶^[23]，天然图画，意尽林泉之癖，乐余园圃之间。一鉴^[24]能为，千秋不朽。堂占太史^[25]，亭问草玄^[26]，非及云艺^[27]之台楼，且操般门之斤斧。探其合志，常套俱裁。

【注释】

〔1〕五间三间：我国古代的木结构建筑物，通常用"间"作为横向空间的计量单位。

〔2〕次第：指房屋的排列布置次序。

〔3〕时景：随季节变化而变幻的景色。这里指四季的景色。

〔4〕合见：达成一致意见，共同认可的建议。

〔5〕野筑：指把自然山水作为主题的园林。

〔6〕俱一般：都是相同的。

〔7〕近台榭：靠近园中的台榭。指能够供人游玩、歇息之用的园林厅堂。

〔8〕敞卷：一种呈拱形的棚顶。

〔9〕余轩：指在厅堂后方屋檐之上添加的廊庑，有茶壶档轩、弓形轩、海棠轩等样式。

〔10〕重椽：重复的椽子，这里是说构建房屋时，为了搭草架所添加的"覆水椽"。

〔11〕草架：一种在"覆水椽"上面，被遮蔽的木结构。

〔12〕两厢：指正室两侧的厢房。

〔13〕庭除：指庭前面台阶下的空地，今常称为院子，或称院落、天井。除，通"阶"。

〔14〕落步：即台阶，为苏州当地叫法。

〔15〕庑：指厅堂下面的走廊和廊房。

〔16〕升拱：又称为斗拱，中国独有的木制建筑构件，清代之前用于承接屋顶的重量；后演变为装饰部件，用以象征等级身份和权力大小。

〔17〕门枕：在门扇下方承接门开合时转动的地方。石制的就称为门枕，木制的称为门窝。门枕前面一般会雕刻不同的图案，以代表不同主人的身份。

〔18〕雅朴：古朴高雅。

〔19〕木色：木头的颜色，指未经过印染的木材原色。

〔20〕青绿：青色在古代诗文作品中含义不尽相同。可能指深绿色，也可能指黑色或天青色。在江南一些古典园林里，常把房屋的柱子涂成黑色或者棕红色，把屋宇外檐涂成青绿色，以和周边的自然环境相映衬。

〔21〕委曲：弯曲折转。

〔22〕槛外行云：在栏杆的外面，有流云飘过。喻指屋宇非常高。

〔23〕瀛壶：古代典籍中记载的神仙居住的仙山岛屿。

〔24〕一鉴：出自朱熹的诗句："半亩方塘一鉴开，天光云影共徘徊。问渠那得清如许，为有源头活水来。"此处用"一鉴"喻指高水平的园林设计。

〔25〕太史：出自汉代司马迁写《史记》的典故。在《史记·孔子世家》里，司马迁表达了对万世师表孔子的敬仰，后人多用"太史"来称颂孔子人格之高尚，以及司马迁发愤著《史记》，坚持不懈的精神。

〔26〕草玄：出自西汉时期扬雄撰写《太玄经》的典故。西汉时期，扬雄为官清正，不愿意依附权贵迁升，所以历经汉成帝、汉哀帝、汉平帝三朝，依然籍籍无名。王莽篡权时期，他才因为年纪大、资格老做了大夫。此后，他一心著书做学问，把政事抛之脑后，安贫乐道，过起了隐居生活。后人常以"草玄""太玄"喻指淡泊功名利禄，一心著述的精神品质。

〔27〕云艺：陆云一样的技艺。

■〔北宋〕刘松年 四景山水图卷二

【译文】

凡是家居住宅，无论五间还是三间，都必须按着一定的次序垒筑；但园林中的书房，无论一间或者半间，则应根据四季变化的景色来设计。房子的朝向可以根据情况来定，主持造园的设计师应该和负责施工的工匠们在此点上达成一致。建造住宅房舍要遵照一定之规，而建造园林之内的房屋时，可以根据实际情况随机应变地设计。

尽管住宅房屋和园林内的房屋在造型上大致相同，可是园林台榭可以建造得另具风格。前面房檐之上，要添加敞卷，后面房檐之下，要添加廊庑；房顶之上构筑重檐做假屋顶，搭建草架；房檐要前高后低，依照草架的形制制作，檐口左右两侧结构截然不同，需要分别制作。厅堂屋檐可能会对两边厢房产生影响，使庭院空间显得狭窄；因此房檐之下可以添加廊庑，台阶也随之变宽。斗拱之上一般不需雕饰，门枕也不用镂刻成鼓的形状；可以从时下流行的一些门枕款式中，选择一些看起来古朴典雅的来用。如果是想回归传统样式，可以选择一些图形端正大方的用。彩画虽然看起来华贵艳丽，但没有在原木上涂上青绿色来得淡雅大方；雕镂梁栋会有庸俗之嫌，就好像在镂空的花草图案中镶嵌上仙禽，会显得不合时宜。

建造一条弯曲回旋的长走廊，在选择廊柱位置时就要细心构思，巧妙布置，尽显回廊的虚实变化，以及曲折有致。建造仅有数椽之地的小屋时，特别讲究整体的庭院布局和门户的安排，要让空间具有隐现莫测、往复不尽之趣。那些奇巧的亭榭，可以零散分布在花木丛中，多层重叠的座座楼阁就像是在云端盘旋。那种若隐若现的情致，蕴含无尽的春色。

雕栏之外，似乎有云朵飘过，明镜之内，仿佛映出楼下潺潺溪水。蒙蒙烟雨不尽，却洗不掉青翠山色，微微清风拂过，带来阵阵清亮鹤鸣。园林美景好似蓬莱仙境，又如一幅天然美图。如此，园林中的山水已能满足对林泉之境的痴爱，享受到园林花圃的乐趣。

造园若能达如此境地，可称为千秋不朽之杰作。厅堂应具有太史公司马迁的风范，亭台则应具有扬雄般淡泊的气质。我建造楼台的技术虽然比不上陆云，姑且算是班门弄斧。探究园林建造的奇妙之处，需要志趣相投者共同探讨，至于那些常规和俗套就没必要再讨论了。

■〔北宋〕刘松年 四景山水图卷三

【延伸阅读】

房屋不仅是人类休息生活的场所，也是人类文明进步的标志。据传，上古时期的有巢氏，学鸟类筑巢的方式在巨大的树木上搭建栖身之所。到了半坡氏族时期，人们开始用石头堆建房屋。这类房屋的房顶由干草铺成，呈圆锥状。后来，在一个地方建造的石屋多了，就形成了村落。

再后来，人们的智力水平越来越高，开始改进在生活中起到重大作用的房屋。他们开始设计、改进房屋结构，增加一些雕饰。更为科学合理的木屋、石屋、木石结合的房子开始出现。后来，又出现了雕梁画栋的宫殿、庙宇建筑群。

因为各个地域的环境不同，历史文化、风俗习惯也有差别，所以中国各民族的建筑也是各式各样。比方说在云南，傣族同胞用当地盛产的竹子建造竹楼，上面住人，下面饲养牲口，既避免了潮气侵袭，又非常卫生；而在陕北黄土高原，人们就利用土质优势，凿筑出冬暖夏凉的窑洞；大草原上的游牧民族，为了挡避朔风暴雪，同时又搬迁方便，就用毡包搭建成蒙古包居住。

【名家杂论】

古代宅院中，各处房屋按尊卑等级分得非常清晰。以四合院为例，在住宅院落中处于中间位置，坐北朝南的房子称为正房，一般是老人、长辈或者是家庭的主人居住。

北房的朝向和正房一样，也是坐北朝南，冬暖夏凉，光线充足，因此也被称为上房。整个宅子里有时不止有一座坐北朝南的房子，而只有在宅院的正中，最高的那座才能称作正房，其余的都称为北房。

正房两边有东西两厢房，从尊卑等级来分，一般是长子住在东厢房，次子或辈分地位低些的住在西厢房。封建时期，正房代表了家族的最高权威，所以非常严肃，厢房则会多些鲜活的生活气息。《红楼梦》第三回里写道："上面五间大正房，两边厢房鹿顶，耳房钻山，四通八达，轩昂壮丽。"到了近代，上房的严肃性减弱了很多，如巴金《家》里面写道："左右两面的上房以及对面的厢房里，电灯燃得通亮，牌声从左面上房里送出来。"而我国著名的戏剧作品《西厢记》，就是因女主人公崔莺莺住在西厢房而得名。

在正房的后面，有时还建有一排房屋，和正房平行，叫作后罩房。后罩房位于宅院的最后一进，也是坐北朝南，但等级和质量都比前院的正房和厢房要次一些。后罩房的位置比较隐秘，一般会分给家中的女眷居住。

在院子的最南边，有坐南朝北的一排房子，和正房相对，叫作倒座。倒座在宅院的最前方，一般是临街的，因此通常不开窗。加上它背向阳光，所以屋内终年采光效果都不好，阴暗潮湿，一般作为客房或给家中的仆人居住。

耳房是在正房两侧的小房间，一般分给家中小辈子孙居住，或者当作仓库堆放杂物。这里比较不引人注意，所以在文学作品里常被当成私藏密会的场所。元代石子章在戏剧《竹坞听琴》的第一折中说："既然如此，这所在不是说话处，喒去那耳房里说话去来。"而《水浒传》的第三十三回写道："花荣见刘高不出来，立了一回，喝叫左右去两边耳房里搜人。"

中国传统建筑中常见屋顶式样

中国传统建筑中屋顶式样繁多，下面为一些常见的古建筑屋顶式样。

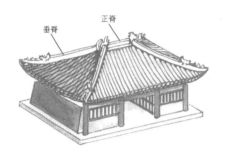

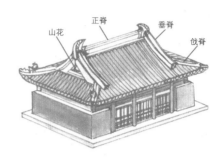

庑殿顶　有五脊四坡，又叫五脊顶，前后两坡相交处为正脊，左右两坡有四条垂脊。重檐庑殿顶是古建筑屋顶的最高等级，多用于皇宫或寺观的主殿。

歇山顶　有一条正脊、四条垂脊、四条戗脊，又称九脊顶。前后两坡为正坡，左右两坡为半坡，半坡以上的三角形区域为山花。

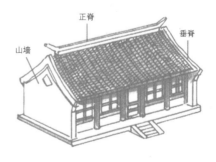

悬山顶　有五脊二坡，又称挑山顶。屋顶伸出山墙之外，并由下面伸出的桁（檩）承托。

硬山顶　屋顶与山墙齐平，有五脊二坡。硬山顶出现较晚，在明清以后出现在我国南北方住宅建筑中，多用于附属建筑及民间建筑。

攒尖顶 无正脊，只有垂脊，只应用于面积不大的楼、阁、塔等，平面多为正多边形及圆形，顶部有宝顶。

盝顶 屋顶上部为平顶，下部为四面坡或多面坡，垂脊上端为横坡，横脊数目与坡数相同，横脊首尾相连，又称圈脊。

卷棚顶 屋面双坡相交处无明显正脊，而是做成弧形曲面。多用于园林建筑中，如颐和园中的谐趣园。

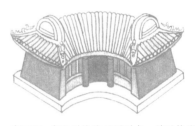

扇面顶 扇面形状的屋顶形式，前后檐线呈弧形，弧线一般前短后长，即建筑的后檐大于前檐。

盔顶 盔顶的顶和脊的上面大部分为凸出的弧形，下面一小部分反向地往外翘起，就像头盔的下沿。顶部中心有一个宝顶。

勾连搭顶 两个或两个以上屋顶相连，成为一个屋顶。

门楼

门上起楼，象城堞[1]有楼以壮观[2]也。无楼亦呼之。

【注释】

〔1〕堞：古时城墙上齿形的矮墙，打仗时可以掩护士兵。

〔2〕壮观：也即大观。

【译文】

于大门之上加盖一层楼，就像在城门上建楼阁形成宏大壮观的气势一样。即便大门上没有加盖楼房，也被称作"门楼"。

【延伸阅读】

古时候，一个宅院的门楼，能体现出主人的身份地位，人们所说的门第等次就是由此而来的。所以名门世家都会把门楼建得非常考究。

门楼顶部的建造法和楼房的房顶一样，用重砖砌成飞檐形状。下面是大门的门框和门扇，大门门扇上镶有金属的门环。在门楣上通常会有双面的砖雕，上面会写些吉祥文字，如"紫气东来"等。斗框边雕刻装饰着花卉和象征福气的蝙蝠、蝴蝶等图案。有的豪富之家，还会在大门两侧放上一对石狮或石鼓，它们不但显示出主人家的威严，还有驱赶邪气保平安的寓意。

应该注意的是，门楼和墙门有区别。如果门的顶部高于两侧的墙，就是门楼；如果门的顶部比两侧的墙壁低，就是墙门。墙门建筑大多是在明清之际建成，比较知名的有杭州岳官巷四号宅、清吟巷的王宅、元宝街的胡宅等。

【名家杂论】

古代的门楼就是一户人家的门面，它既能展现能工巧匠的艺术创作能力，也能体现出房屋主人的身份地位。在遗留的古代建筑中，门楼可以说是其中非常珍贵的一种。各地的门楼也呈现出不同的特点，其中比较有代表性的有北京的门楼、苏州园林的门楼、古徽州的门楼、客家门楼等。

北京的门楼可以笼统地分为屋宇式门楼和随墙式门楼两大类，屋宇式门楼有门洞，一个大门就占了一间房子的面积；随墙式门楼只是在墙上开门。屋宇式门楼无论在式样的丰富性上，还是在优美的外观上，都非常有特色，它包括王府大门、广亮大门、金柱大门和蛮子门等，随墙门有小门楼、车门等多种样式。其中的王

府大门、广亮大门、金柱大门都是有地位和品级的人建造的，而像如意门、随墙门都是普通老百姓使用的门楼样式。北京门楼，体现出一种大气阔朗的气质，讲究用色彩来彰显门第的尊贵。像王府大门，通常采用绿色的琉璃瓦、朱红的大门，门上是金色的门钉，对比强烈，色彩绚丽。

相对而言，南方的门楼就体现出一种精雕细琢的纤巧精致之美。苏州园林中的砖雕门楼，精雅细腻、气韵生动，让人在园林之外就感受到了隐逸氛围中的书卷气。如果把苏州园林比作一本书，那么精致无比的砖雕门楼，就是引人翻下去的扉页。

既有江南人的精细雅致情怀，又有经商头脑的徽州人，建造的门楼也具有独特的特点。除了做工精细的砖雕之外，徽州古代民居中很多门楼建造得就像是一个"商"字。这是因为古代历来重农轻商，善于经商的徽州人自然心有不甘，他们做出这样的门楼，就是在宣告，无论是什么人，地位再高，权力再大，要想和他们打交道，就必须从这"商"字下登堂入室。还有些徽州门楼，直接做成了官帽的样式，寄寓了"贾而好儒""由商入仕"的观念。

堂

古者之堂，自半已前，虚之为堂。堂者，当[1]也。谓当正向阳之屋，以取堂堂[2]高显之义。

【注释】

〔1〕当：正当、面向的意思。

〔2〕堂堂：指形貌气盛的样子。

【译文】

古时候的堂，指的是住宅的前半部分没有门窗隔板的地方，称为堂屋。所谓的"堂"，就有正当、面向之义，即在宅院中间向阳的房子，蕴含堂堂正正、高大敞亮的意思。

【延伸阅读】

从建筑意义上来讲，我国"堂"的概念起源很早。在古代典籍《礼记》中，就有相关记录，"天子之堂九尺，诸侯七尺，大夫五尺，士三尺"。这个记载不仅

体现了当时堂的不同规格,也表现出当时宗法制度影响下,居住环境上的等级区分。不过要说明的是,当时的"堂"指的是屋宇的台基,而在后来的《考工记》里面说到的"周人名堂","堂"就是真正的建筑物了。

经过不断演化,堂成为一座宅院的中心建筑物,给家中地位最高的人居住,也可以是家庭举行庆典的处所,一般建在整个建筑群的中轴线上,外形高大严整,装修得威严华丽。在堂屋里面,通常会摆放槅扇和落地罩、博古架等装饰物,将屋内分割成不同空间。

由于堂的特殊尊贵地位,"堂"慢慢也变成了一种对人的尊称,例如"高堂"就成为对父母的敬称,中式婚礼上就有"一拜天地,二拜高堂,夫妻对拜"的行礼仪式。另外,古时一个家族一般共用一堂,所以同姓亲属之间会有"堂兄""堂弟"这样的称呼。

【名家杂论】

在古代典籍中,对"堂"的记载非常早,如《诗经·国风·唐风》中曾反复提到"蟋蟀在堂",这就表明在当时"堂"已经是比较普遍的建筑了。在《论语·先进》中,孔子评价自己的弟子仲由时说:"由也升堂矣,未入于室也。"用"升堂"但没有"入室"来比喻仲由做学问刚入门,还没有达到更高境界。它从侧面反映了春秋时期堂和室两种建筑的位置,和后来的已经相差无几——前堂后室,内室较前堂显得深奥。

唐朝以前,对于堂和殿是可以混称的,到了唐朝以后,帝王居住的地方不再以"堂"称之,而一般臣民的住所也不敢称为"殿"了。唐代刘禹锡有诗句"旧时王谢堂前燕,飞入寻常百姓家",这时候的"堂",指的是官僚宅邸中的建筑。从唐代开始,人们流行给自己的堂取雅号。那个时候,每家的门上并没有门牌编号,因此给家中主体建筑起一个响亮的名字,作为家族的标志,也不失为一种文雅的办法。最早取堂名的人士如唐朝的裴度,堂名叫"绿野堂",元曲四大家之一的马致远在《夜行船·秋思》套曲中就有"裴公绿野堂,陶令白莲社"的句子。取了堂名,无论是远客拜访,还是书信投递,都方便了很多。后来在建房、立界碑、修坟茔的时候,人们都会把家族堂名刻在石碑之上。时间长了,堂名就成了某一家族的别称,成了具有儒学意味的家族图腾。

无论从建筑形式上,还是从功能上,厅堂都显示出威严方正、公开而敞亮的特点。在这里,家族中的内政可以明白地摊开来说,不像在内室中的窃窃私语。这个公共空间代表着光明磊落,"堂堂正正"一词就是由此而来的。在《红楼梦》中,曹雪芹塑造贾探春的形象时,就借助了议事厅这样的特殊地点,在这个庄重而公开的地方,贾探春杀伐决断,兴利除弊,驳斥威严的凤姐,抗拒蛮横糊涂的赵姨娘,一派男子般的英武果断之气让人惊叹。

斋

斋较堂,惟气藏[1]而致敛[2],有使人肃然斋敬[3]之意。盖藏修密处[4]之地,故式不宜敞显。

【注释】

〔1〕气藏：人的精气聚合起来。

〔2〕致敛：心神收合。

〔3〕肃然斋敬：庄重严肃而虔诚恭敬。

〔4〕藏修密处：抛却世俗杂念，隐居起来修身养性并且静心学习。

【译文】

和堂比较起来，斋是用来聚集人的精气神、收合心神的地方，有让人看之肃然起敬之意。由于是让主人修身养性的场所，因此在环境选择上应该注重幽静，房屋样式不以轩敞醒目为宜。

【延伸阅读】

斋是一种比较小的建筑，一般在比较僻静的地方选址建造。它比馆还要小，玲珑精致。最初，它是人们在祭祀之前清修斋戒的地方，后来人们用作读书、休息、思过、斋戒之地。建斋之地要清静，斋的外形也不要张扬醒目。一般人都把斋等同于书斋，也有叫作山房的。

在江南园林中，基本都有斋的身影，像网师园的静虚斋、沧浪亭的翠玲珑、怡园的碧梧栖凤斋等，一般是单独建筑；而在北方园林中，有成组建造的斋。斋不但可以作为书房，也可以作为居室。《红楼梦》中贾探春住的地方就叫秋爽斋。秋爽斋的布局，和沧浪亭的翠玲珑很相似，一共三间正房，庭院之中有芭蕉梧桐，是读书的幽雅好去处。

【名家杂论】

斋这种建筑占地面积小，建筑风格也不崇尚奢华张扬，所以古代文人无论贫富，几乎都有自己的一方小斋室。很多斋室都有自己的斋号，它成为了文人风雅情怀的载体，展露着斋主的丰富内心和个性。尽管斋的外表朴实无华，却蕴含着深厚的内涵。

从唐宋时期开始，兴起一种用斋室名号自我命名的风气。宋朝的辛弃疾，在上饶城郊盖了一座书斋，并在书斋旁边开辟了一片田地，并为自己的书屋取名"稼轩"。后来门生把他的作品编成集子，取名《稼轩词》。他的词在传播中大放光彩，而辛稼轩的名号之响亮，似乎已经超越了他的本名。

清朝时，文人蒲松龄在家乡的柳泉边设茶棚，免费招待来往路人，并和路人闲聊以搜集故事素材。后来，他把家中的书房取名聊斋，并在聊斋之中创作了不朽的小说集《聊斋志异》。陋室虽小，能盛旷世之才，这是小小斋室的神奇之处。如今那座并不起眼的聊斋，正在接受世人的瞻仰。

清朝中期以来，部分文人逐渐去除了重农轻商的观念，成为成功的商人，但是文人的气质还在，金钱之外的风雅之情还会时不时地迸发。所以，他们摘下书

■〔明〕文征明 真赏斋图卷

房上的匾额，将其堂而皇之地挂在了店铺上方。这种看似不伦不类的做法，却获得了意想不到的广告效果：如此清雅的店主，自然比那些俗不可耐的商人更能获得顾客的信任，甚至青睐，于是生意也变得好起来。在老北京的琉璃厂一带，有字画店铺"荣宝斋"、鼻烟壶店铺"古月轩"、墨盒店铺"万丰斋"等，文雅厚重的斋号取代了轻飘世俗的商号，这种做法逐步扩散到药店、酒馆等行业。

原本的小建筑，却因为和广阔无垠的文人精神世界接壤，被赋予了品之不俗的人文况味。小世界，纳方圆，斋的深刻含义之大，远远超出了它的建筑尺寸。

室

古云，自半已后，实为室[1]。《尚书》[2]有"壤室"[3]，《左传》[4]有"窟室"[5]，《文选》[6]载："旋室缠娟[7]以窈窕[8]。"指"曲室"也。

【注释】

〔1〕古云，自半已后，实为室：在许慎的《说文解字》里，有这样的记载："古者有室，自半已前，虚之谓之堂，半已后，实之为室。"

〔2〕《尚书》：中国最早的史料汇编书籍，又名《书》或《书经》，被儒家封为经典书目之一。其内容是记载上古时期的一些典章制度，以及先贤圣人的训诰之言。

〔3〕壤室：土结构的房屋，和窑洞较相似。

〔4〕《左传》：春秋时期左丘明编撰的史书，是中国第一部编年体史书，又名《春秋左氏传》《左氏春秋传》。它是儒家经典之一，也是《春秋》三传之一。

〔5〕窟室：挖地筑室。

〔6〕《文选》：指南朝的昭明太子萧统主持编撰的一本诗文选集，又被称为《昭明文选》，收集了从秦汉到五代十国时的诗文，为我国最早的诗文总集。

〔7〕缠娟：蜿蜒迂回的样子。

〔8〕窈窕：原指女子美好的姿态，此处指深邃的样子。

【译文】

古时候，人们把房屋中相对封闭的后半部分空间，称作"室"。在《尚书》中有关于"壤室"的记载，《左传》中有关于"窟室"的记载，而《文选》中所说的那种"旋室缠娟以窈窕"的房屋，是指深邃幽静的"曲室"。

【延伸阅读】

中国古代建筑通常采用堂室结构，即堂和室共用一个堂基。堂室主人的地位决定了堂基的规模。如果主人地位很尊贵，家中的堂基就会非常高大；如果主人的地位很低，堂室就很低小。

堂和室的顶部，是一整片屋顶，堂位于前部，室位于后部。它们之间靠一堵墙分隔开来，墙外的公开空间是堂，墙后较为隐蔽的地方是室。一般会在这堵墙的西边开窗，东边开一扇单扇门。除了南面，堂的三面都有墙壁，东西墙分别称之为东序、西序。南面对着院子，大多是完全敞开的结构，和后来的戏台很相似。在堂间一般有两个高大的柱子，上面或雕刻或粘贴着对联。堂不是让人居住的场所，它只是用来商议家族大事、接待宾客或者年节祭祀行礼。室就不同了，穿过分隔

堂室的墙门，就属于内室，是人休息安寝的地方，其私密性也和堂的公开性截然不同。堂是外人可以进入的场所，室却不是，除非经过主人允许，或者和主人关系亲密，否则外人一般是不允许进到内室的。

【名家杂论】

古时的室分成很多种类，春秋时期就有一种叫"壤室"的处所，它是一种土质结构的屋子，大概和现在的窑洞相似。还有一种"窟室"，也出现在春秋时期，它是最早的地下室；另外还有"曲室"，是一种建在地面上的建筑，以曲折深邃为特点。

最值得一提的是"窟室"，在很多古代典籍里都对此有记载，而且这种地方一是和统治者有关，二是和酒宴关系密切。在《左传·襄公三十年》中写道："郑伯有耆酒，为窟室，而夜饮酒，击钟焉，朝至未已。"《史记·刺客列传》中有记载：

"光伏甲士于窟室中，而具酒请王僚。"这里的"光"是指吴国公子光，这句话描写了公子光派刺客在窟室中刺杀当时的吴王僚。这里且把历史事件放在一边，单来探讨一下为什么春秋战国时期的贵族们爱在地窖里喝酒呢？原来在先秦时期，就有在暑天用冰块降温的方法了，而冰块就藏在窟室中，到了炎热的夏季，贵族通常会在窟室中通宵达旦饮酒消夏。

室的种类从一开始就很丰富，而室中的礼仪和堂中礼仪也不尽相同。中华民族是礼仪之邦，中国的礼仪规范十分严格。清代研究礼仪的学者凌廷堪，在他的著作里说"室中以东向为尊，堂上以南向为尊"，也就是说人们在堂中落座时，以面南背北为尊位，但是到了内室之中，就会以面向东方为尊了。按尊卑次序来排，内室中第一尊贵的位置是西墙边的座位，其次是北墙面南的座位，最低等的是面向西的座位。直到现在，在中国还是很讲究室内的座次安排，如果不按主次尊卑来坐，轻则会遭到嘲笑，重则会闹得宾主不欢。在《史记·项羽本纪》中记载了鸿门宴的故事，宴会上的座次安排非常有讲究。司马迁用自己的如椽大笔，通过座次安排，表现当时人物的心理：项羽让叔父项伯和自己面东而坐；范增坐在仅低于自己的位置，朝南；而刘邦被安排在低于范增的面北位置。不用描写什么语言和动作，众人如此落座，满室之内已经充溢着剑拔弩张的气氛了。

堂与室虽同在一个屋檐下，但堂本身就具有公开场合的性质，又有堂堂正正的气质，所以其中事务也大多光明正大；相对而言，拐过一堵墙壁，在隐蔽的室中发生的事情就复杂得多了。品格和气质这样有生命气息的评判标准，对于没有生命力的建筑来说，也是恰切的。

阁

阁者，四阿开四牖[1]。汉有麒麟阁[2]，唐有凌烟阁[3]等，皆是式。

【注释】

〔1〕四阿开四牖：指在阁的四边墙上凿筑成窗。四阿，指庑殿样式房顶的四面，古时称其为"四阿"，如今通称为"四坡顶"或"四流水顶"。

〔2〕麒麟阁：据《三辅黄图·汉宫殿疏》中记载，此阁为萧何所建，为藏书

或聚集贤才共同讨论学问之用。后来汉宣帝曾经把霍光等十几个功臣的画像悬挂于此。

〔3〕凌烟阁：是唐太宗李世民仿照麒麟阁的样式所建，用来悬挂长孙无忌等开国功臣的肖像。

【译文】

阁，就是采用庑殿式的房顶，并且在四面墙壁上都开有窗户的建筑物。汉代的麒麟阁、唐代的凌烟阁，都是此种样式。

【延伸阅读】

阁是一种在外形上和楼很相似的建筑物，有供人远眺观景、游玩憩息、藏书、供佛等用处。造型为坡顶，四面都开有窗户。

　　因为阁和楼很像，所以人们经常把两者混为一谈。事实上，阁和楼的区别很多，"重屋为楼，四敞为阁"，这是区分楼和阁最重要的一点。另外，楼一般呈长条形，而阁却不是。阁的四面都可以有门窗，也可以在四面挑出平座，供游人环绕着阁楼欣赏不同方位的景色。在房顶的造型上，两者也有很大区别，阁比楼要灵巧轻盈很多，可以有八角或六角。

　　一般来说，阁和楼都是"重屋"，也就是两层或以上，但阁可以有例外。苏州的网师园就有一座单层建筑，叫濯缨水阁。这也体现出阁比楼要灵活多变的特点。

【名家杂论】

　　从功能上来说，阁可以建在山下水边，做观景之用；也可以建在宅院之中，做藏书、居住之用；也可以建在寺院庙宇中，藏经供佛用。在中国悠长的建筑历史里，有很多著名的阁流传下来，成为中华民族优秀的物质文化遗产。

江西南昌城外的滕王阁是典型的观景阁，为唐代滕王李元婴所建。滕王阁之前江面宽广阔达，景色别具一格。王勃《滕王阁序》中所写"落霞与孤鹜齐飞，秋水共长天一色"，只是诸多美景中的一种而已。滕王阁四面无所依，就在一片碧水之上孑然独立，它阁顶闪烁碧瓦，下有鲜红丹柱，雕梁画栋，飞檐翘角。不仅如此，滕王阁一反阁楼的小巧玲珑，而是体型高大，高耸云天，巍峨而壮观，颇具盛世大唐气势雄浑的风貌。

唐代诗人崔颢在游览黄鹤楼时，吟出了"晴川历历汉阳树"的诗句，让后世文人念念不忘。明嘉靖年间，汉阳太守范之箴负责修葺禹稷行宫，曾向朝廷提议增建一处晴川阁。后人为范氏此举叫好，有赞曰"千秋笔墨成佳话，至今楼阁纪晴川"。晴川阁临江而建，背后是巍巍的青山，站在阁上视野开阔，浩瀚磅礴的大江之景尽收眼底。它和武昌的黄鹤楼隔江相对，这样的格局在长江流域称得上是独一无二的，被誉为"天下绝景"。

阁的藏书功能，也是人所共知的。我国保存下来的最早的藏书楼，是明嘉靖年间范钦兴的天一阁，它因藏书丰富而被称为"江南书城"。天一阁在宁波月湖的西面，建筑风格古朴典雅。它格局是上下两层，上层藏书的地方是一个大间，中间用书橱隔开。下层一共有六间，也是分类藏满了各种书籍。这样的空间布置，也符合了古人"天一地六"的易经之说。最难能可贵的是，范钦兴在天一阁前挖凿了一个天一池，它不仅丰富了景观，还有蓄水防火的功能。这样一座阁楼，也打动了皇帝，乾隆在下令修撰《四库全书》时，就曾放低身段，让人借来天一阁的图纸，照样建了七座藏书阁，用以保存《四库全书》。

在承德避暑山庄东北，有一个普宁寺，普宁寺里最显眼的建筑就是大乘阁，它是佛家供佛之处。大乘阁为木结构建筑物，高达三十六米多。它的前面有六层，后面有四层，左右均有五层。在左右的阁楼上，第五层的楼角上建有四角攒尖式的屋顶，每个顶上都有鎏金铜宝顶。太阳一照，就显得金碧辉煌。全阁由二十四根坚实的木柱支撑，木柱和上面的梁相连接，又有斗拱的支持和木榫卯接，因此抗震能力特别强。

阁楼的建筑形式可以多变，可以单独立于景区，也可以和其他建筑一起构成建筑群。正因为这些原因，古代的名阁才如此之多。

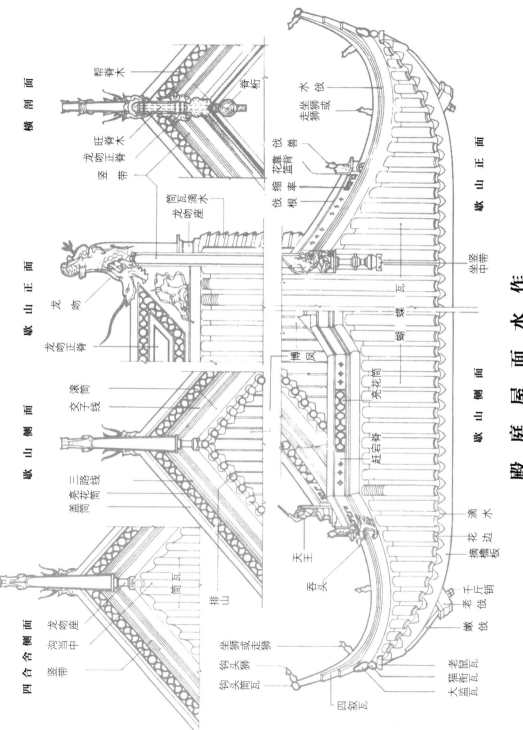

殿 庭 屋 面 水 作

横 剖 面

帮脊木
脊桁
旺脊木
龙吻正脊
竖带
筒瓦滴水
龙吻座

歇 山 正 面

龙 吻
龙吻正脊

歇 山 侧 面

滚筒
交子线
盖三路线
亮花筒
筒瓦

四合舍侧面

龙吻座
沟当中
竖带

排山

钩头狮
钩头筒瓦

大猫衔鼠瓦
监前瓦

回敛瓦

坐狮或走狮

天王
吞头

水戗
坐狮或走狮
戗兽
花靠盘基青
缩率
戗根

坐竖中带

瓦

蝴蝶

博凤
亮花筒
赶宕脊

歇 山 正 面

坐竖中带

歇 山 侧 面

滴水
花边
摘檐板

千斤销
老戗
嫩戗
老鼠瓦

房

《释名》[1]云：房者，防也。防密[2]内外以寝阁[3]也。

【注释】

〔1〕《释名》：汉朝刘熙所著，以名称的谐音来阐释事物，共有八卷。

〔2〕防密：遮蔽起来。

〔3〕寝阁：指供人休息的卧室。阁，指寝室左右的小房间，也被称为"夹室"。

【译文】

汉代刘熙写的《释名》上曾说："房"有"防"的含义。指那些被隐蔽起来，有别内外，用于就寝的建筑物。

【延伸阅读】

古时候堂的中间部分叫正室，两边称为房。其实除了正中的厅堂，厅堂之后的内室、宅院中的其他建筑，一般都可称作房。大部分的房都用来供人起居，有

些位置不好或者空间较小的则被当作存放杂物的仓库。

除老人或主人住的正房外，还有厢房。厢房在正房的左右两侧，左侧的东厢房中住的一般是主人的长子长媳。假如一家中子嗣众多，东厢房就可能会建成多间，按长幼顺序分住其中。正房的右边是西厢房，一般给家中的女儿住或当作客房。富裕的家庭还会在正房旁边单独建一座绣楼给家中未嫁的女儿住，绣楼上面住小姐，楼下住丫鬟奴仆及堆放杂物。在院落的大门两边，会建造一些诸如厨房、柴房和马房的小房屋。

【名家杂论】

在古代宅院建筑中，所有房间中有一类最为特别，那就是青年女子的闺房。因为封建礼教的束缚，古代女子的活动范围非常狭小，未出阁的青春少女更是被困在闺房这片小天地里。她们的坐卧起居、针织女红、研习诗书礼仪都在这里进行。

但凡有些家资的人家，对闺房的建设都非常讲究。在《红楼梦》第四十回里，贾母看到薛宝钗的闺房太过简朴素清，一向慈爱温和的她竟然破天荒地批评说："倘或来个亲戚,看着不象;二则年轻的姑娘们,屋里这么素净,也忌讳。我们这老婆子,越发该住马圈去了! 你们听那些书上戏上说的小姐们的绣房,精致的还了得呢!"这番话里透露的信息,一是贵族家庭的闺房也是内眷交际中的脸面,一定要有华贵的样子;二是华贵秀丽的风格本就应该专属于年轻的女子,若弄得过于简朴反而让人想起寡妇、尼姑等哀衰之人;三是闺房一贯的传统就是以高雅华丽为审美评判标准。

闺房的一般格局是怎样的呢? 尽管闺房已经属于隐蔽的内室了,可讲究的大户人家还会在房门入口放上一扇屏风,转过屏风才能见到屋子里的摆设。即便是普通人家,也会用布幔等做成幕帘在入门处遮挡一下。通常在靠北墙的位置会摆放床,如架子床、拔步床等。床上挂有轻纱帷幔,帐子上有精美的刺绣图案。床的斜对面一般摆有梳妆台,古时候的梳妆台有高低两个类型。高些的是直接在台面上立放镜架,侧旁有装饰品的小橱,镜架中镶嵌玻璃镜。低镜台比较小巧精致,通常放在桌案上,镜台上部装有围子或小屏风,用以挂镜子等物;下面有小抽屉。除此之外,屋子中央还会有圆桌和圆凳。一些品位高雅、能诗会画的小姐,闺房中还会有书案或琴案。至于字画、花草等装饰品,则是因人而宜。

古人也称"闺房"为"香闺",称未笄的女子"待字闺中",更有大批文人满怀倾慕赞赏之情来描绘闺阁情趣。曹雪芹的《红楼梦》就以闺阁之事为主展开情节,文中细致地描写了多位主角的闺房:秦可卿的闺房色彩斑斓,香艳奢侈;林黛玉的闺房高雅脱俗,充满书香气;贾探春的闺房阔朗大气,又不失贵族小姐的华贵感;而薛宝钗的闺房还因像雪洞一般素淡不加装饰,引起了贾母的不满。

馆

散寄之居[1],曰"馆",可以通别居者。今书房亦称"馆",客舍[2]为"假馆"[3]。

【注释】

〔1〕散寄之居:暂时的住所。

〔2〕客舍:古人对旅馆的叫法。唐朝的王维在《送元二使安西》里,有"客舍青青柳色新"的诗句。

〔3〕假馆:指暂时借居的房舍。假即借的意思。

■ 圆明园四十景之杏花春馆

【译文】

临时借住的处所，叫作馆，它也能作为其他居所的名称。如今的书房，也有人将其称为"馆"，作为客房之用的馆，则称为"假馆"。

【延伸阅读】

馆和轩一样，在建筑形式上和厅堂属一个类型。它的位置一般比较次要，可以作为日常休息和待客之地，也可以作为观赏性建筑。像苏州留园中的清风池馆，就起到了构景作用。有时候把一个建筑群也称为馆，像北京颐和园的听骊馆、宜芸馆等。

■ 圆明园四十景之长春仙馆

　　馆还可以作为客房或书房用，做客房用时就称为假馆。张耒在《别梅》诗中就有"三年假馆主人屋，忽忽吕见新梅花"。馆的规模和朝向都没有固定法则，苏州园林各处的馆就大小不同，朝向也不一样，可根据园林的实际情况布局确定。很多馆的前面都有开阔的庭院，从而和院中的其他建筑物组成一个小园子。如在拙政园中，就有一座玲珑馆，和另外的建筑组成了一个园中园。

　　总之，馆这种建筑从形式上和厅堂相似，但又具有可大可小的灵活性和可以随意布置的特点。它除了具有厅堂的功能，还有在园中点景的作用，是历来园林中必不可少的建筑形式之一。

【名家杂论】

在我国很多著名园林里，都不乏馆的增色点缀，中国四大名园中，除了承德避暑山庄，其他三处园林都有两三处著名的馆建筑。从这些风格功用都不同的馆中，我们可以探知古典园林中不同建筑的风貌。

在皇家园林颐和园中，有宜芸馆和听鹂馆两处馆建筑。宜芸馆是清朝乾隆皇帝授意建造的，位于清漪园中。当时乾隆皇帝想在此园中建一个能够藏书和读书的处所，宜芸馆修在"背山复面水，净明尘不受"的地方，又有"回廊护幽馆"，所以深得乾隆喜爱。尽管"内府富图书，芸编随处有"，但是这里"入室芸香馥馥披，闻中真与缥缃宜"的氛围，才是乾隆最喜爱的。尊贵如皇帝，乾隆也愿得一"陋室"安享幽静，在宜芸馆前有对联"绕砌苔痕初染碧，隔帘花气静闻香"，便是从《陋室铭》"苔痕上阶绿，草色入帘青"而来。不过即便喜欢，政务缠身的乾隆也只是偶然前来坐坐。

乾隆似乎对馆情有独钟，他在颐和园为母亲建造了一所听戏用的听鹂馆。听鹂馆位于万寿山的南山脚下，前面就是碧波粼粼的昆明湖，馆内有豪华的两层戏台，专门为皇族演戏之用。这个位置可以借助水面的空阔使音乐声更为动听。馆的四周有竹林掩映，景色非常优美。因为古人常用黄鹂鸟悦耳的鸣叫来形容乐曲的动听，因此这个供人听戏用的馆就以"听鹂"命名。当年慈禧对这个地方也青睐有加，在她钟爱的德和园大戏楼建成之前，她就经常到听鹂馆来看戏。

在苏州拙政园内有秫香馆，该处建筑初建之时用了园林构景的借景之法。原来，在建园之初，墙外还都是稻田，每到稻子成熟，就会有阵阵稻香飘来，让人顿时忘记俗世的烦恼，因此主人给馆起名为"秫香馆"。秫香馆是拙政园东部最主要的建筑，正对碧水远山，馆内敞亮而古朴，门窗上皆是精雕细琢的雕镂花纹，显得雅致而有情趣。

另外，像苏州留园的清风池馆、五峰仙馆、林泉耆硕之馆，或大或小，因借古人诗中雅句命名，又有江南碧水奇山相衬，无不成为令人流连忘返的赏景好去处。

楼

《说文》[1]云：重屋曰"楼"。《尔雅》[2]云：陕[3]而修[4]曲为"楼"。言窗牖虚开，诸孔慺慺然[5]也。造式，如堂高一层者是也。

■〔清〕袁耀 山雨欲来图

【注释】

〔1〕《说文》：指东汉许慎所著的《说文解字》。

〔2〕《尔雅》：据传为周公所写，后由孔子及其弟子增补调整。晋代郭璞做了注释。唐代后期，该书已成为儒家的经典书目之一。

〔3〕陕：通"狭"，有狭隘、狭窄之意。

〔4〕修：修长，高。

〔5〕慺慺然：慺，原指勤恳恭谨的样子。此处指打开了整排窗户的隔扇，排列得非常整齐的样子。

【译文】

许慎的《说文解字》中解释说：屋上又重叠地架上屋子叫作楼。后来《尔雅》里又作了进一步的解释：建造在高台之上，狭长并且弯曲的屋子叫作楼。这个得名是从建筑物的窗户都打开后，射入室内的光线让屋内显得"慺慺然"而来的。楼的结构样式和堂类似，只不过比堂要高出一层而已。

【延伸阅读】

楼是指两层以上的房屋,园林中的楼一般都建造在园子的四周,或在半山之间。从结构形式上看,楼和堂很相像,不过是多出了一层或几层。在规模上,楼一般比堂要小,造型也更为丰富一些。

在园林中,楼也是构景的一部分,它因突出的形体结构,适合点缀在山水或花木间,组成高低有致的景观。在楼朝向园景的一面,经常会安装一排窗户,外面有栏杆围绕。楼的两侧一般都有山墙,上面或开有洞门,或开有空窗、花窗。

在水边建造的楼也有讲究,它的形体大小要和水面的面积相符合。建楼时要根据实际情况调整楼的结构大小。如苏州留园的曲溪楼及拙政园的倒影楼,为了使水面和楼体和谐,都采用了楼的上层比下层小的形式。有时为了营造一种幽静境界,造园师会把一些楼造在园林内比较僻静隐蔽的地方,如沧浪亭的看山楼,就在四周竹木掩映之中显得十分隐蔽。

我国少数民族根据各地不同的自然条件和生存条件,建造出了不同形状的楼,

如客家土楼、傣族竹楼、湘西吊脚楼、古代边陲之地的碉楼等。

土楼主要分布在中国东南沿海一带，其中以永定土楼最具代表性。永定县现存两千三百多座土楼，它们千姿百态，种类非常丰富，是客家家居文化的典型代表。其中的圆形土楼堪称典范，它形似古堡，具有巍峨苍朴的气质，气势也非常恢宏。这种圆楼由两到三圈的楼房围成，从里到外环环相套。外圈房子有四层，高十几米，里面一二百个房间。第一层做厨房和餐厅，第二层放置物品，三、四层一般是供人歇息的卧室。第二圈只有两层，三五十个房间，基本是用来待客的客房，居中的那间做祖堂，为整个土楼里几百人婚丧喜庆所用。楼的最里面是平地，有水井、浴室、磨坊等生活设施。永定客家土楼不仅在战乱的年代可以防御外敌侵袭，还由于土墙非常厚实，夏天可以隔热，冬天可以防寒，不惧地震和火灾，通风条件和采光条件也都非常好。

傣族的竹楼也非常有特色，它属于干栏式建筑，房顶呈"人"字形。西双版纳气候潮湿多雨，这种"人"字形的房顶排水最快。通常竹楼分为两层，楼脚非常高，这也是防止潮气的一种方式。上层住人，下层饲养家禽。供人住的上层，从楼梯上去就是堂屋，一般很开阔。堂屋中间会铺上竹席，用来招待客人或者商议家事。堂屋也兼具厨房餐厅的功能，在堂屋中间会有火塘，可以做饭。堂屋一侧或者两侧有用竹席或木板分隔开的卧房。卧房地上铺着竹席，傣家人就在上面歇息。因为空气潮湿，物品容易霉变，竹楼宽敞简单的特点有利于通风散湿。

在南方山区，有种叫吊脚楼的民居形式，它和竹楼不太一样，是半干栏式的木质结构。吊脚楼根据当地的环境依山而建，坐西向东或坐东向西。和竹楼相同的是，吊脚楼也分上下两层，上层通风、干燥、防潮，能够作为人们的生活居室；下层则用来做猪牛栏圈或用作仓库。

碉楼是一种防御功能非常强的特殊民居建筑，因为它的外形像碉堡而被称为碉楼。在中国的一些地方，人们在战争的攻防中，形成了独特的建筑风格，藏区的高碉和广东省开平的碉楼最能代表地域特点。开平碉楼既有中国传统乡村建筑的特点，也有西北建筑的特点。它是多层建筑，比普通的建筑要高出很多，也比一般民居建筑厚实坚固。碉楼中的窗户很小，一般是铁质的。碉楼上半部分运用了国外建筑中的穹顶、山花、柱式等元素，可以说一千座碉楼就有一千个不同样子。碉楼的结构形态和楼主人的财富多少及艺术品位有关，富于变化是开平碉楼最具魅力的地方。

台

《释名》云："台者，持[1]也。言筑土坚高，能自胜持[2]也。"园林之台，或掇石而高上平者；或木架高而版[3]平无屋者；或楼阁前出一步而敞者，俱为台。

【注释】

〔1〕持：支持，帮助。

〔2〕能自胜持：指筑台能够承重，不至于坍塌崩陷。

〔3〕版：同"板"，这里是指垒筑墙头用的夹板。

【译文】

汉代刘熙的《释名》中说："所谓的台，就是支撑、支持的意思。指的是用土修筑成坚固的高台，能够承重支撑的建筑物。"园林之中的台，或是用坚硬的石头叠得非常高耸，但台顶平坦；或是在木架之上铺设平整的木板，但不在上面建造房子；或是在楼阁之前加宽，延伸出一步的宽度，三面敞开，这样的结构都叫"台"。

■〔清〕袁耀 春台明月

■〔清〕袁耀 九成宫图

【延伸阅读】

　　台，在古代也被称为眺台，它最初是高于地面、供人登高望远的建筑。一般用于操练兵士，或者欣赏戏剧。在园林中，它经常和其他建筑如楼廊亭阁等相互结合，以供人眺望山林风景。一般建造在山地高处，或者在水池旁边。

　　台的表面平整，是一种露天的建筑结构，它可以是一片空空的台面，供人们在上面歇息、眺望；也可以作为建造亭子和房屋的台基，以使房屋显得高大壮丽。建在高台上的建筑被称为高台建筑，这种建造形式在战国时期就产生了，被很多宫殿采用。

　　高台建筑必须把台和其上的建筑物很好地结合起来，先要建成夯土台，然后在厚实牢固的土台上用木结构搭建主体建筑，形成土木混合的结构体系。一般来说，土台上多为规模不是很大的单体建筑，单体建筑的形式可以多种多样，共同组合成一个规模宏大的建筑群。如此一来，建筑物外观气势宏伟，高大轩敞，非常符合帝王尊贵大气的特点。

【名家杂论】

单纯的台是平整而空旷的，从形式上来说它本身不具备观赏性，但也因为它的简单，人们更容易以各种形式赋予它丰富的内涵。从古至今，台从来没有因为形式上的单调，而缺少人文方面的内蕴。

公元前 661 年，北狄大举攻打当时的卫国，当时宋襄公尚未继位，他的母亲是从卫国嫁到宋国的女中豪杰，她见国家即将覆亡，心急如焚，不顾宋国国君宋桓公的阻拦，回国抗敌。后来卫国得救，但宋桓公下令她永远不得返回宋国。公元前 650 年，继位后的宋襄公思母心切，就派了二百名工匠，在正对卫国的边境处修建了一座占地五百亩，高达五丈的望母台。这个决定很得民心，附近的民众听说，纷纷前来帮忙，据说五天之内就建好了。宋襄公每逢年节或母亲寿辰，都来登台望母，其孝敬之心让后人唏嘘不已。"望母台"也成为后人频繁凭吊的景点。

在四川成都的西郊，至今遗留一座直径八十多米，高达十五米的圆形土台遗址。相传这是西汉著名文人司马相如当初抚琴的地方，名为"琴台"。唐朝诗人杜甫曾在成都建造草堂定居，游览琴台时，看苍茫暮霭，念故人已逝，不仅感慨赋诗曰："茂陵多病后，尚爱卓文君。酒肆人间世，琴台日暮云。野花留宝靥，蔓草见罗裙。归凤求凰意，寥寥不复闻。"

公元 439 年，南京城西南部花冈之上，有三只形如孔雀的大鸟降落，这三只鸟又引来了鸟群。这可是吉祥之兆，引起了当时朝廷的高度重视。当时的南朝宋文帝就下令在花冈上修建高台，名为"凤凰台"。后来南朝灭亡，而凤凰台却得以留存于世，凤凰再来与否不得而知，却招来不少文人墨客登临吟诵。大诗人李白曾吟："凤凰台上凤凰游，凤去台空江自流。吴宫花草埋幽径，晋代衣冠成古丘。"登台观景，不尽伤古之情，"三山半落青天外，二水中分白鹭洲"之句，亦让后人在伤怀之余，得以窥见凤凰台的辽阔幽雅美景。至此之后，凤凰台更是和湖北黄鹤楼、鹦鹉洲一样，成为文人雅士的最爱之处。

亭

《释名》云："亭者，停也。人所停集[1]也。"司空图[2]有休休亭，本此义。造式无定，自三角、四角、五角、梅花、六角、横圭、八角至十字[3]，随意合宜则制，惟地图[4]可略式也。

【注释】

[1] 停集：停下并聚集。

[2] 司空图：字表圣，晚唐诗人、诗论家。唐昭宗景福年间曾经在中条山的王官谷隐居，并建造了一座山庄，山庄中有休休亭。

[3] 三角、四角、五角、梅花、六角、横圭、八角至十字：指亭子的平面形状，如梅花就是五朵花瓣的形状，横圭的形状则是上圆下方。

[4] 地图：指建筑物的平面图，在施工之前勾画好的建筑蓝图。

【译文】

《释名》上对亭子是这样解释的："亭子，就是让人们停下来聚合的处所。"唐朝诗人司空图在其山庄内建造了一座休休亭，就是取自此意。亭子没有固定的样式，可以有三角、四角、五角、梅花、六角、横圭、八角、

■〔清〕黄慎 湖亭秋兴图

十字形等多种形状，只要和建造地的地形、面积大小适宜即可。只要有蓝图大致呈现出亭子的形状，就可照图施工。

【延伸阅读】

古时亭子指的是供人休息并且观赏景物的一种建筑物。它四面敞开，不设门窗，有时候在下半部分会砌半墙，或者设置栏杆。在古籍中有很多关于亭的记载，农村田间地头多有草木结构的简易凉亭，在较长的道路上也有作为驿站的亭子。《红楼梦》第三十九回中，刘姥姥就曾提到一种歇息时用的"歇马凉亭"。

亭子的结构比较简单，最常见的亭子是以独柱撑起顶部，在亭下四周设置座位，供人歇息。有些位于宅院中或者离人群居住地近的亭子，会特意在中间放置一张小桌，以便人们喝酒饮茶，或者下棋看书之用。亭子的顶部大多为攒尖式，比较常见的有三角式、四角式、六角式、八角式等。在一些景区，亭子的柱上会挂上楹联，以增加建筑物的人文气

■〔明〕钱毂 竹亭对棋图

■〔清〕恽寿平 灵岩山图卷

息。在苏州沧浪亭上，就有一副著名的对联："清风明月本无价，近水远山皆有情。"

在园林中，亭子是样式最多、造型也最丰富的建筑。可以在花丛中建造亭子，也可以在水边山上建造亭子。只要能够满足造景和停下赏景的要求，亭子的形状可以随意变化，位置也可以随意安插。

【名家杂论】

亭拥有非常悠久的历史，在最早的时候，亭不是指供人休息观赏用的建筑，而是指军事上设置的小堡垒。到了秦汉时期，亭开始在各地出现，政府维护地方治安的部门可以使用。刘邦在起义之前就是一个小亭长。《汉书》记载，亭中有两个官吏，一个负责打扫卫生开门闭户之类，一个就担负抓捕盗贼的职责。

魏晋南北朝时期，驿站代替了亭制，再后来，驿站和亭的政府办事处功能都被撤销。不过民间保留了在交通要道建亭的习惯，为旅人行路歇息之用，或者作为迎送宾客的场地，这种习惯一直延续下来。李白曾有诗云："天下伤心处，劳劳送客亭。春风知别苦，不遣柳条青。"表明了亭的送别功能，一般是五里设置一个

短亭，十里设置一个长亭，《西厢记》中就有"长亭送别"一幕戏。而同时，在园林的建造中，亭也开始有了一席之地。

在园林之中，亭不但是构成园林风景的重要建筑，也是历来文人墨客最喜欢题联留墨宝的地方。在济南的大明湖中的小岛上，有一座经历过悠悠岁月的历下亭，它建于北魏时期，后被损毁，在明嘉靖年间又得以重建。此处观景视野非常好，一副著名对联"四面荷花三面柳，一城山色半城湖"，把大明湖优美的风景描绘得非常准确。唐天宝年间，杜甫到这里游玩，在亭里写下了"海右此亭古，济南名士多"的诗句，后由清代书法家何绍基写出，挂于亭中。

文人似乎对于视野不受阻碍的亭，格外青睐。在浙江绍兴不远处的兰渚山附近，有一处群山环抱、青峰叠翠的空地，建有一个小亭子，它就是声名在外的兰亭。在亭子不远处，有一条曲折秀美的小溪，溪旁有王羲之所写的石碑"鹅池"。著名的书法家王羲之，就是在这里写成了《兰亭集序》。后人游览兰亭，不仅看风景，也被王羲之的相关故事所打动。而整个景区被称作"兰亭景区"，亭与文人的完美

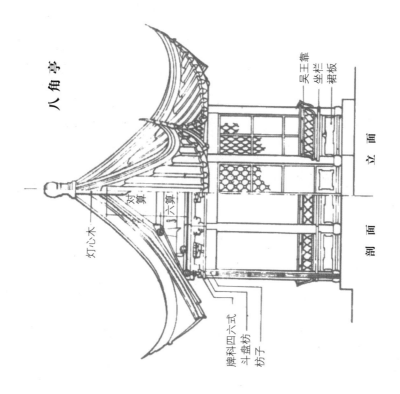

八角亭

吴王靠
坐栏
裙板

立 面　剖 面

灯心木
对算
六算

牌科四六式
斗盘枋子
枋子

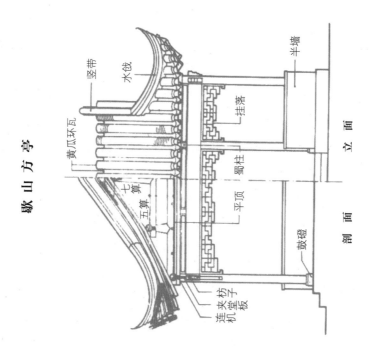

歇山方亭

竖带
水饺

黄瓜环瓦
七算
五算

挂落
蜀柱
平顶
鼓磴

半墙

立 面　剖 面

连机板
夹堂板
枋子

结合，让其为园林景区增色不少。

　　浙江杭州的孤山北山脚下，有一个适合赏梅的放鹤亭。这个亭子是为了纪念北宋奇人林和靖而建造的。当年林和靖就在此地结草庐隐居，除却诗书本分之事，就是喜欢栽种梅花、饲养白鹤了。他曾写过"疏影横斜水清浅，暗香浮动月黄昏"的经典诗句，加之人生充满了传奇色彩，所以后人就在他的归隐之地建亭纪念。放鹤亭附近的梅花林，每年冬季都会开出清香四溢的梅花。身处梅花丛中，隐隐看到一亭静立，似有当年林和靖的清傲风姿。

榭

　　《释名》云：榭者，藉[1]也。藉景而成者也。或水边，或花畔，制亦随[2]态。

【注释】

〔1〕藉：凭借，依靠。

〔2〕随：依随，依从。

■〔清〕恽寿 荷香水榭

【译文】

《释名》中说：榭，就是依凭的意思。即依照周边风景设计建造而成。或者建在水之畔，或者建在花之旁，形式可以随机变化。

【延伸阅读】

中国古典园林中一般都少不了水榭的身影，水榭有一个重要的特点，就是它的一端往往和廊台连接起来，另外一端则和曲桥互相连通，这也是鉴别水榭的重要依据。通常建造水榭的方法是：沿着水边构架起一个牢固的平台，平台的一半在水里，一半在岸上。平台四周会围上栏杆，然后在上面构建一个木制的单体建筑，一般为长方形，临水的一面是敞开的，有时候也会在榭的四面都开有门窗，以使

■〔清〕吕焕成 山水图

其空透畅达，这样一来游人既可在榭内观水，也可以走到平台上观水。承德避暑山庄中的水心榭，就是四面敞开的形式。它的四周风景如画，站在水心榭中不但可以看水，还可以看四周的景物。

榭的顶部采用卷棚歇山样式，屋檐之下有奇巧玲珑的挂落。榭的立面多为水平线条，以与水平面景色相协调，苏州拙政园内的芙蓉榭，就是这样的形式。

【名家杂论】

在福州市著名的三坊七巷，有一个衣锦坊，这里有一处建造于明万历年间的水榭戏台。水榭戏台本身就是一座精美的建筑，在多次的改建中，又以它为中心形成了一座布局精巧幽雅的古典宅院。

不同于一般水榭一半在水中、一半在岸上的结构形式，水榭戏台全都建在水上。榭的主体由杉木构成，屋脊灰塑，非常牢固大气，历经几百年的岁月还依然屹立。整个水榭造型优美而有力度美感，四角四根杉木柱子支撑着顶棚。顶部的檐高高翘起，恰似戏曲舞台上演员的水袖一般飘动，给人一种灵动而严整、强健而柔美的美感。斗拱上雕满了花纹，精致而古色古香。在戏台的底座上，也雕满了有寓意的历史人物。可谓古朴中见大气，既有戏曲文化的热闹气息，也有古代文人雅好曲词的文雅气质。

整个水榭戏台有三十多平方米，呈四方形。它隔着一个天井和花厅遥相对应，花厅既是看戏的场所，又和戏台一起构成了院中一道别样景致。从花厅中向戏台观望，仰视角度和距离戏台的远近都设计得恰到好处。另外，花厅的大小和戏台的大小比例上也很相配，可见当时的设计师是花费了一定心思来设计的。

戏台下面是一方水池，面积大概有六十平方米，周围以岩石筑成池台，上面刻着刀工精致的仙鹤和蝙蝠图，有福寿吉祥的美好寓意。更为精巧的是，池中的水是活泉，泉水常年青碧可人，不会干涸。这样一来，不但戏台周围的空气清洁湿润，水和四周的池台还能形成一种环绕的效果，戏台上的演出乐声能够立体地传到观众的耳中。这种扩音的效果，是在陆地上搭建戏台时所不能获得的。在《红楼梦》中，对生活和艺术有着极高品位的贾母，就曾经在水中戏台欣赏过箫笛合奏的音乐。

以水榭做戏台的范例，在古代不胜枚举，这不但显示出主人的身份高雅显贵，更体现出古代建筑设计师卓尔不凡的智慧。

轩

轩^[1]式类车，取轩轩欲举^[2]之意，宜置高敞，以助胜^[3]则称。

【注释】

〔1〕轩：本意是指古时马车之前向上拱起以供牵引驾驭的部件，此处指高高仰起、飞举的样子。

■〔明〕宋旭 松壑云泉图

〔2〕轩轩欲举：形容高仰、飞举的态势。古人也用"轩轩"来形容人的仪表风度不俗。

〔3〕助胜：能够增加景色之美。胜，风景，景物。

【译文】

轩的形状式样和古时马车的"轩"非常相似，都是取其高高拱起，高昂飞举之意。它适合建造在地势高大宽敞的地方，从而增加周边景色的美感。

【延伸阅读】

对于轩这种建筑，中国古代典籍上有很多记载，它可以指楼板或者飞檐，还可以指有窗户的长廊或者堂前的平台。后来轩就指那些有窗的长廊或小屋，敞朗明亮，一般会临水而建。它的外形和古时候的车很相似，空敞而高昂飞举。

在园林之中，轩这种建筑形式非常美观，有点缀园中景观的作用。它在规模上，没有厅堂之类的重要建筑那么庞大，在立基位置上，也不像厅堂那样一定要建在中轴线上，还要讲究布局对称。轩的位置相当随意，可以根据主人喜好和园林环境特点来设计布局。当然，也有些轩会被设计安排在宅院中轴线的位置上，但相对于其他严肃建筑必须遵照一定规则建造，轩的建造方式不受拘束，可以灵活多变。

在品质规格上，轩可以是华丽精致的，也可以是朴实无华的。但所有的轩都有一个共同特点，就是它通过和周围自然景物的搭配结合，形成自己独特的风韵情致。

■〔清〕王原祁 西山高隐图（局部）

【名家杂论】

从《红楼梦》"遥望东南，建几处依山之榭；近观西北，结三间临水之轩"的描述中，可以看到在园林中临水建轩，能够营造出远观时的玄妙之气；而苏轼词中"小轩窗，正梳妆"的语句，又让人感觉到小小轩室之中浓浓的生活气息。

晚清时期苏州有富商张履谦，购买了拙政园的西面园区，是时名为补园。为了纪念自己以卖扇起家的先祖，他就在补园建了一座扇形的轩。基于与扇的不解之缘，张家人费尽心思地设计修建了这座轩，轩两侧的扇形墙壁上，又凿开了两个扇形的空窗，一边正对着院内的到影楼，一边对着院内著名的三十六鸳鸯馆。轩的后面又修一扇窗，后方山上的笠亭正好被窗子框成一幅美图。轩名也起得风雅之极——与谁同坐轩。宋代苏东坡曾写"闲倚胡床，庾公楼外峰千朵，与谁同坐？明月清风我"，轩名只用词中所问，而把答案藏匿起来，让人回味无穷。轩前有一汪清池，背后有青翠小山，人在轩中，不管是倚门远望，还是凭栏远眺，都可以看到四周的美景。明月清风一来，更是让人流连忘返。轩内无论是门窗洞还是桌凳，甚至灯罩匾额都被设计成了扇面状，可谓匠心独具，玲珑精致，让人观之赞叹不已。

与之相比，明代归有光的项脊轩就寒酸很多。这个轩的室内面积很小，只有一丈见方，仅能让一个人住在里面。此轩面积虽小，却历史悠久，传到归有光手中时已经有一百余年了。这座轩室为土质结构，每遇下雨，雨水会顺着墙壁往下流。轩门朝北，常年不得阳光照射，常常是刚到中午，屋里的光线就不够了。后来，归有光按照自己的意愿整理了一下，多开了四扇窗子，又通过建造围墙把光线反

射到屋中；同时在轩前种上了兰桂、竹子等花木，以前破旧的栏杆也被重新修整。加之轩中书香满室，月明之夜桂树摇曳、竹影婆娑，原本破旧的项脊轩也有了诗情画意。那些发生在项脊轩的生活琐事，让晚年的归有光回忆起来唏嘘不已，而他晚年所写的《项脊轩志》，更是让人读来为之触动。

轩的独特之处在于，它的气质可以是高端华贵的，也可以是亲民质朴的。精致风雅如拙政园的与谁同坐轩、朴实无华如归有光的项脊轩，都因鲜活生动地反映了自然、生活、精神风貌，而让人心向往之。

卷

卷[1]者，厅堂前欲宽展，所以添设也。或小室欲异人字[2]，亦为斯式。惟四角亭及轩可并之[3]。

【注释】

[1] 卷：指前轩梁上的一种弧形木质顶棚，和船上的舱篷相似，两头下弯，中间高而平坦，没有脊梁，也被叫作"卷棚"。按照轩椽的弯曲度大小，有"鹤头轩"和"海棠轩"等不同种类。

[2] 异人字：指和人字形屋顶不一样的造型。

[3] 并之：可以兼用。

■〔清〕乾隆版本 清明上河图〔局部〕

【译文】

卷这种建筑结构，是为了让厅堂之前的空间看起来更宽展而添设的。或者是那些浅小的房屋，不想用人字形的屋顶，也可以采用这种形式。但凡是矩形的四角亭子和廊轩，都能使用这种卷式的顶棚。

【延伸阅读】

卷棚式屋顶在建筑学上也被称为元宝脊，它的屋顶前后相连处，不是按简单方式做成屋脊，而是做成优美的弧形曲面。这种屋子的正脊和普通房屋的正脊不一样，普通房屋正脊都是人字形的。严格来说，卷棚式屋顶是没有建筑学意义上的正脊的。

古代园林中，这样的建筑形式有很多，如颐和园中有一处谐趣园，它里面的屋顶都是卷棚式的，屋顶曲线柔和，看起来颇为优美雅观。与平常的人字形屋顶一样，卷棚式屋顶也可以做成硬山、悬山、歇山等形式，从而形成卷棚硬山式、卷棚悬山式、卷棚歇山式这几种造型各异的屋顶。

卷棚式屋顶的特点是外形优美，屋顶的曲线柔和顺畅。单檐卷棚悬山式屋顶，是比较简单的卷棚顶，被普遍运用在园林建造中，为园林的景致构建增加了优雅的风韵。

广

古云：因岩为屋曰"广"〔1〕，盖借岩成势〔2〕，不成完屋者为"广"。

【注释】

〔1〕广：指倚在岩壁旁边建造的单坡顶房屋。

〔2〕借岩成势：借助山势，利用山体岩石做房屋的一面墙壁。只有半面的房屋，通常叫作"广间"，或者"披间"。

【译文】

古人说：依山岩而建的房屋，称作"广"，因为它是借山岩为一面墙，房顶只有半坡，房子看起来并不完整，所以叫作"广"。

【延伸阅读】

广，独有的特色就是屋顶是单坡顶。这种建筑和我们平时看到的双坡屋顶差别较大，但两者在外形上有一定的相似性。在形式上，单坡屋顶就如同把两面坡屋从中切开，它是其中的一半。在一般建筑群中，单坡屋顶建筑通常都是不太重要的建筑，多为用以点景的附属性建筑。

在现在发掘的商朝宫殿建筑群遗址中，能够发现在当时就有单坡顶的走廊了。在如今的陕西和山西等地，很多农村民居依然用的是单坡屋顶。当地民间流传有"平遥古城十大怪"，其中一大怪就是"房子半边盖"。平遥有这样的单坡建筑，原因很多。首先，古时拥有大量财富的晋商，在建造住宅时很讲究"四水归堂"或"肥水不流外人田"；其次，西北气候以干旱为主，而且风沙天气比较多，把房子建成单坡样式，就可以增加临街处外墙的高度，并且可以在临街处不开窗子，就可以抵御风沙灰尘的侵蚀。单坡房屋也会使宅院的布局紧凑，显示了内敛而有凝

聚力的民族性格。

　　山西有一处名闻天下的悬空寺，就体现了单坡建筑的特色。悬空寺的建造充分利用力学的原理，在山体的岩石上半插飞梁作为基础，又巧借岩石暗托梁柱，让上下坚固地结合为一体，屋顶多采用单坡式，既减少了重力，又不失庄严之气。悬空寺里面的廊栏相互连接，竟然能体现出园林走廊的曲折出奇效果。它很好地把美学、建筑学和宗教学融为一体，是中国最伟大的建筑之一。

廊

　　廊者，庑[1]出一步也，宜曲宜长则胜。古之曲廊，俱曲尺曲[2]。今予所构曲廊，之字曲者，随形而弯，依势而曲。或蟠山腰，或穷水际，通花渡壑，蜿蜒无尽，斯寤园[3]之"篆云"[4]也。予见润[5]之甘露寺[6]数间高下廊，传说鲁班所造。

【注释】

　　[1] 庑：指厅堂屋檐周围的走廊。廊和庑是有区别的，以苏州园林为范例，庑和堂是一体的，它是堂外面的部分。通常五架、七架梁的厅堂，在窗户外的一

■〔清〕袁江 梁园飞雪图（局部）

架卷棚，就属于庑。

〔2〕曲尺曲：一种 L 形的弯曲方式，拐弯处为直角。曲尺是木匠用来画直角的工具，纵向长，横向短，其上有刻度。

〔3〕寤园：在今仪征县。

〔4〕篆云：寤园中一个长廊的名字，形容长廊有大篆行云流水的形态。

〔5〕润：指古时润州，即今江苏省镇江市。

〔6〕甘露寺：位于镇江郊外的北固山上，据传为三国东吴孙权之孙孙皓所建。

【译文】

廊，是庑又向前延伸出一步而成的独立建筑，以曲折深幽为佳。古时候的曲廊，转弯的角度都是直的。如今我修建的曲廊，是像"之"字那样形状弯折转曲的，随着长廊所在的地形特点弯曲起伏。或在山的半腰环绕，或在水畔蜿蜒，穿过花木丛，渡过溪水山涧，回环往复，无穷无尽，就像寤园里的篆云廊一样。我有一次在镇江的甘露寺见过一种高下廊，沿着山坡建成，据说是鲁班所建。

【延伸阅读】

廊指的是中国古代建筑中一种上方带顶的通道，一般是为人遮阳、避雨、小憩之用。从司马相如《上林赋》的描述中看，西汉时已经有了这种建筑形式，当时称为"步"。在河南偃师二里头遗址也发现，一些宫殿的屋檐下建有廊，还有四周都用回廊形成院落的建筑形式。

廊是最具中国古典建筑特色的建筑，一般殿堂屋檐下搭建的廊，是作为一种过渡空间而存在的，从屋子里到外面时要经过廊。它也成为一种能体现建筑虚实变化和韵律感觉的建筑造型手段，让建筑或建筑群在视觉上更有美感，在庭院的格局形成上，具有不可估量的作用。

■ 回廊曲栏

在园林中，廊能够把不同的景区划分开来，形成空间的层次感、多变性，也能起到引导游人观赏园林的作用。廊的细致配置有很多种方法，一般会给廊安装花纹精美的栏杆，还会在廊下安放坐凳、美人靠等坐具，以供人休息。讲究的人家，在廊上会挂上字画，放置挂落来装饰。在走廊的墙上，也会用什锦灯窗、漏窗、月洞门、瓶门等建筑构件来作为装点。

【名家杂论】

廊为园林造景提供了不可替代的支持，无疑是园林中不能缺少的一个部分，是造园师布局技巧的具体反映。种类不同的长廊就如同园林绿叶上连接各点的脉络，让园林成为一个具有观赏性的艺术整体。

廊的灵巧、自由、精致和写意特性，让营造出的意境非常幽深雅致，优秀的设计者都善用长廊来分隔园林景区，使园景有纵深感，激发游览者探幽寻胜

■〔宋〕马麟 秉烛夜游图

的兴致。而廊中的回廊，以其回环静幽的形式，似乎更得历代文人的青睐。在历代诗词中，回廊代表幽静深沉的意象频频出现，如唐朝李商隐有诗曰："日射纱窗风撼扉，香罗拭手春事违。回廊四合掩寂寞，碧鹦鹉对红蔷薇。"宋代辛弃疾有词曰："记得同烧此夜香，人在回廊，月在回廊。而今独自睚昏黄，行也思量，坐也思量。"

廊的形式多种多样，营造出的意境也不尽相同，在苏州园林中，不乏廊中精品。其中最典型的是拙政园中的小飞虹，它架于水上，造型优美灵动，成为最出色的景观。小飞虹是苏州园林中极为罕见的廊桥，其名取自南北朝时期著名文人鲍照的《白云诗》"飞虹眺秦河，泛雾弄轻弦"。虹本身就有瑰丽之感，是雨过天晴后展于天际的彩桥，用虹来比喻桥，用意奇幻而文雅。小飞虹在功用上，是连接水面和陆地的一个通道；从园林景观来看，以它为景点构成了独特的园中景观。小飞虹本身就造型优美，桥体为三跨石梁，中部微微拱起，呈现出八字造型。桥面的两旁设置有"卍"字花纹的护栏。桥上覆有廊顶，在廊檐之下用倒挂楣子来装饰。廊桥的两头和陆地上的曲廊相接，形成连绵不绝、变化有致的观感。朱红色的廊廊栏杆倒映在碧波粼粼的水里，无论是色彩感还是造型灵动感，都展示出不俗的气韵。

列 架

古时候房子的木质结构，都会在两步柱中间架上大梁，能减少房中柱子数量，在梁上立上童柱，童柱上面再架上小柁梁，小柁梁上又立童柱，在柱子的尽头架上檩，架上一条檩就是一架。

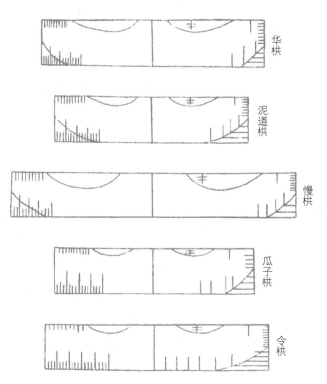

华栱

泥道栱

慢栱

瓜子栱

令栱

■《营造法式》枓栱示意图

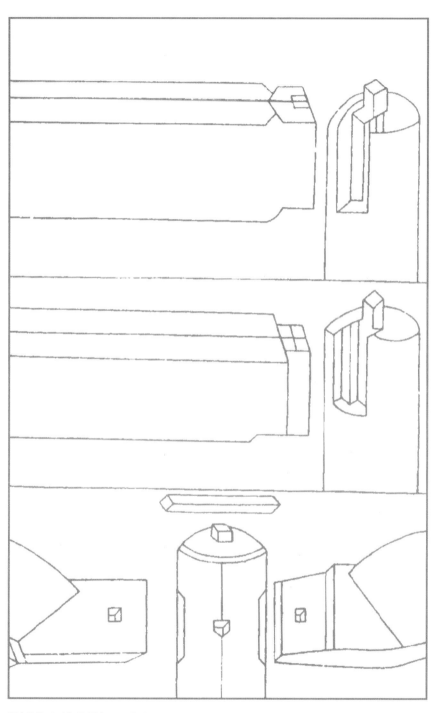

■《营造法式》梁额卯口示意图

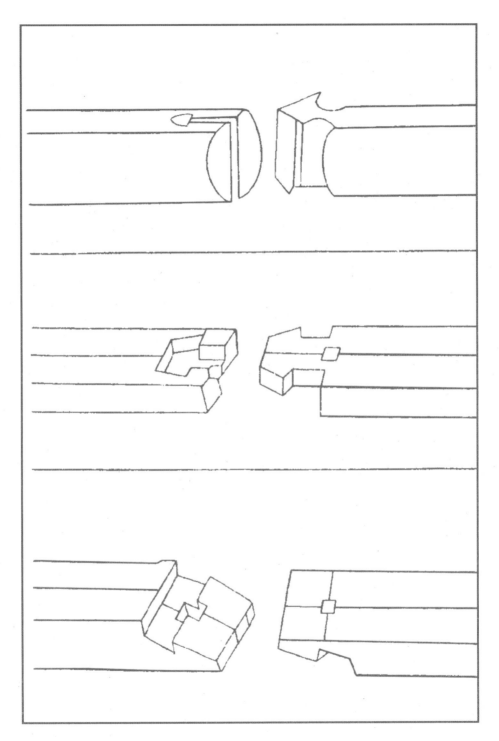

■《营造法式》梁额卯口示意图

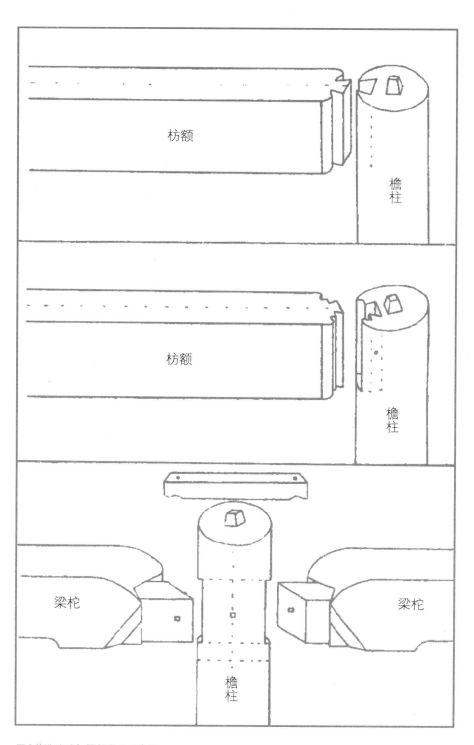

■《营造法式》梁额卯口示意图

■ 北京故宫太和殿梁架结构示意图

1.檐柱 2.老檐柱 3.金柱 4.大额枋 5.小额枋 6.由额垫板 7.挑尖随梁 8.挑尖梁 9.平板枋 10.上檐额枋 11.博脊枋 12.走马板 13.正心桁 14.挑檐桁 15.七步梁 16.随梁枋 17.五架梁 18.三架梁 19.童柱 20.双步梁 21.单步梁 22.雷公柱 23.脊角 24.扶脊木 25.脊桁 26.脊垫板 27.脊枋 28.上金桁 29.中金桁 30.下金桁 31.金桁 32.隔架科 33.檐椽 34.飞檐椽 35.镏金斗栱 36.井口天花

五架梁

五架梁,乃厅堂中过梁[1]也。如前后各添一架[2],合七架梁列架式[3]。如前添卷,必须草架[4]而轩敞。不然前檐深下,内黑暗者,斯故也。如欲宽展,前再添一廊[5]。又小五架梁,亭、榭、书房可构。将后童柱[6]换长柱,可装屏门,有别前后,或添廊[7]亦可。

【注释】

〔1〕过梁:也被称为柁梁,这里指房屋木结构的大梁,不是如今我们所说的位于门窗洞口上的过梁。柁梁对木结构建筑的进深起决定作用。通常厅堂内都会用过梁,由于承重量非常大,因此要用最结实的木头。

〔2〕添一架:指添加一根柱子和一条梁。

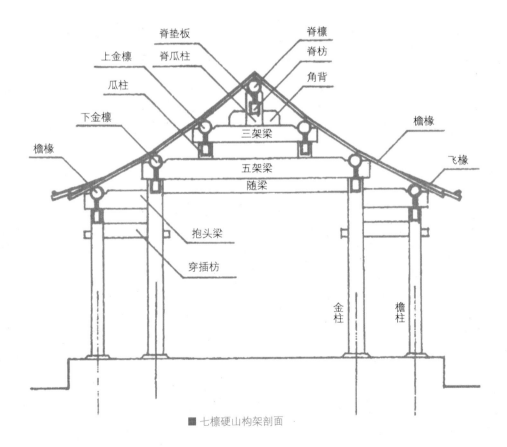

■ 七檩硬山构架剖面

〔3〕列架式：指梁架组合的形式。

〔4〕草架：一种在"覆水椽"上方，被"覆水椽"遮蔽掉一部分的建筑结构，用来添加廊庑，增大建筑物的幢深，使房子的前檐抬高。

〔5〕添一廊：在屋子木结构之外，又增加一廊的宽度。

〔6〕童柱：立在梁上的短柱子。

〔7〕添廊：在房子木结构的四界以内，把短柱替换成长柱子着地，假如不安屏门，它就可以作廊用。

【译文】

五架梁，就是厅堂里面的过梁。如在五架梁的前后各自增加一架，就合成了七架梁。如要在厅堂的前面添建敞卷，就一定要用草架，才会显得厅堂高大阔朗。不然，前檐就会显得低矮，屋里会因光线不足而显得黑暗，就是这个原因。如果想让房屋阔朗宽敞，可以在房子前添建一个廊。还有一种小五架梁，用它来建造亭子、榭或是书房都可以。假如把后面的童柱换成长柱，就可以安上屏门，区分出前后，如不安装屏门，添建一个廊也可以。

七架梁

七架梁，凡屋之列架也，如厅堂列添卷[1]，亦用草架。前后再添一架，斯九架列之活法[2]。如造楼阁，先算上下檐数。然后取柱料长[3]，许中加替木[4]。

【注释】

〔1〕堂列添卷：这里用"堂列"而不是"堂前"，是指七架梁的列架之中，前面就可做卷，而非于七架梁之前再格外地添加"卷"。

〔2〕活法：灵活机智的变化方法。如七架梁可以改作九架梁，五架梁也能以相似的办法转换成七架梁。

〔3〕柱料长：梁柱用料的长短，此处指阁楼中步柱的长度。

〔4〕替木：在柱子上加一根横放的短木头，用来承接上面的构造，和大木构架里的雀替是一个用途。

【译文】

七架梁，是一般房屋的列架方式。假如想让厅堂看起来高大敞亮，就要在厅堂前面添设卷，采用草架这种构造。假如在厅堂的前面和后面各增加一架，正是把七架转成九架的机智灵活做法。假如要建楼阁，就要先计算出上下房檐的高度。然后才能估算要用多长的木料来做柱子。在梁和柱子的交界处可以加上替木。

九架梁

九架梁屋，巧于装折[1]，连四、五、六间[2]，可以面[3]东、西、南、北。或隔三间、两间、一间、半间，前后分为[4]。须用复水重椽，观之不知其所[5]。或嵌楼于上，斯巧妙处不能尽式，只可相机而用，非拘一者。

【注释】

〔1〕装折：指对房屋的装修。

〔2〕间：这里的"间"是指按进深方向分隔出的房间，而不是说按面阔方向分隔的房间。

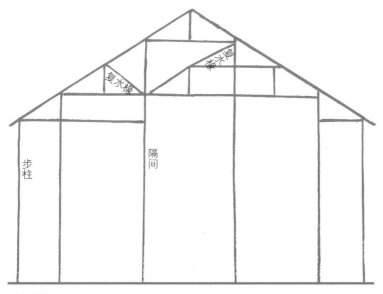

■ 九架梁六柱式

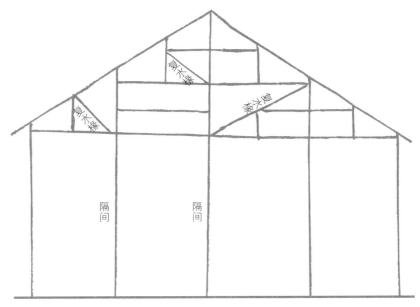

■ 九架梁五柱式

〔3〕面：朝向，面向，指建筑的正面朝向。

〔4〕前后分为：把前面和后面分隔为独立的房间。

〔5〕不知其所：指在隔间的顶上用了重椽，每个房间的空间都是相对独立的，丝毫看不出几个房间是在一个屋顶之下。

【译文】

在建九架梁的房子时，要巧妙地装修，在进深方向，可以将四五六间房子连接起来，房间的朝向可随意而定，东、西、南、北四个方向都可以。抑或把它们分成三间、两间，甚至一间、半间，前后分隔成独立的空间。这就要采用复水重椽结构，让人看不出来这些房间是建在一个屋顶之下。或在其上面嵌建楼阁，其巧妙之处不可能都用图画出来，应随机应变灵活应用，不要拘泥于某一种形式。

【延伸阅读】

梁，指在水平方向上的承重构件，一般是长条形状，沿前后方向架在柱子上。梁架最主要的用途是承重。每个梁架中最主要的梁，按照它所承托的檩条数来确定名称，如上面承重九根檩条，就称为九架梁。以此类推，有八架梁、七架梁、五架梁、三架梁等。

　　梁的长度根据檩条间的水平距离来测算，在建筑学上称为"步架"，九架梁长八步架，七架梁者长六步架，以此类推。在抬梁式构架中，梁架是层叠设置的，从下到上逐层缩短梁的长度，和每层的瓜柱结合成梁架。这种梁架最下部的那根梁最长，建筑上叫"大柁"，大柁上面的那根梁叫"二柁"，依次类推。而各个"柁"也是按照本身承托的檩条数目来称呼，分别是七架梁、五架梁、三架梁。

　　通常来说，规模不大的建筑，如普通民居中的正房和厢房，都是用五架梁。五架梁可以直接放在檐柱上。在进深比较大的建筑中，五架梁通常放在瓜柱上，再以瓜柱为中介，叠放在七架梁上。在北方的一些木结构房屋中，一般是用平直的梁木，但是南方会把梁木稍加弯曲，如月亮形状，称为月梁。这是因为南方的天气比较炎热，一般不会做天棚，使用月梁比较有美感。

　　在所有梁架之中，要数五架梁最重要，它又被称为大梁。雕刻彩绘等装饰，一般都会集中在五架梁上。

【名家杂论】

　　有史料记载，中国的上梁仪式开始于魏晋时代。北魏时期，一个叫温子升的人，在《阊阖门上梁祝文》中记录了上梁时的祝词文字，后人也称此为"上梁文之母"。到了明万历年间，《鲁班经匠家镜》一书又对"立木上梁仪式"做了系统详细的阐述。后来，上梁渐渐成为一种非常普遍的习俗。这种礼仪更像是一种祈福仪式，祈求房屋永固、生活吉祥如意。

　　梁是房屋上架构件中最重要的部分，因此在老百姓的心目中，"上梁"是房屋建造中最为重要的一个步骤。民间有说法，认为建房上梁是否顺利，关系房屋是不是稳固，更关系主人家的运势好坏。有俗语说："房顶有梁，家中有粮，房顶无梁，六畜不旺。"

　　在梁的挑选、制作完毕后，主人会选择一个吉日良辰上梁。上梁之前，主人要和和气气地对待每一个人，一定要避免冲突。尽管全国各处的上梁风俗不尽相同，但是上梁的整个过程大致可以分为祭梁、上梁、接包、抛梁、待匠几个步骤。祭梁时，人们会给大梁贴上红色的字纸或红绸，然后在供桌上供上供品，那些负责建房的瓦匠和木匠一边说着吉祥话，一边敬酒。祭梁结束后，工匠们就会把正梁抬到屋顶上，也就是上梁。上梁的时候要放鞭炮，上梁师傅要唱一些歌谣，并喊吉利话。

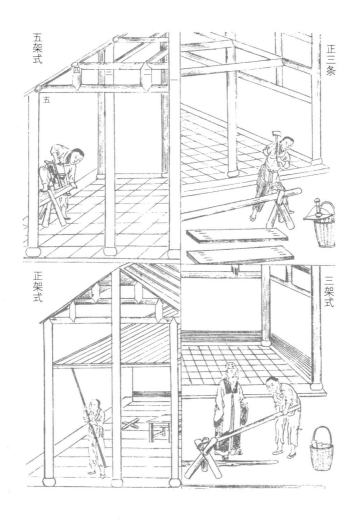

　　等梁放平稳，主人就会把亲戚朋友送来的装有五谷的礼袋放置在梁中间，并且把红绸布披到梁上，寓意五谷丰登。

　　之后，工匠们会把食物和果品从梁上抛下，主人在下面用器具接着，寓意接住财宝。主人接完食物果品，工匠还要把糖果、食物、钱币等物从梁上撒到四个方向的地面上，捧场的邻里乡亲会争相捡拾，场面热闹无比。民间对此的说法是："抛梁抛到东，东方日出满堂红；抛梁抛到西，麒麟送子挂双喜；抛梁抛到南，子孙代代做状元；抛梁抛到北，囤囤白米年年满。"

　　抛梁仪式结束后，工匠下到地面，众人退出房屋，让阳光静照屋梁，此为"晒梁"。然后，主人会设宴招待工匠和亲朋好友，有的还会以分发红包结束整个上梁仪式。

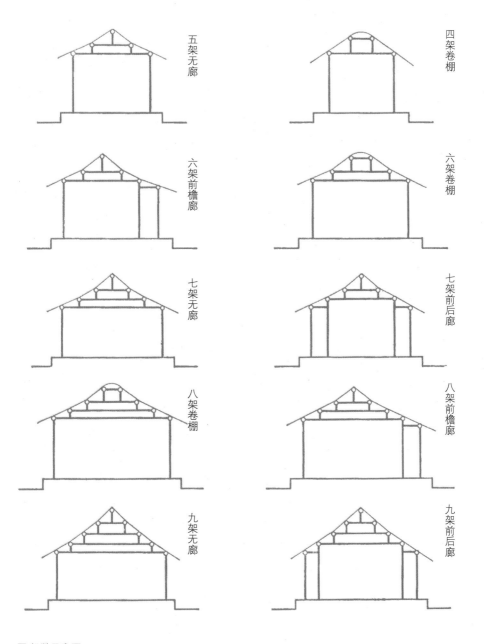

五架无廊

四架卷棚

六架前檐廊

六架卷棚

七架无廊

七架前后廊

八架卷棚

八架前檐廊

九架无廊

九架前后廊

■ 架数示意图

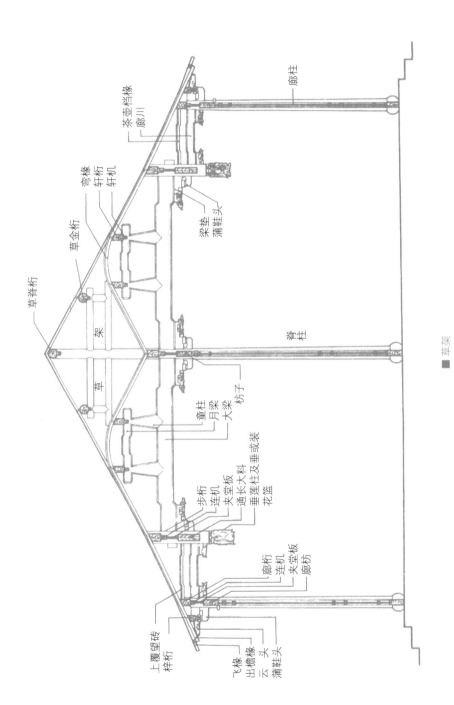

茶壶档椽
廊川
廊柱

弯椽
轩桁
轩机

草金桁

梁垫
蒲鞋头

草脊桁

架

脊柱

草

桁子

童柱
月梁
大梁

步桁
连机
夹堂板
通长大料
垂莲柱及垂或装
花篮

廊桁
连机
夹堂板
廊枋

上覆望砖
梓桁

飞椽
出檐椽
云头
蒲鞋头

■草架

草架

草架，乃厅堂之必用^[1]者。凡屋添卷，用天沟^[2]，且费事不耐久，故以草架表里整齐。向前为厅，向后为楼，斯草架之妙用也，不可不知。

【注释】

〔1〕必用：一定要用。

〔2〕天沟：屋顶上的排水沟。

【译文】

草架是修建厅堂时必须要用到的一种梁架结构。在房前添"卷"时，在屋顶做排水的天沟很费工夫，也不经用，而用草架就能让建筑里外平整。往前方推建敞卷，可以为厅，往后面延伸建造敞卷，就能建造楼阁，这些都是草架的奇妙用处，不能不知道。

【延伸阅读】

"草架"这个词最早出现在宋代，李诫的《营造法式》中说到了"点草架"和"草架梁栿"。草架梁栿本就是我国古代的架梁方式，只要是平棊吊顶的房屋，平棊上面一定要用草架梁栿。

在南北朝以及隋唐时期，这种形式的建筑已经开始普及，并且传到了日本。到了宋元时期，这种建筑形式又有了新的变化。而明清时期，南方的民居祠堂，以及园林建筑中，已经普遍采用这种方法。

重椽

重椽，草架上椽也，乃屋中假屋^[1]也。凡屋隔分不仰顶^[2]，用重椽复水可观。惟廊构连屋，或构倚墙一披而下，断不可少斯。

【注释】

〔1〕屋中假屋：屋，指房顶，因为用了草架而形成的房顶，叫"假屋"。"屋中假屋"指的是真屋顶之下又有假屋顶。

〔2〕仰顶：又叫"仰尘"，也就是现在所说的天花板、顶棚，或叫天棚。

【译文】

重椽是置于草架之上的一种特殊椽子，它位于屋盖之下，用来做假屋顶。凡是在房屋中做隔间，不需要用天花板，只需用重椽复水做成美观对称的假屋顶，房内的空间就会非常完整而且有美感了。特别是当廊和厅室相接，或是以山体岩壁做墙建造单坡的披厦时，更不能缺少这种结构。

【延伸阅读】

椽是屋面基层中最底部的一种构件，垂直地安置在檩木上，承接屋顶各种建筑材料的重量，由椽子、望板、飞椽、连檐、瓦口等小构件组成。重椽是放置在草架上的特殊椽子，是为了做出假屋顶而用。

椽的分类非常多，一般最上端在屋脊处的椽子叫"脑椽"；在卷棚式屋顶，处于两根脊檩之间的椽子，叫"蝼蝈椽""顶椽"；在金步上的椽子叫"花架椽"；一侧位于金桁上，或重檐建筑的承椽枋上，另外一头伸出在檐桁之外的椽子，被称为"檐椽"，而伸出檐桁之外的那部分椽子，又有了新名号，叫"出檐"；附着在檐椽上面，并且向外部飞挑的椽子叫"飞椽"，它的末端呈现出楔形，钉于檐椽上。椽子的断面通常都是圆形的，但飞椽有所不同，它的断面呈矩形。

还有一种叫"板椽"或"连瓣椽"的椽子类型，用于圆形攒尖顶建筑的檐步架以上位置。这是因为圆形攒尖式建筑檐步以上部位会越来越小，无法再用单根椽子，所以要把椽子整合起来，形成几块梯形或三角形的板块，用它们来代替椽子。

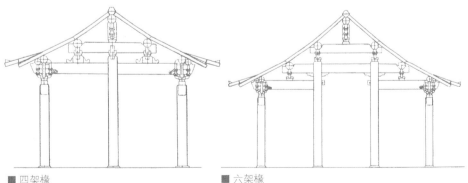

■ 四架椽　　　　　　　　　　　　　　　　■ 六架椽

磨角

磨角[1]，如殿阁蹋角也。阁四敞及诸亭决[2]用。如亭之三角至八角，各有磨法，尽不能式，是自得依番机构[3]。如厅堂前添廊，亦可磨角，当量宜。

【注释】

〔1〕磨角：指折角，即在建筑墙边转弯处形成多边形，一般用在亭或阁造型设计上。

〔2〕决：同"决"，必定的意思。

〔3〕机构：指针对建筑物拐角处构造的一种造型设计。

【译文】

磨角，和殿阁之内那些多边形的外墙折角是一样的。四个方向都敞开的阁子和不同形状的亭子，都必须要用到这种建筑造型。从三角亭到八角亭，折角的形式不尽相同，方法也是不同的，所以无法把全部的样式都列举出来。这需要设计者根据实际情况调整，经过精思妙构以后才形成。如果在厅堂之前架设走廊，也可以磨角，不过得根据情况来决定。

【延伸阅读】

建筑上的磨角，指的是在建筑物的墙角拐弯处，做成多边形的造型，一般用于亭阁等多角建筑。施工时，具体如何操作和屋角多少有很大关系，三角、五角、八角等，各有不同的磨法。

总之，磨角是一种三维关系的建筑法，在古时候要用图式表现出来是非常困难的，因此连计成也明确地说"尽不能式"。在现存古典建筑中，运用磨角的实例有很多，比如苏州西白塔子巷的李氏庭园，就利用了磨角法；苏州留园的林泉耆硕馆的添廊拐角处，也有磨角做法，类似的还有苏州怡园的藕香榭、沧浪亭的明道堂等。

地图

凡匠作，止能式屋列图^[1]，式地图^[2]者鲜矣。夫地图者，主匠之合见^[3]也。假如一宅基，欲造几进，先以地图式之。其进几间，用几柱着地，然后式之，列图如屋。欲造巧妙，先以斯法，以便为也。

【注释】

〔1〕屋列图：建筑物的列架图。

〔2〕地图：建筑物的平面图。

〔3〕主匠之合见：设计师和施工工匠的共同参照。

【译文】

一般的工匠只能画出房屋的列架图，很难有工匠可以把建筑的平面图画出来。平面图，是工程设计者和施工者在建造房子时的共同参照。如果在住宅的地基上开始建造房屋，计划盖几进，先要画出整体的平面图。根据这个平面图来定各进中修建几间屋子，用几根落地柱子，之后可以画出屋子的平面图、列架图。如果想把房子修建得精巧齐整，就一定要用这样的方法，方便日后的施工建造工作。

【延伸阅读】

这里的地图，指的是在园林修建之前所绘制的平面图，也被称为"地盘图"。它可以是某个单体建筑的平面设计图，也可以是一组建筑群的平面图。它可以把即将建造的建筑物以及建筑物内的门窗、墙壁、楼梯、地面等结构一一表现出来，直观地反映出房屋的平面形状、大小、布局，还能够同时标示出建筑构件的用料、材质、尺寸、位置等。

施工之前，屋主人可以和设计师在图纸上沟通建造意见，设计师也可以用图纸来指挥建造工作。图纸绘制得越精密，施工的时候进展越顺利。从此节内容可以看出，以计成为代表的中国古代造园师，已经开始重视平面图的作用了。

列架式

五架过梁式

前或添卷，后添架[1]，合成七架列。

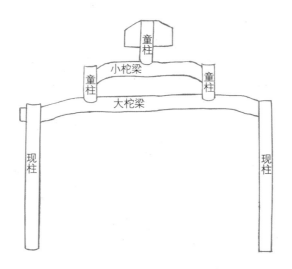

【注释】

〔1〕架：房中的单个梁，称为"一架"，同理，五根、七根、九根梁就分别称为"五架梁""七架梁""九架梁"。两根梁中间水平的距离，就被称为"步架"。在《营造法原》中，"步架"也叫作"界"或是"步"。

【译文】

在五架梁前面添加敞卷，或在后面添建架，就可以组合成七架梁的列架形式了。

草架式

惟厅堂前添卷，须用草架，前再加之步廊，可以磨角。

【译文】

只要是在厅堂的前面添加敞卷，就一定要用草架，敞卷之前假如还要加上廊，可以进行磨角处理。

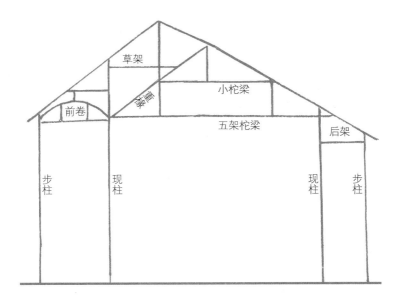

草架

小柁梁

前卷

五架柁梁

后架

步柱　现柱　现柱　步柱

七架列式

凡屋以七架为率。

【译文】

一般房屋都会把七架梁作为标准列架。

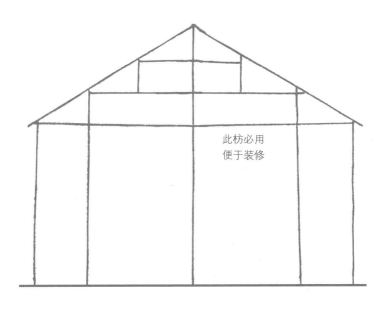

此枋必用
便于装修

七架酱架式

不用脊柱，便于挂画，或朝南北，屋傍可朝东西之法。

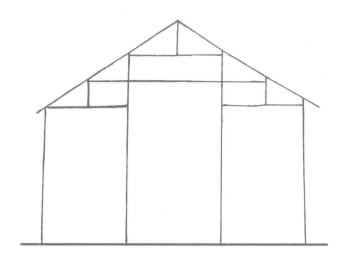

【译文】

七架梁房屋山墙脊柱不是落地的，墙面非常平整，适合悬挂书画。房子坐北朝南，可以在山墙上开出侧门，这样房屋也可算是东西朝向的了。

九架梁，六柱式，前后卷式

此屋宜多间，随便隔间，复水或向东西南北之活法。

【译文】

这种构架适用于多房间的房屋，进深方向可以随意间隔，用复水重椽制作假屋顶，也可朝向东西南北各个方向，灵活地设置门户。

小五架梁式

凡造书房、小斋或亭，此式可分前后。

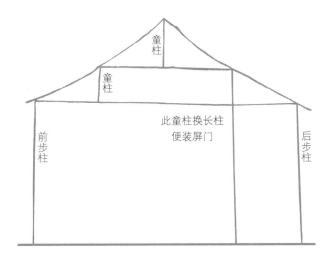

【译文】

　　但凡修造书房，或小斋馆、亭子，用这样的列架方式比较合适。把后部的童柱换成落地长柱，便可安上屏门，分隔成前后两个独立的空间。

地图式

　　凡兴造，必先式斯。偷柱[1]定磉[2]，量基广狭，次是列图。凡厅堂中一间宜大，傍间宜小，不可匀造。

	列步柱	步柱	步柱	列步柱
七架列五柱着地	○ 列 ○ 柱	襟 ○ 柱 ○	○ 襟 ○ 柱	列 ○ 柱 ○
	○ 脊 柱	五架柁梁	五架柁梁	脊 ○ 柱
	○ 列 ○ 柱	襟 ○ 柱 ○	○ 襟 ○ 柱	列 ○ 柱 ○
	列步柱	步柱	步柱	列步柱

【注释】

〔1〕偷柱：建筑学上指减少柱子的数量，或不要柱子。

〔2〕定磉：指位于柱子之下的石墩。

【译文】

凡是兴建房舍，必定先要画出平面图样。要减柱子或者定磉，就需测量地基的宽窄大小，之后再把房屋的列架图绘制出来。建造厅堂时，位于正中的那间房间应该造得大一些，两边的屋子要窄小一点，不要建得大小相同。

梅花亭地图式

先以石砌成梅花基，立柱于瓣，结顶合檐，亦如梅花也。

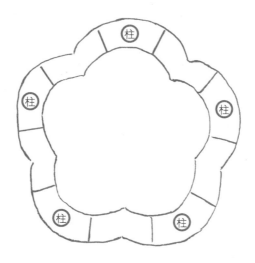

【译文】

先用石块垒砌成梅花形状的台基，然后把柱子安在梅花石基的上面，上端接到房顶屋檐，也如梅花形状。

十字地图式

十二柱四分而立，顶结方尖，周檐亦成十字。

诸亭不式，为梅花、十字，自古伪造者，故式之地图，聊识其意可也。斯二亭，只可盖草。

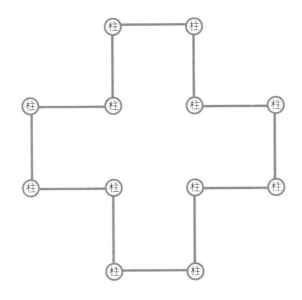

【译文】

把十二根立柱按照四个相等的四方形竖立起来，房顶形成方尖形状，四边的房檐也就形成了十字形状。

其余还有很多亭子的样式，就不一一绘制出来了，只因梅花形和十字形的亭子从古至今都没有人建造出来过，因此就绘出了它们的平面图，只是呈现一个大概的样子而已。要说明的是，这两种款式的亭子，只能盖成草顶。

装 折

大多房屋的建造，最难的就是对房屋的装修。园林中屋宇的装修和那些平常住宅还不一样，它要求在变化之中有条有理，保证庭院的形状既方正整齐，又不显得生硬呆板。

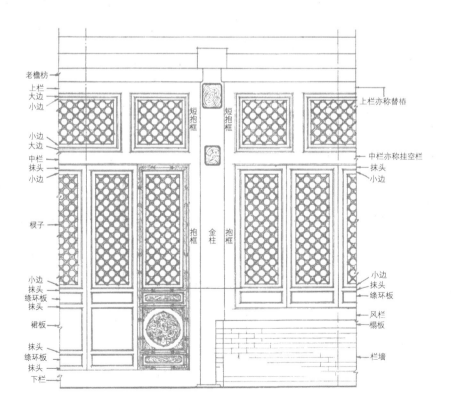

凡造作难于装修[1]，惟园屋异乎家宅，曲折有条[2]，端方非额[3]，如端方中须寻曲折，到曲折处环定端方，相间[4]得宜，错综[5]为妙。装壁应为排比，安门分出来由[6]。假如全房数间，内中隔开可矣。定存后步一架，余外添设何哉？便径他居，复成别馆。砖墙留夹[7]，可通不断之房廊；板壁[8]常空，隐出别壶之天地。亭台影罅[9]，楼阁虚邻。绝处犹开，低方忽上，楼梯仅乎室侧，台级藉矣山阿。门扇岂异寻常，窗棂遵时各式。掩宜合线[10]，嵌不窥丝[11]。落步[12]栏杆，长廊犹胜；半墙户槅[13]，是室皆然。古以菱花为巧，今之柳叶生奇。加之明瓦[14]斯坚，外护风窗[15]觉密。半楼半屋，依替木[16]不妨一色天花；藏房藏阁[17]，靠虚檐无碍半弯月牖。借架高檐，须知下卷。出幕[18]若分别院，连墙拟越深斋。构合时宜，式征清赏。

【注释】

〔1〕装修：也叫"装折"，指在屋子里用来装饰的一些建筑配件，比如门窗上的槅棂、挂落飞罩等。

〔2〕有条：条理清晰。此处指装饰用的花纹样式以及室内空间设置有条有理。

〔3〕额：有一定的数目和规则。额，原指额头，这里指建筑物中方方正正的物品，如匾额、额枋等。

〔4〕相间：间隔一定空间。

〔5〕错综：相互交错纵横。

〔6〕来由：来去的踪迹。"安门分出来由"是指对人们走经路线的布局设计。

〔7〕砖墙留夹：指房屋山墙和院落的院墙中间所夹的狭长通道，和"相地"一节中所说的"夹巷借天"相同。

〔8〕板壁：室内由木板构造分隔而成的墙壁。泛指用来分隔空间或围造空间的墙壁。

〔9〕罅：裂断后的空隙，裂缝。

〔10〕合线：指窗户关合之后没有缝隙。

〔11〕嵌不窥丝：拼接的图案之间严丝合缝，没有缝隙。

〔12〕落步：厅堂之前台阶的边缘部分。

〔13〕户槅：门或窗户上的槅扇。

〔14〕明瓦：把牡蛎的壳打磨成半透明状，然后镶在窗户上，它比窗纸结实，

又可以保证室内光线充足。古代园林中常以此方法代替传统的糊窗纸。

〔15〕风窗：在花窗之外安装的一种有防风作用的保护性窗户。

〔16〕替木：在柱子的上面加的一根横木，用来承接上面的一些建筑结构。

〔17〕藏房藏阁：在建造布局中被隐藏起来的房屋或阁楼，也被称为密室、密阁。

〔18〕出幕：从室内到别处的庭院。

【译文】

大多房屋的建造，最难的就是房屋的装修。而园林中屋宇的装修和那些平常住宅还不一样，它要求在变化之中有条有理，保证庭院的形状既方正整齐，又不显得生硬呆板。比方说在方正的总体布局中，又要体现出曲折变化之趣，而曲折变化又不能脱离方正的格局，空间分隔要巧妙恰当，既要体现错综复杂的感觉，又要排布适宜。安装窗壁要讲究对称之美，安装门户要根据出入路线合理设计。如果一座房屋有数间进深，沿进深方向分隔开就可以了。在厅堂的后面必须具备后步一架余轩，除此之外还能添设些什么呢？可以开辟一条便道通向别的院落。在房子的山墙和院落的院墙之间，要留出一条夹巷，用以连接房屋走廊；板壁之上视情况而定可以开窗，这样就可以透过窗户看到别处馆舍的风景。亭台要多留洞隙透出光影，阁楼都要凌空独立。在看似已到尽头的地方，又呈现出一派新景象，行到最低洼处突然又有向上的路径。楼梯仅适合在房子的一侧安装，台阶宜于顺坡路蜿蜒向上。

门窗的式样和平时宅院的门窗没什么不同，窗户上的图案则要讲究紧跟潮流时尚。门窗关上时应看不到一点缝隙，图案的拼镶也要严丝合缝。厅堂之前的台阶旁边设置的雕栏，最好和长廊相连接；在半墙之上安装窗槅，只要是屋内房间都可以如此操作。古代的窗槅都以菱花形为上，现在则认为柳叶形的图案非常美观。窗上嵌上半透明的明瓦，既坚固又漂亮，外面再加上风窗就更加严密了。

半楼半屋的屋子，可以沿着房梁之下的替木，做成同一颜色款式的天花。那些隐藏的房屋或者阁楼，可以靠虚檐处做成半月形状的窗户。如果借用草架结构来加高房屋的前檐，就一定要知道添建敞卷。要想从室内到达别处的庭院，可以在连接庭院的墙上辟出门洞，由此进入深藏之斋馆。总而言之，园林的结构要体现出时空变化的意趣，装修样式要清新雅致，赏心悦目。

葵式万川挂落

通常用于廊下

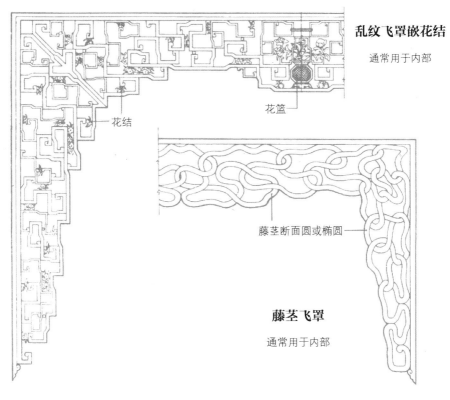

乱纹飞罩嵌花结

通常用于内部

藤茎飞罩

通常用于内部

■ 挂落飞罩

【延伸阅读】

装折,指的是建筑学上的内檐装修。古时候把屋顶伸出墙壁外部的部分叫屋檐,而住宅装修按照木结构的种类分为内檐和外檐两种类型。内檐装修是指门、窗、户等室内构件的设计安插,而外檐装修是指室外部分的装修。

一座建筑物在大木、瓦作完成以后,事实上还只是一个具有主体结构的毛坯。

经过装修工作，根据生活和审美的需要，在毛坯的基础上添置一些器物，房子才能具备安居的条件。整个房屋建筑程序里，装修是收尾环节，但意义重大。

装折是古时吴地的说法，其实和装修是一样的含义。它的内容很广泛，门窗、栏杆、天棚、挂落、纱槅、家具等，都属于装折的范围。装折对工匠的技艺要求非常高，做工精美的装折构件，能够体现出建筑乃至整个建筑群的美感。一些古代装折之用的零散部件，独立开来，也具有极高的艺术价值。

【名家杂论】

古代关于园林和建筑的典籍中，无不透露出古人对于装折的重视。无论是富丽奢华的宫苑建筑，还是灵美秀气的私家园林，装折都是主人体现自己审美标准的大事。优秀的古典建筑，不但外形美观，走进室内，也会让人感叹古人精雕细琢、精益求精的态度。

装折的内容非常丰富，而其中空间隔断物的发展，也经过了一个漫长的过程，并不断更新丰富。中国古代建筑主要为木质结构，在建筑内部，把空间隔离起来的方式有三种：一是用隔断墙来分隔，主要以板壁为主；二是用隔扇来分隔，也就是碧纱橱；三是利用各式各样的罩来分隔。

在《史记·秦始皇本纪》里，有这样的记载："咸阳之旁二百里内宫观二百七十，复道甬道相连帷帐钟鼓美人充之……"从中可以看出，当时还是以帷帐来隔出室内的空间。到了隋唐和五代时期，帷帐、幕布、屏风等就成为常用的室内空间分隔设施。

到了宋朝，开始出现一种带有花纹的格子门，还有镂刻精美的落地长窗，用来隔断室内的空间。后来，仿照挂落的形式又发展出了罩。到明清时代，罩作为隔断物和装饰品广泛用于室内。它的形式多种多样，制作精美，工艺考究，为很多优秀的建筑增添了艺术美感。

古建筑对罩的使用主要有两种形式，第一种是把它用在外檐的装修中，区分室内外的空间，并且遮蔽阳光直射。例如门罩的使用。第二种是用在内檐装修中，在房间内的梁枋之下，把屋内分成功能不同的空间。像飞罩、落地罩就有这样的作用。罩的上面会用浮刻或者透雕的方式刻制花纹图案，有植物花卉，也有神话故事，一般用在宫殿或是贵族富家房屋之中。

《营造法式》小木作制度图样

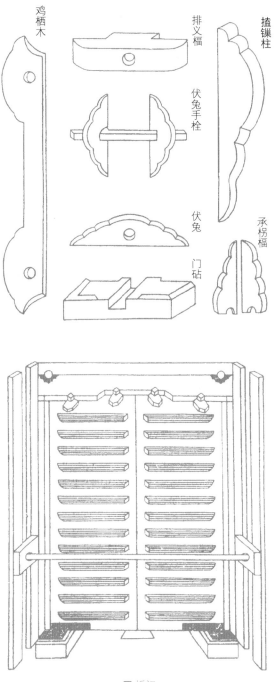

■ 板门

■ 乌头门

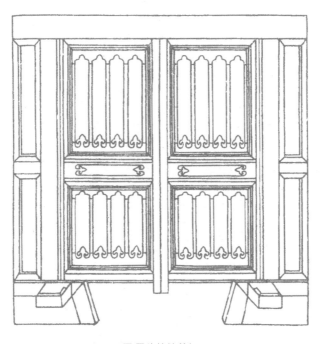

■ 牙头护缝兽门

■ 合板软门

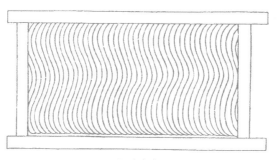

■ 睒电窗

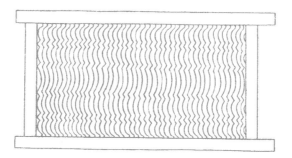

■ 水文窗

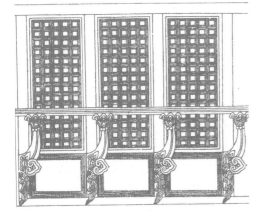

■ 阑栏钩窗

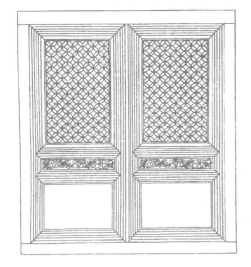

■ 四程破瓣双混平地出单线

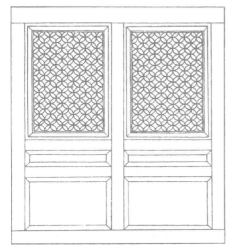

■ 四程方直破瓣 义瓣入卯

屏门

堂中如屏列而平者，古者可一面用，今遵为两面用，斯谓"鼓儿门"〔1〕也。

【注释】

〔1〕鼓儿门：屏门的其中一类，其两面都有夹板，和鼓的两面结构相似，里外都雕有花纹，可供观赏。

【译文】

屏门是在厅堂正中像屏风一样排列的板平门。前人做的屏门只将一面用薄板镶平，如今屏门的样式变为两面都用薄板镶平使用，因为中空似鼓，所以人们称之为"鼓儿门"。

【延伸阅读】

"屏"有遮蔽的意思，屏门就是阻隔院子内外、正院和跨院之间视线的门，和屏风的作用很相似。它既可以把院落划分成功能不一样的宜居环境，又让院落的各个空间之间有所通连，还可以通过屏门的开启，来彰显主人对尊贵客人的礼遇。屏门广泛用于宫殿、府邸、民居、寺院、衙署等处所，一般至少有四扇。比较规整的屏门会按门高来定其厚度，一般对应的尺寸标准是门高一丈，门扇板面要达二寸厚。屏门的四周有框,框内是板子,板了和板了之间用柱梢或者木梢拼接缝隙。屏门的背部会有四道穿平带。另外,有些屏门有双面的夹板,正反面一样,夹板中间是空的,北方人叫它鼓儿门。

规模较大的民居,一进入大门,迎面就是在后檐柱中间设立的四扇屏门。平常只把边侧的一扇门打开,碰到有婚丧嫁娶或来贵客时,就把中间的两扇门打开。比较讲究的人家,会在仪门设置一道屏门,一般位于前步柱和廊柱之间,出入时从左边进,右边出。即便是普通人家,也会在进入大门后设置一道比较简易的屏门。

在潮汕地区,把庭院厅堂和天井之间的隔断门称为屏门。此地的屏门非常有特点,每一套屏门都由六到十扇组成,数目视实际的空间距离而确定。但是无论怎么设置,屏门的扇数必须是偶数。

仰尘

仰尘[1]即古天花版也。多于棋盘方空画禽卉者类俗,一概平仰为佳,或画木纹,或锦,或糊纸,惟楼下不可少。

【注释】

[1] 仰尘:在《释名》一书中,解释天花板为"施于上,以承尘土也",故后也称天花板为"承尘"。

【译文】

仰尘即为古时候的天花板。大多都在天花板上像棋盘一样的格子里绘制花鸟图案做装饰,看起来有些庸俗。其实最好的是全部做成平整的,或在上面绘制木纹,或裱糊上锦帛,或用纸糊。楼下的房间里,一定不可缺少天花板。

【延伸阅读】

因为天花板有挡避灰尘的作用,所以也叫"承尘""仰尘"。为了起到装饰作用,上面通常会雕刻绘制有花纹,因此又叫天花板、天棚。古代的天花板,一般都呈棋盘格局,上面有龙凤、花卉和几何图案。藻井,是我国古代建筑中制作顶棚的一种特殊方法。它向房顶部隆起,类似一口井,有方形、多边形、圆形等不同形状。

藻 井

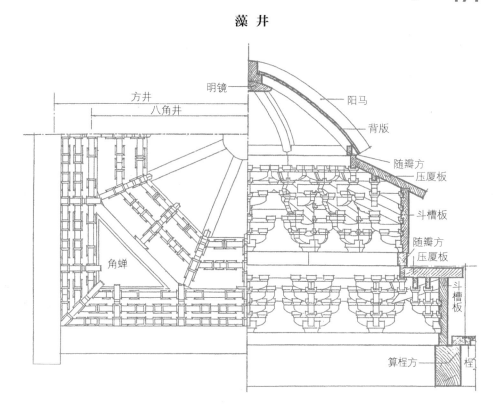

方井

八角井

明镜

阳马

背版

随瓣方

压厦板

斗槽板

随瓣方

压厦板

角蝉

斗槽板

算桯方

桯

一般在井形凹面的周围，会装饰有雕刻和绘画图案。

藻井这种极具中国民族风格的室内造型手段，在两千年前就出现了。在发掘出的汉代墓室顶棚上，就有藻井的造型，上面雕刻绘制着莲类的水草，像莲叶、菱角等等。为什么要做成井的形状呢？古代典籍《风俗通》里有记载："井者，东井之像也；藻，水中之物，皆取以压火灾也。"原来，中国古代建筑多为木结构，最怕火灾，古人是想用一些代表着水的意象的东西，来预防和抑制火灾的发生。当然，这只是一种美好的意愿。

这种做法的背后，其实还有深层次的原因。中国自古就有天圆地方的说法，这种藻井天棚，正印合了这样的传统观念。

户槅

古之户槅[1]，多于方眼而菱花者，后人减为柳条槅，俗呼"不了窗"[2]也。兹式从雅，予将斯增减数式，内有花纹各异，亦遵雅致，故不脱柳条式。或有将栏杆竖为户槅，斯一不密，亦无叮玩[3]，如棂空[4]仅阔寸许为佳，尤阔类栏杆风窗者去之，故式于后。

【注释】

〔1〕户槅："槅"既可指窗户上木质雕镂的格子，也指房子上、器具上的槅板。此处是指门窗上可以裱糊窗纸的格子。

〔2〕不了窗：一种窗户样式的称呼。

〔3〕可玩：可以供人赏玩的地方。

〔4〕棂空：指窗棂之间的空格。

【译文】

古时候的户槅，很多都是于方孔之内排布菱花形状，后来人们把它简化成柳条样式，俗称"不了窗"。为了追求雅致效果，我在它的基础上增减改动了一下，变化出新的式样，尽管里面的花纹都不一样，但都符合雅致的审美标准，没有完全抛开柳条式的设计理念。有些人把栏杆立起来当成户槅，格子太过稀疏不好裱糊纸，视觉上也有比例失调的感觉，几乎失去了观赏价值。户槅上的格子间距在一寸左右最好，宽如栏杆、风窗的样式都予以去掉，我会把样式图在后面列出。

【延伸阅读】

槅，是指门窗上面用木质材料做成的槅状装修部件，还指器物的槅板。相传这种装修手法从宋代初期就有了，在宋朝和明朝时，称为格子门。到了清朝，被称为槅扇或者槅扇门。北方地区和江南的扬州称之为槅扇或格子，而苏州地区称之为长窗。明清之际，这种室内装饰物使用非常普遍，《金瓶梅》里就有"一面请去外方丈，三间敞厅，名曰松鹤轩，多是朱红亮槅"的描述。

宋代的《营造法式》中记载："两明格子门，其腰华板、格眼皆用两重。"但是到了清代，裙板和束腰一般都是单层的，很少有双层的。在样式选取方面，北方一般会用粗硕样式的，扬州讲究用挺健风格的，而苏州则喜欢风格秀长的。相对来讲，徽州民居的间口没有那么宽，所以在做槅扇的时候，用的材料不多，它的槅扇门一般比较细长，雕饰讲究细密繁复，而且在作为正间的厅堂前一般是不安装槅扇的。

《营造法式》格子门图样

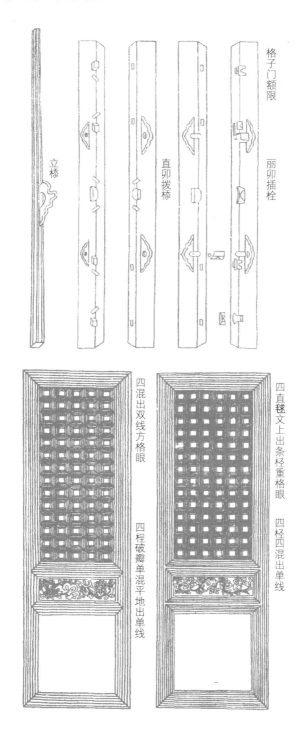

格子门额限

立桥

直卯拨桥

丽卯插栓

四混出双线方格眼

四直毬文上出条柽重格眼

四程破瓣单混平地出单线

四柽四混出单线

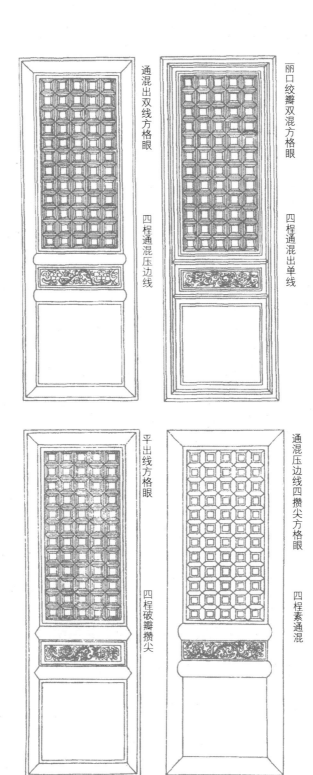

丽口绞瓣双混方格眼

通混出双线方格眼

四程通混出单线

四程通混压边线

通混压边线四攒尖方格眼

平出线方格眼

四程素通混

四程破瓣攒尖

风窗

风窗，槅棂之外护，宜疏广减文[1]，或横半，或两截推关，兹式如栏杆，减者亦可用也。在馆为"书窗"，在闺为"绣窗"。

【注释】

〔1〕减文："减"指减少，简化；"文"指文彩、修饰。

【译文】

风窗是安在窗棂外面的一种护窗，图式应该稀疏宽阔，体现一种简约的美感。或是制作成半截横窗，或者做成上下分开的支摘窗。它的样式和栏杆一样，那些简洁的栏杆图案也可以用。用在书房的风窗被称为"书窗"，用于闺房的则叫"绣窗"。

【延伸阅读】

风窗在南方地区比较普遍，因为南方夏季多雨潮湿，易生蚊虫，而且天气比较炎热，因此用这样的窗子来挡虫、通风。

风窗的结构比较简单，样式却比较丰富，有冰裂式、半截式、两截式、三截式、梅花式、梅花束腰式，一般安在厅堂槅扇——也就是长窗之外。冬季还可以裱糊上窗纸或玻璃纸，能起到防寒的作用。它的构造和长窗一样，宋代的《营造法原》记载："有于正间居中，照二扇长窗阔度，另立边枕，配一阔窗，其中部辟一长窗(门扇)，单面开关者，称为风窗。"

风窗样式和栏杆很相似，一般栏杆上雕刻的花纹图案，也可以用到风窗上。风窗的别名和它所安装的处所相关，如果安装在闺房之外，就叫作"绣窗"，《红楼梦》林黛玉所作《葬花吟》中有一句便是："游丝软系飘春榭，落絮轻沾扑绣帘。"

风窗·装折图式

长槅式

古之户槅棂[1]版[2]，分位定于四、六者，观之不亮。依时制，或棂之七、八，版之二、三之间。谅[3]槅之大小约桌几之平高，再高四、五寸为最也。

【注释】

〔1〕棂：指户槅上部的格子，也被称为"棂空"。

〔2〕版：指门扇上的裙板，即户槅上用平板做成的下半部分，也被称作"平板"。

〔3〕谅：衡量，根据。

【译文】

古时的户槅，上端的棂空和下端的平板，占据比例分别为四分和六分。

如果裙板太高，屋内的光线就不充足。如今做户槅，棂空比例占到七八分，

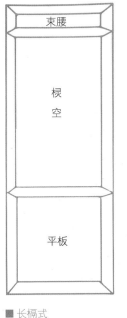

■ 长槅式　　　　　　　■ 短槅式

而平板的比例只占二三分。要根据槅扇的大小而定,裙板和一般桌几的高度要一样,至多也不要超过四五寸。

短槅式

古之短槅,如长槅分棂版位者,亦更不亮。依时制,上下用束腰[1],或版或棂可也。

【注释】

〔1〕束腰:指镶在门窗槅棂上下部的木条,为横放的窄长方形板条,形状像腰带,因此被称作束腰。

【译文】

古时的短槅,假如像做长槅一样做棂空和裙板,屋里就更不亮堂了。如今的制作方式是在上下两端用束腰,在束腰之间镶嵌木板或者是棂,比较合适。

风窗·槅棂式

户槅柳条式

时遵柳条槅,疏而且减,依势变换,随便摘用。

【译文】

如今人们都喜欢做柳条式的户槅,这种款式棂条稀疏,图案简洁美观,依照此式可变化出多种样式,可以根据实际情况随意选用。

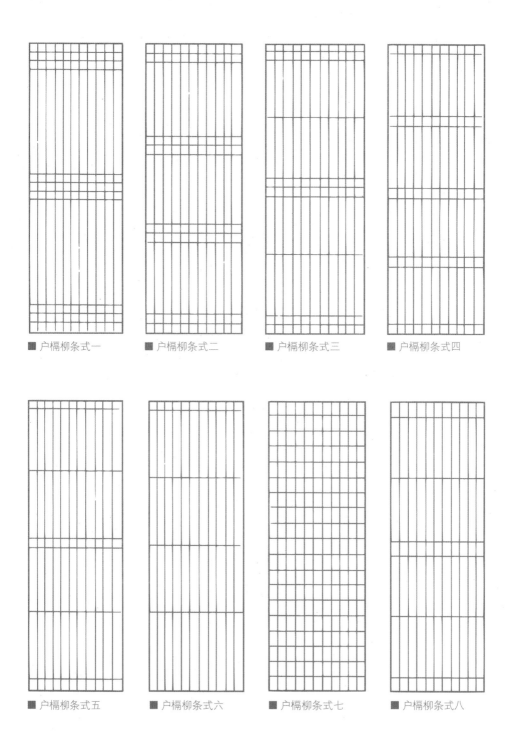

■ 户槅柳条式一　　　■ 户槅柳条式二　　　■ 户槅柳条式三　　　■ 户槅柳条式四

■ 户槅柳条式五　　　■ 户槅柳条式六　　　■ 户槅柳条式七　　　■ 户槅柳条式八

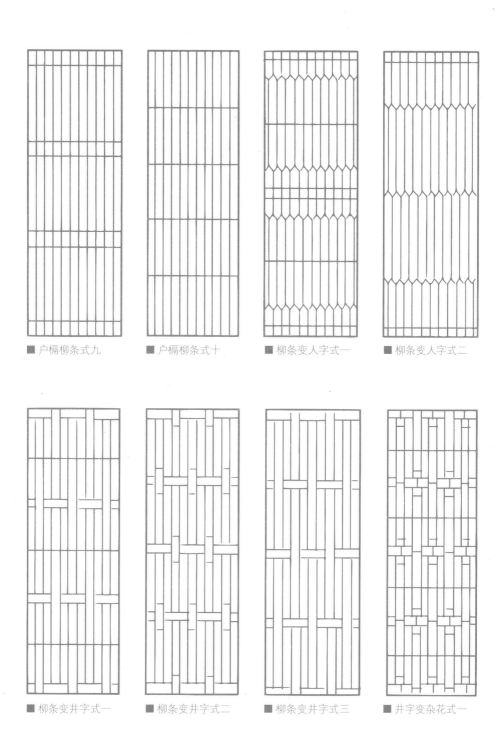

■ 户榻柳条式九　　■ 户榻柳条式十　　■ 柳条变人字式一　　■ 柳条变人字式二

■ 柳条变井字式一　　■ 柳条变井字式二　　■ 柳条变井字式三　　■ 井字变杂花式一

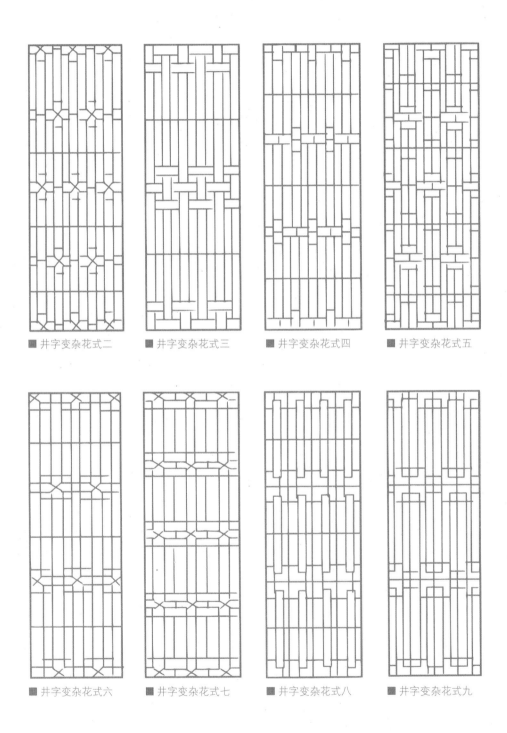

■ 井字变杂花式二　　■ 井字变杂花式三　　■ 井字变杂花式四　　■ 井字变杂花式五

■ 井字变杂花式六　　■ 井字变杂花式七　　■ 井字变杂花式八　　■ 井字变杂花式九

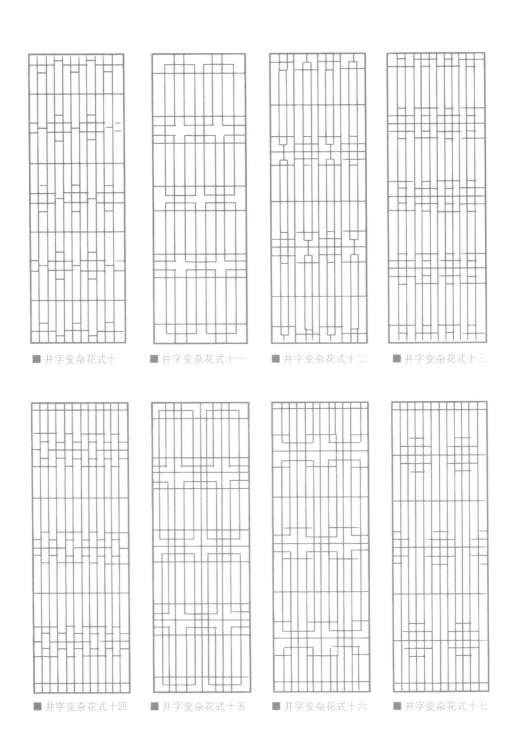

■ 井字变杂花式十　　■ 井字变杂花式十一　　■ 井字变杂花式十二　　■ 井字变杂花式十三

■ 井字变杂花式十四　　■ 井字变杂花式十五　　■ 井字变杂花式十六　　■ 井字变杂花式十七

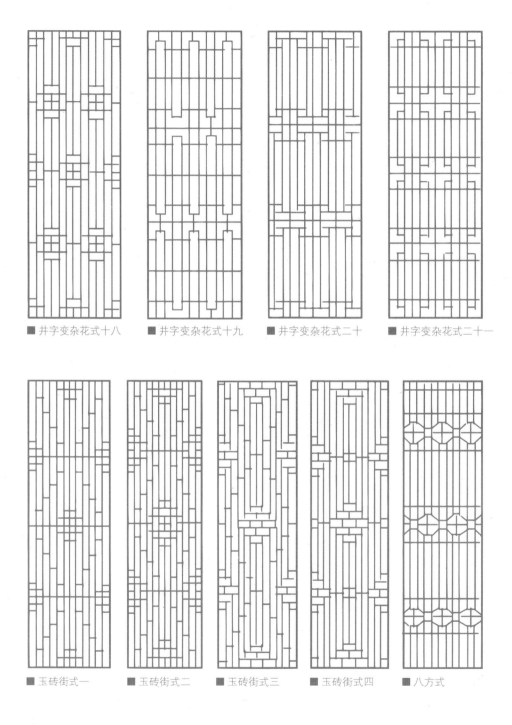

■ 井字变杂花式十八　　■ 井字变杂花式十九　　■ 井字变杂花式二十　　■ 井字变杂花式二十一

■ 玉砖街式一　　■ 玉砖街式二　　■ 玉砖街式三　　■ 玉砖街式四　　■ 八方式

束腰式

如长槅欲齐短槅并装，亦宜上下用。

【译文】

假如把长槅和短槅一起安装，就应该让长槅和短槅式样统一，长槅上部和下部也用束腰。

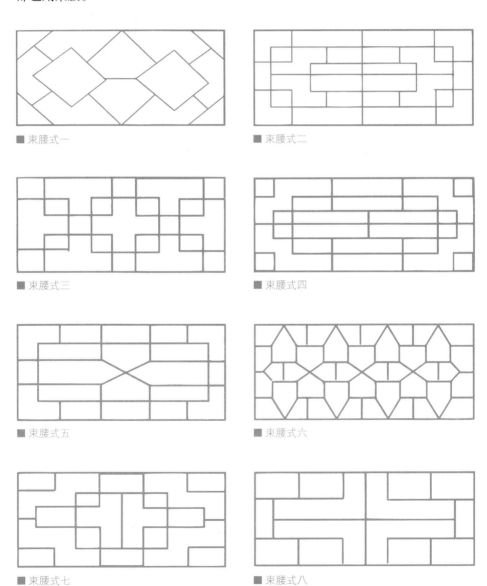

■ 束腰式一

■ 束腰式二

■ 束腰式三

■ 束腰式四

■ 束腰式五

■ 束腰式六

■ 束腰式七

■ 束腰式八

风窗式

风窗宜疏，或空框糊纸，或夹纱〔1〕，或绘，少饰几棂可也。检栏杆式中，有疏而减文，竖用亦可。

【注释】

〔1〕夹纱：在窗框中夹上一层透光性好的纱，不糊窗纸。还可在风窗上做两层棂，中间糊上纱，则风窗无论从里面或外面看，都很美观。

【译文】

风窗上的格子适合做得稀疏一些，可以在空窗框中糊上纸，或者夹上一层透光的薄纱，也可以绘制图画，也可以少装饰些棂子。栏杆中那些款式稀疏不密的，也可以竖立起来做风窗。

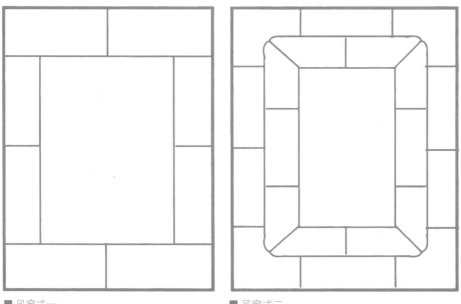

■ 风窗式一   ■ 风窗式二

冰裂式

冰裂，惟风窗之最宜者，其文致减雅，信画^[1]如意，可以上疏下密之妙。

【注释】

〔1〕信画：随意画。

【译文】

冰裂样式的图案最适合用在风窗上面,这种纹样简单优雅,可以随意信笔画出,图案以上面稀疏下面繁密者为好。

两截式

风窗两截者，不拘何式，关合如一为妙。

【译文】

两截式的风窗,不论哪种样式,都以关合后上下部图案能成为一个整体的为好。

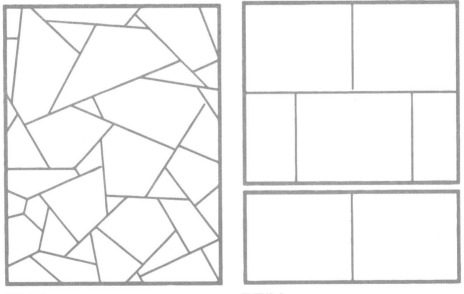

■ 冰裂式   ■ 两截式

三截式

将中扇挂合上扇，仍撑上扇不碍空处。中连上，宜用铜合扇[1]。

【注释】

[1] 铜合扇：一种用铜做成的铰链，以两片金属钩连起来，以便于门窗的开合。古时也叫"屈戌"，今称"铰链""合页""活扣"。

【译文】

三截式的风窗，是把中间一扇和上面一扇连接起来，开窗时，把上面的那扇撑起来，中间那扇就随之折起，这样不会多占空间。连接上扇和中扇，用铜质铰链最好。

梅花式

梅花风窗，宜分瓣做。用梅花转心[1]于中，以便开关。

【注释】

[1] 梅花转心：一种梅花形状、中心可以转动的铰链，做开启关闭风窗之用。

【译文】

梅花形状的风窗，每一瓣都需要分开做，然后把一种梅花造型的转心安在窗户中间部位，可以灵活开关风窗。

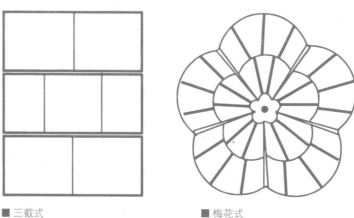

■三截式　　　　　　　　　■梅花式

梅花开式

连做二瓣，散做三瓣，将梅花转心，钉一瓣于连二之尖，或上一瓣、二瓣、三瓣，将转心向上扣住。

【译文】

梅花开式的风窗，下端的两瓣连成一个整体，剩下的三瓣要分别做。把梅花转心钉在位于下端两瓣相连的窗扇的尖上，之后可以把分散做的三瓣安上，安一瓣、两瓣、三瓣都可以。全部安好之后，把转心朝上旋转，就可以把上面的窗扇扣住固定。

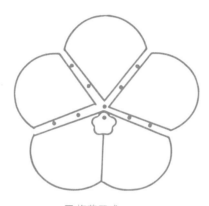

■ 梅花开式

卷 二

李渔说："窗栏之制，日异月新，皆从成法中变出，腐草为萤，实且至理，如此则造物生人，不枉付心胸一片。"

好的栏杆装饰，对园林建筑能起到画龙点睛的作用。本卷记载了上百种栏杆样式，大都为江南园林必备式样。

栏 杆

栏杆是把人和环境联系起来的一种重要工具，它让人在室外倚栏观景，是人与自然进行心灵对话的桥梁和依托。

栏杆信画[1]化而成，减便为雅。古之回文[2]万字[3]，一概屏去，少留凉床[4]佛座[5]之用，园屋间一不可制也。予历数年，存式百状，有工而精，有减而文，依次序变幻，式之于左[6]，便为摘用。以笔管式为始，近有将篆字[7]制栏杆者，况理画[8]不匀，意不联络[9]。予斯式中，尚觉未尽，尽可粉饰[10]。

【注释】

〔1〕栏杆信画：信手随意地绘制出栏杆的图式。

〔2〕回文：指一种回字形接连重复的花纹样式。

■〔明〕仇英 汉宫春晓图（局部）

〔3〕万字：花纹的一种，呈卍字形状。

〔4〕凉床：夏季用的一种床榻，以竹木或者藤条编制而成。

〔5〕佛座：佛堂之中专门放置佛像的一种座托，称为须弥座。

〔6〕于左：在左侧，这里指后面的文字。古时候书籍文字的编排顺序是从右到左，右边为前面的内容，左边是后面的内容。

〔7〕篆字：指在栏杆上雕刻篆字花纹。

〔8〕理画：笔画纹理。

〔9〕意不联络：构成图案的线条气韵不连贯。

〔10〕粉饰：修饰美化。

【译文】

栏杆的款式可以随心所欲地绘制出来，以简单而便于制作为雅。古时人们所用的回文或者卍字形的样式，现在都摈弃不用，只是在凉床或者须弥座的装饰中才会用到，不再用于园林的房屋装折上。我在几年的实践中积攒了一百种栏杆图样，有些看起来工致精巧，有些则简朴文雅，按照图案的变化次序，我在后面会绘制图样，以供人们参考选用。这些图样从笔管式开始，近几年有些人用篆字图形来做栏杆纹样，不但构图上不均匀，图形线条也气韵不连。我绘制的图样里，可能会有一些不甚美观的款式，在参照适用的时候可以灵活改动。

【延伸阅读】

栏杆，在古时候也称为栏干或勾栏，是安装在桥梁或者建筑上的一种安全设施，也兼有装饰的作用。在使用过程中，栏杆有分隔和导向作用，它让所分隔的区域边界显得非常明晰。那些经过精雕细琢的栏杆，本身就是一种美好的景观。

栏杆的产生应该比较早，从已发掘的周代礼器上，就发现有和栏杆形式很像的构件。汉代以卧棂式的栏杆最为常见，而六朝时期比较流行的是钩片勾栏。元明清时期的木质栏杆还显得比较纤细，而石质栏杆开始慢慢脱离木质栏杆的风格，逐渐向敦实厚重风格演变。清代末期，西方样式的栏杆开始在中国出现，它的尺寸和装饰与中国传统栏杆不同，丰富了中国栏杆的样式，使现代的栏杆从材质到造型上，都更为多样化。

【名家杂论】

"雕栏玉砌应犹在，只是朱颜改。"这句诗为中国历史上最有文采的帝王南唐后主李煜所写，它也反映了古代栏杆文化对文人的深刻影响。李煜所写的"玉砌"，指的是用白色大理石砌筑的建筑阶基，又称为台基，而"雕栏"指的是安置在阶基之上的石质栏杆。

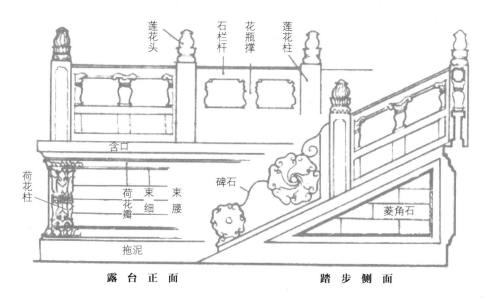

■ 露台石栏杆及金刚座图

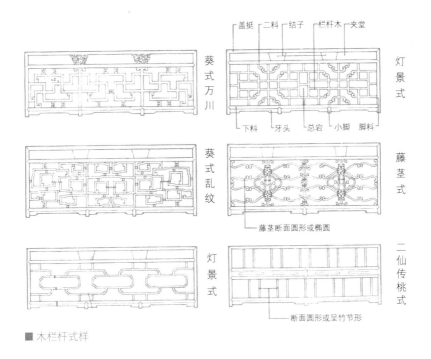

盖挺　二料　结子　栏杆木　夹堂

灯景式

葵式万川

下料　牙头　总宕　小脚　脚料

藤茎式

葵式乱纹

藤茎断面圆形或椭圆

二仙传桃式

灯景式

断面圆形或呈竹节形

■ 木栏杆式样

　　尽管石质栏杆出现得比较晚，但它在很多宫殿、寺宇中发挥了重大作用。目前发现的中国最古老的石栏杆是隋代安济桥上的石栏杆，以及五代时期在南京栖霞寺中舍利塔上建造的石栏杆。它们在造型上，都是仿造木栏杆。和木栏杆相同，石栏杆一般由望柱和栏板构成。望柱又被称为栏杆柱，是设置在栏板之间的短柱子，分为柱身和柱头两个部分，柱身在宋代多是八角造型，到了清代发展为以四方形为主。望柱的柱身上会雕刻花纹，在宋代和清代的一些官方建筑上，特别是非常重要的建筑上，要用龙纹来装饰石柱；也有力士或仙人形象的花纹。在柱头上也会有装饰物，如龙凤纹、云纹、狮子纹、莲花纹、葫芦纹等。栏杆每一根望柱下面，都要有一个龙头形状的排水口石条，叫螭首。

　　总之，官方石栏杆的造型有些定式化。不过在民间或江南私家园林的建筑中，石栏杆的造型多变，并不受木质栏杆造型的影响和限制。

　　从人文意义上来说，人在室外倚栏观景，栏杆也就成为人与自然进行心灵对话的桥梁和依托。古往今来，基于栏杆的诗词不胜枚举，如"怒发冲冠凭栏处，潇潇雨歇""梳洗罢，独倚望江楼，过尽千帆皆不是，斜晖脉脉水悠悠，肠断白蘋洲""把吴钩看了，栏杆拍遍，无人会登临意"等等。

栏杆图式

笔管式

栏杆以笔管式为始，以单变双，双则如意变画，以匀而成，故有名。无名者恐有遗漏，总次序记之，内有花纹不易制者，亦书做法，以便鸠匠^[1]。

【注释】

〔1〕鸠匠：一般的工匠。

【译文】

栏杆的样式，是从笔管式开始的，由单式变作双式，再由双式变化成其他款式，依次绘制而成，变化不离其本，所以都称为笔管式。那些变化太大无法命名的，恐怕会被疏漏掉，因此汇总起来绘制成图式。此中也有制作起来较为困难的花形图案，我会把制作方法写出来，方便工匠们制作。

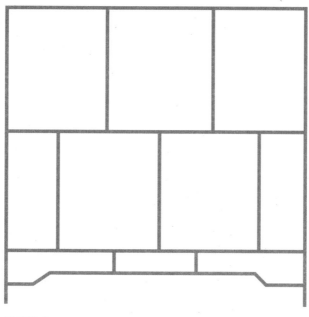

■ 笔管式

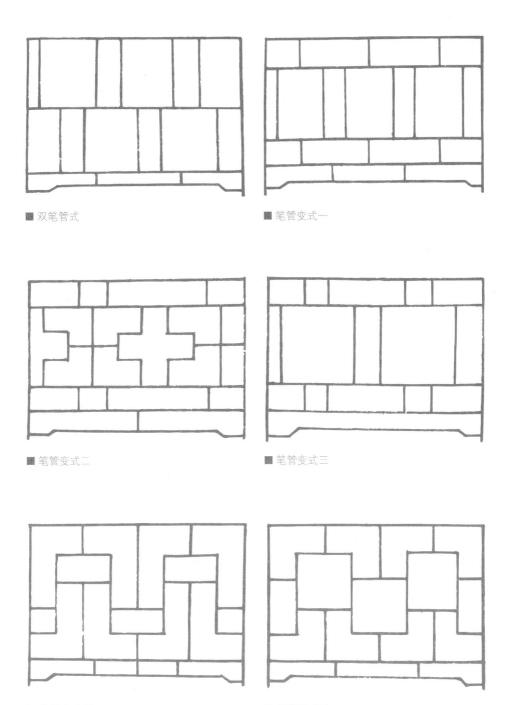

■ 双笔管式

■ 笔管变式一

■ 笔管变式二

■ 笔管变式三

■ 笔管变式四

■ 笔管变式五

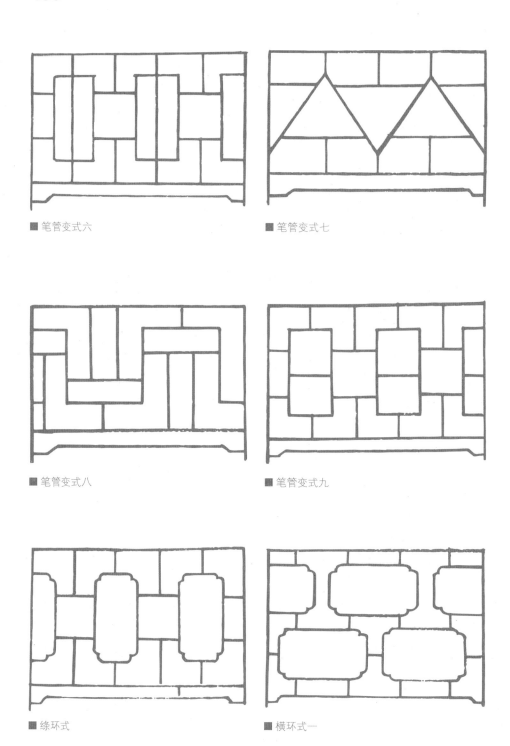

■ 笔管变式六

■ 笔管变式七

■ 笔管变式八

■ 笔管变式九

■ 绦环式

■ 横环式一

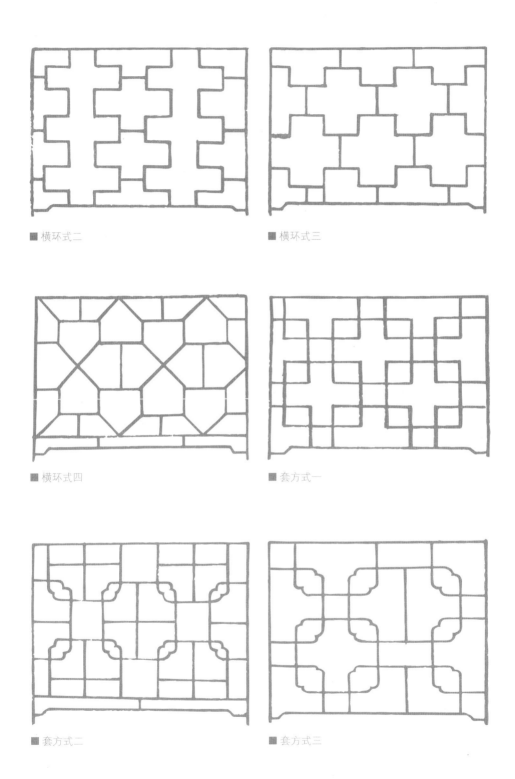

■ 横环式二

■ 横环式三

■ 横环式四

■ 套方式一

■ 套方式二

■ 套方式三

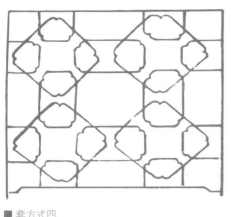

■ 套方式四

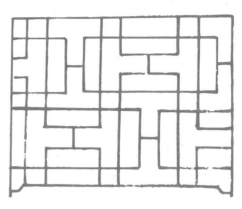

■ 套方式五

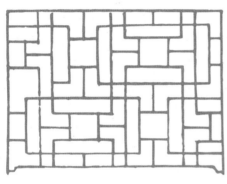

■ 套方式六

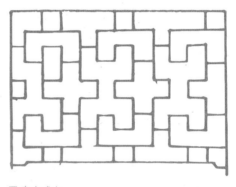

■ 套方式七

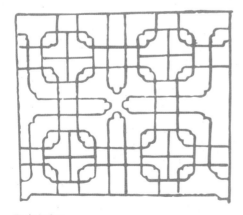

■ 套方式八

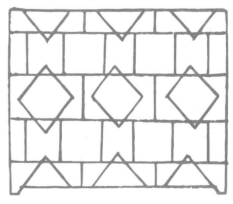

■ 套方式九

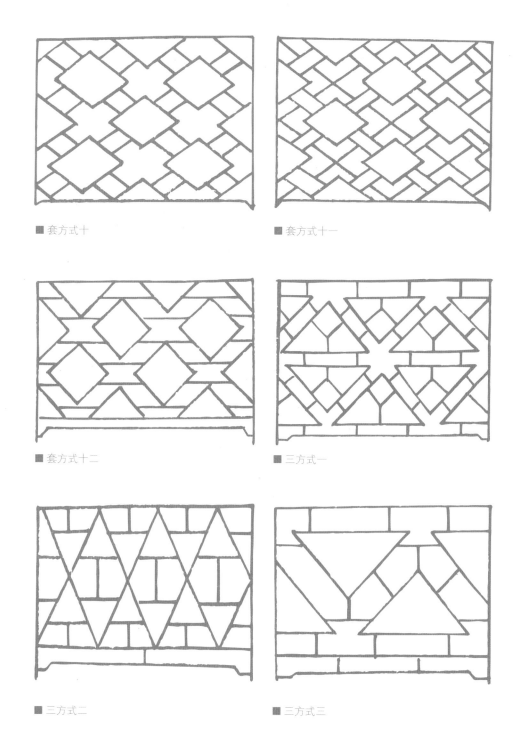

■ 套方式十　　　　　　　　　　　■ 套方式十一

■ 套方式十二　　　　　　　　　　■ 三方式一

■ 三方式二　　　　　　　　　　　■ 三方式三

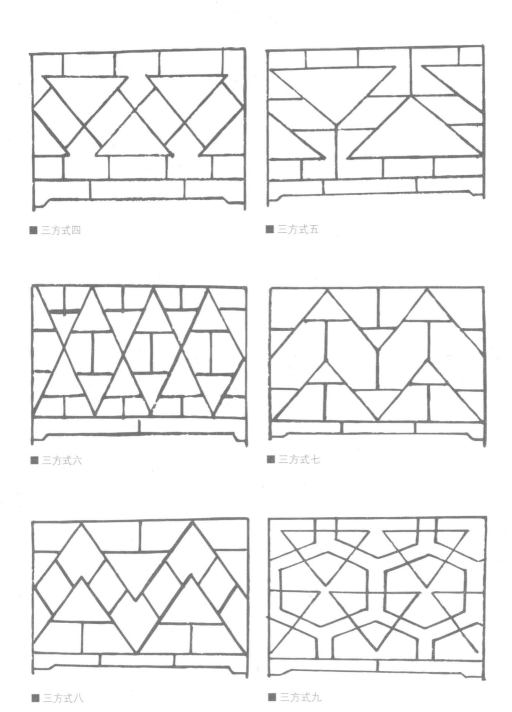

■ 三方式四

■ 三方式五

■ 三方式六

■ 三方式七

■ 三方式八

■ 三方式九

锦葵式

先以六料攒心[1]，然后加瓣，如斯做法。斯一料攒心。斯一料瓣[2]。

【注释】

〔1〕攒心：把小的料件攒集成花心。

〔2〕料瓣：在花心外面围斗制成花瓣。

【译文】

先把六个小的料件攒集在一起，拼制成心，之后再用料件制作花瓣，这就是锦葵式的做法，如（1）。（2）这种料件是供攒集花心而用。（3）这种料件是拼制花瓣用的。

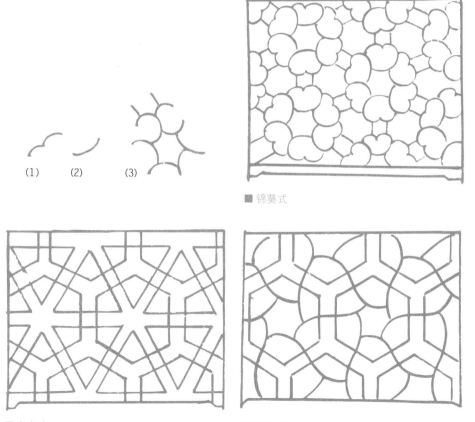

(1)　　(2)　　(3)

■ 锦葵式

■ 六方式

■ 葵花式一

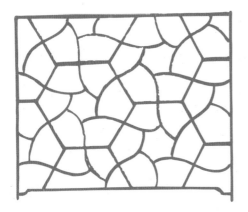

■ 葵花式二

■ 葵花式三

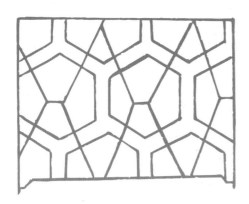

■ 葵花式四

■ 葵花式五

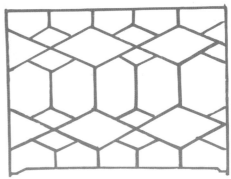

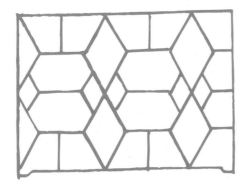

■ 葵花式六

波纹式

为斯一料可做。

【译文】

只使用这一种料件就可以做成。

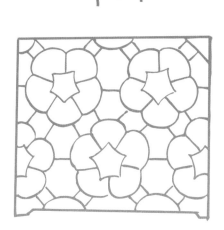

■ 波纹式

梅花式

用斯一料，瓣料直[1]，不攒[2]榫眼[3]。

【注释】

〔1〕料直：制作栏杆的小部件，形状笔直。

〔2〕攒：同"钻"，指在木材上钻眼。

〔3〕榫眼：在木材上钻凿出孔眼，便于零部件的拼接安装。

【译文】

只用这一种料件，花瓣之间用直料拼接，不用再在上面钻榫眼。

■ 梅花式

■ 镜光式一

■ 镜光式二

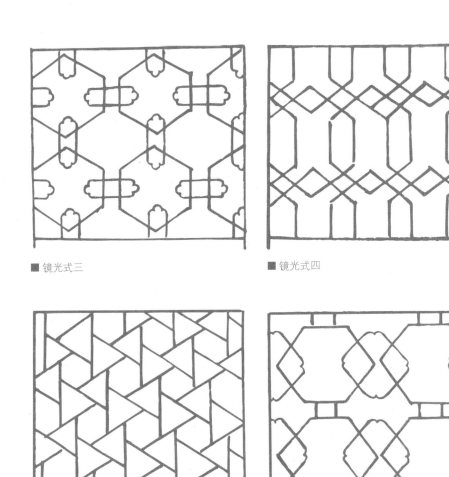

■ 镜光式三

■ 镜光式四

■ 冰片式一

■ 冰片式二

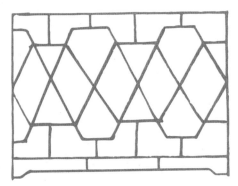

■ 冰片式三

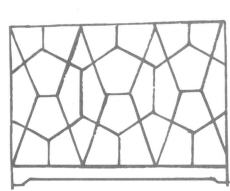

■ 冰片式四

联瓣葵花式

为斯一料可做。

【译文】

只使用这一种料件就可以做成。

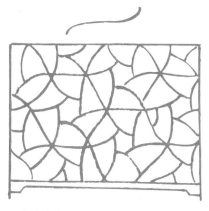

■ 联瓣葵花式一

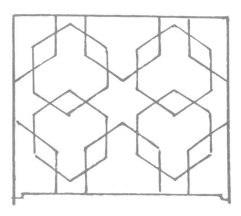

■ 联瓣葵花式二

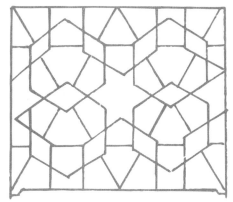

■ 联瓣葵花式三

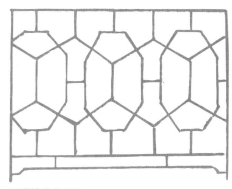

■ 联瓣葵花式四

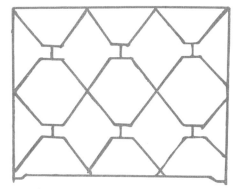

■ 联瓣葵花式五

尺栏式

此栏置腰墙[1]用，或置外。

【注释】

〔1〕腰墙：高及腰部的一种矮墙。

【译文】

这种栏杆样式可用在矮墙上，或放置在室外。

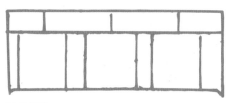

■ 尺栏式一

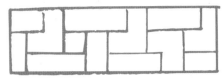

■ 尺栏式二

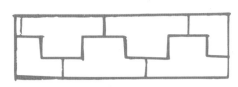

■ 尺栏式三

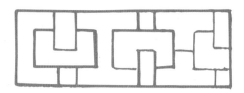

■ 尺栏式四

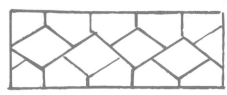

■ 尺栏式五

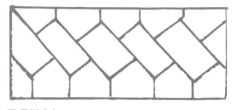

■ 尺栏式六

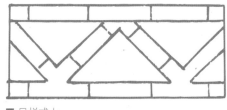

■ 尺栏式七

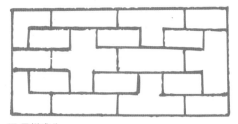

■ 尺栏式八

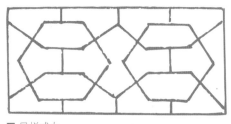

■ 尺栏式九

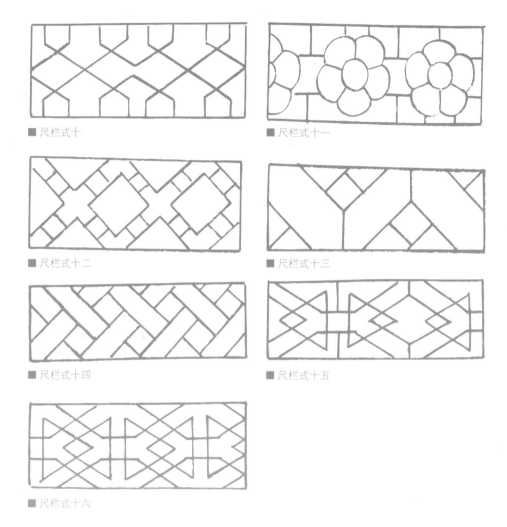

■ 尺栏式十　　　　　　　■ 尺栏式十一

■ 尺栏式十二　　　　　　■ 尺栏式十三

■ 尺栏式十四　　　　　　■ 尺栏式十五

■ 尺栏式十六

短栏式

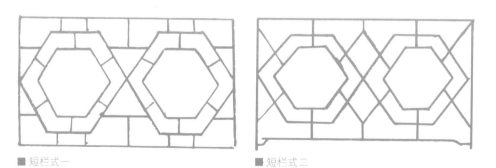

■ 短栏式一　　　　　　　■ 短栏式二

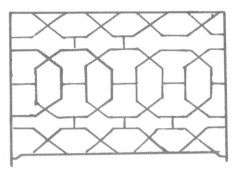

■ 短栏式三

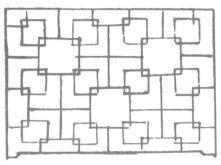

■ 短栏式四

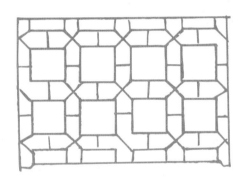

■ 短栏式五

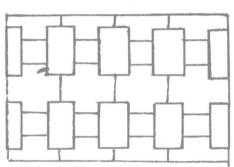

■ 短栏式六

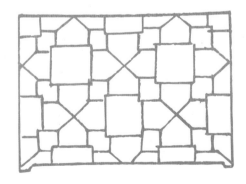

■ 短栏式七

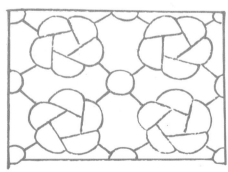

■ 短栏式八

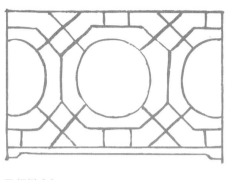

■ 短栏式九

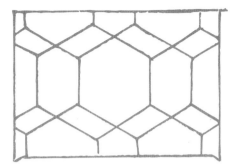

■ 短栏式十

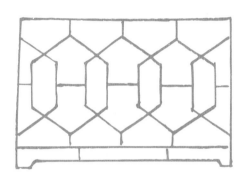

■ 短栏式十一

■ 短栏式十二

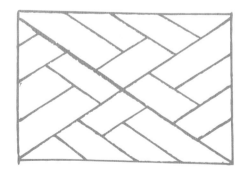

■ 短栏式十三

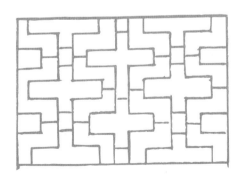

■ 短栏式十四

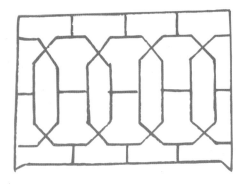

■ 短栏式十五

■ 短栏式十六

■ 短栏式十七

短尺栏式

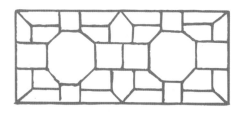

■ 短尺栏式一

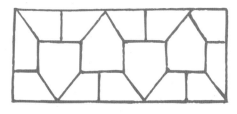

■ 短尺栏式二

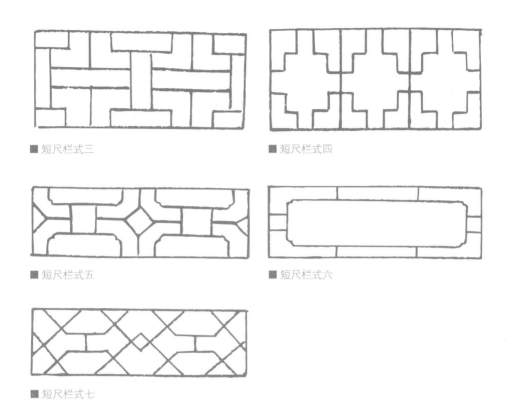

■ 短尺栏式三

■ 短尺栏式四

■ 短尺栏式五

■ 短尺栏式六

■ 短尺栏式七

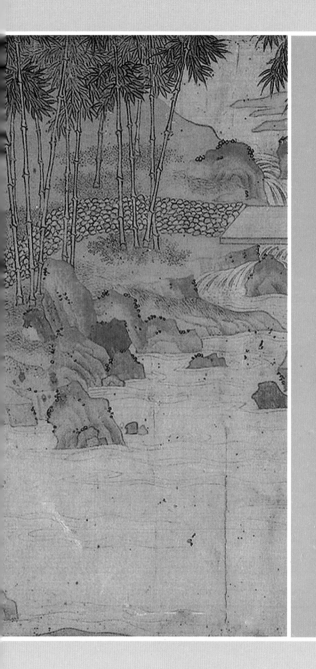

卷 三

本卷有门窗、墙垣、铺地、掇山、
选石、借景六篇，分门别类论述
了园林中门窗样式及装饰、墙垣
垒筑的法则、各种场景的地面铺
设、假山的建造、山石的选择，
以及园林建造的核心要素——借
景，并在最后简要述说了个人的
造园情感。

门 窗

地域不同，建筑风格和装折风格会不同，门窗的形状也会有所差异。如在侨乡福建和广东一带，人们喜欢用彩绘来装饰房屋建筑，这些地方的门窗也会出现色彩感很强的漆绘装饰。

■〔宋〕佚名 仙馆秾花图

门窗磨空[1]，制式时裁[2]，不惟屋宇翻新，斯谓林园遵雅。工精虽专瓦作[3]，调度[4]犹在得人，触景生奇，含情多致，轻纱环碧，弱柳窥青。伟石迎人，别有一壶天地[5]；修篁弄影，疑来隔水笙簧[6]。佳境宜收，俗尘安到。切记雕镂门空[7]，应当磨琢窗垣；处处邻虚，方方侧景。非传恐失，故式存余。

【注释】

〔1〕磨空：用磨砖把没有门扇和窗扇的门窗填镶起来。空，指的是不装门扇和窗扇。

〔2〕时裁：时下流行的时尚款式。

〔3〕瓦作：即瓦匠。

〔4〕调度：调遣安排。

〔5〕一壶天地：喻指园林虽小，却诸景皆备。

〔6〕笙簧：笙是一种吹奏乐器，簧是藏在笙里使其发音的金属片。此处指风吹竹篁之声像是吹奏笙时发出的乐音。

〔7〕门空：门洞。

【译文】

园林中的门空和窗空，要用磨砖进行镶嵌装饰，款式上要时尚新颖，使它们不单能为屋舍增添新意，也能让园林看起来雅致美观。虽然精细的做工需靠瓦匠

■〔清〕佚名 翠溪雅集图

的技艺，但要想做到意趣风雅，还要靠高水平的设计师主持修建。有感于周边景物产生奇思妙想，能够营造出无尽雅致情趣。窗纱之外可见幻梦般的碧水绿野，透过柳叶窗棂可望见青黛远山。伟岸奇峻的大石迎人入园，石后别有奇景；一丛修竹随风摇动，光影变幻无穷，耳边好似有隔水吹奏笙簧般的缥缈音乐声。应该把那些优美的景色尽收于户牖之内，将凡俗之气隔绝在外。门空上不用雕饰镂刻，应该把窗墙打磨雕饰一番。房屋和庭院处处都应留有空间余地，才能使每处都有可供观赏的景色。我怕时间长了那些建造门窗的技艺会失传，因此绘制出门窗的图样以留存后世。

【延伸阅读】

门，是指安装在单体建筑或者建筑群落上，供人出入的建筑构件。窗，指的是垒筑于墙体之上、保证室内光线充足和空气流通的建筑构件。在园林之中，门窗除了本身的功能之外，还有重要的装饰和点景功能。

园林中的门可以分为园林大门、垂花门、洞门、隔扇门等多种类型。它们所处的位置以及开设的形状都要根据园林的实际情况决定，遵循园林建造的美学法

■〔南宋〕刘松年 山馆读书图

则。园林的窗，也分为不同的类型，一般有隔扇窗、支摘窗、什锦窗、漏窗、洞窗、景窗、假窗这几种。

园林门窗不光造型丰富多彩，制作工艺水平也非常高。这些优美的花纹图案、不同类型的造型风格，构成了园林中一道别样风景。此外，园林门窗还可以在园林的内外交流中起到媒介作用，将门窗敞开或者遮蔽，更能引发游者探幽览胜的兴趣。

【名家杂论】

门窗在古代的房屋装折中，起着极为重要的作用。李渔甚至在《闲情偶寄》中这样描述门窗的重要性："吾观今世之人，能变古法为今制者，其惟窗栏二事乎。"在古时候，大至宫殿建筑，小至文人园林建筑，古人都将装折视为能够显示自己审美标准的大事，而从室外可以直接看到、起到建筑"脸面"作用的门窗，更是成为建筑主人最为重视的装折重点。

魏晋之前，古人对门窗的要求并不高，能够开门闭户就可以了，至于是否有装饰无足轻重。到了宋代，随着中国家具制作的发展，门窗的装饰也开始空前发展起来。门窗逐渐从被忽视的地位走向被重视的地位，也逐渐规范化。人们开始重视门窗的实用性与装饰性并举；到了明清之际，门窗文化已经变成建筑装修艺术中的一个重要组成部分。

明代是中国古代家具制造的鼎盛时期，也带动门窗制作到了一个黄金时期。这个时期的门窗风格，以端庄典雅、朴实大气、曲线优美、造型简练而著称。它的纹饰充满了世俗意趣和鲜活的生活气息，能工巧匠门充分展开想象，使原本平淡无情致的窗大放光彩，呈现出万千风华，让人叹为观止。明式经典门窗风格的形成，和当时的社会、经济条件息息相关。明朝初期，手工艺水平开始提升，这无疑为门窗、家具等的制作提供了高水平的工匠条件。另外，郑和七下西洋，带回了很多优质木材，如花梨、香檀等，也为门窗制作提供了上好的材料。

当然，地域不同，建筑风格和装折风格也会不同，门窗的形状也会有所不同。在侨乡福建以及广东一带，人们喜欢用彩绘来装饰房屋建筑，而这些地方的门窗也会出现色彩感很强的漆绘装饰。而在江南水乡，人们对于清新素雅的风格更为青睐，门窗之上很少有浓墨重彩的图案，在审美上以原木色为佳。而浙江一带，门窗则以雕工精美著称，这里的门窗不论是浮雕还是透雕，在工艺水平上都要高于其他地区。

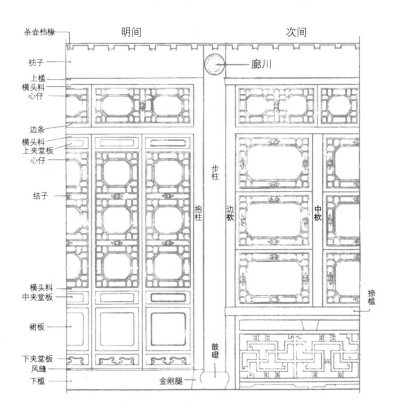

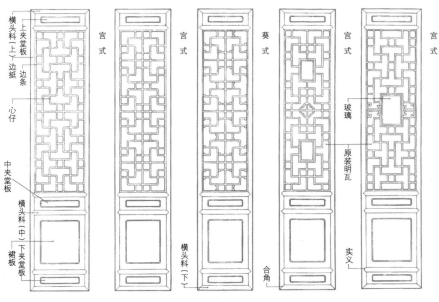

长　窗

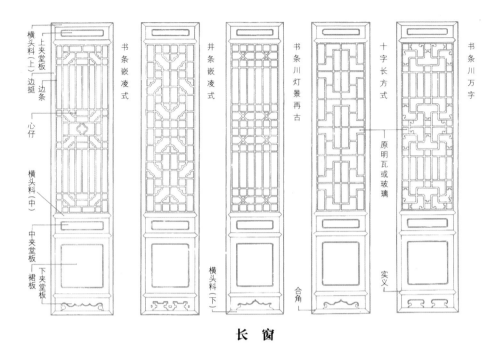

上排（从左至右）：

书条嵌凌式　　井条嵌凌式　　书条川灯景再古　　十字长方式　　书条川万字

横头料（上）、上夹堂板、边挺、心仔、横头料（中）、中夹堂板、下夹堂板、裙板、横头料（下）、合角、原明瓦或玻璃、实义

长　窗

下排（从左至右）：

软脚万字式　　回纹万字式　　龟纹六角式　　六角全景纹　　十字川龟景纹

横头料（上）、上夹堂板、边挺、心仔、横头料（中）、中夹堂板、下夹堂板、裙板、横头料（下）、合桃线、文武面、亚面、文武面、文武面、实义、合角

长　窗

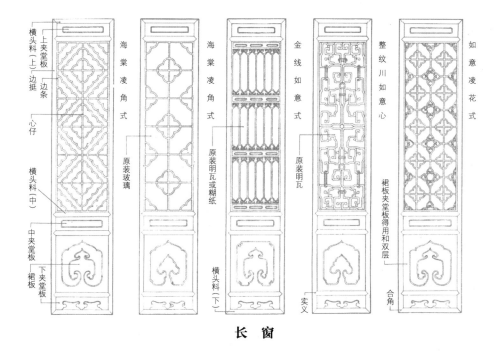

横头料（上）
上夹堂板
边挺
边条
心仔

横头料（中）

中夹堂板
下夹堂板
裙板

海棠凌角式

原装玻璃

海棠凌角式

原装明瓦或糊纸

横头料（下）

金线如意式

原装明瓦

整纹川如意心

裙板夹堂板得用和双层

实义

如意凌花式

合角

长　窗

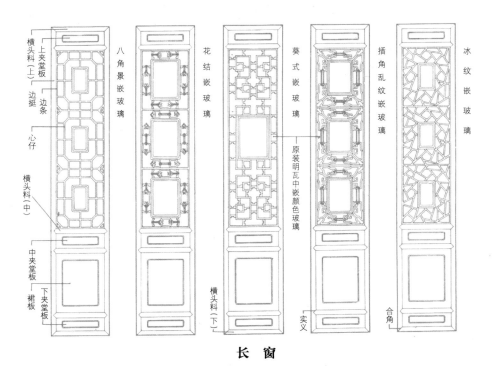

横头料（上）
上夹堂板
边挺
边条
心仔

横头料（中）

中夹堂板
下夹堂板
裙板

八角景嵌玻璃

花结嵌玻璃

横头料（下）

葵式嵌玻璃

原装明瓦中嵌颜色玻璃

实义

插角乱纹嵌玻璃

冰纹嵌玻璃

合角

长　窗

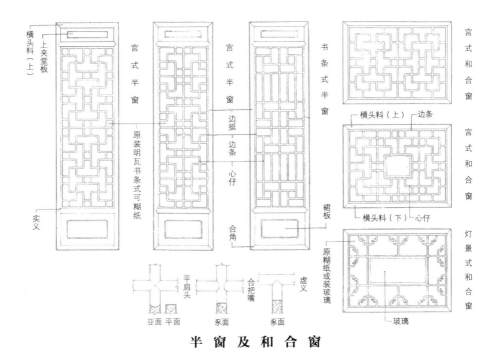

半 窗 及 和 合 窗

门窗空图式

方门合角式

磨砖方门，凭匠俱做券门，砖上过门[1]石，或过门枋者。今之方门，将磨砖用木栓[2]栓住，合角[3]过门于上，再加之过门枋，雅致可观。

【注释】

[1] 过门：在墙上做门时，为了承载上部墙体的重量，一定要用材料施于其上，如果是用石质的材料，就称为"过门石"，如果是木质材料，就称为"过门枋"。如今这种承重结构叫作"门窗过梁"。

[2] 木栓：木钉。《类篇》中对"栓"的解释是："栓者，贯物也。"

[3] 合角：在转角的地方拼制成四十五度的合角榫。

【译文】

用磨砖垒砌方门，以前单凭工匠意愿做成发券样式的，或者于门洞上端架设过门石，或者放置过门枋。如今的方门结构，会在门上端装过门枋，还在枋的两边及底部，用水磨砖包上，并且使两边和底部的水磨砖在转角处拼合起来成为四十五度的合角椎，显得优雅而美观。

圈门式

凡磨砖门窗，量墙之厚薄，校砖之大小，内空[1]须用满磨[2]，外边只可寸许，不可就砖，边外或石粉或满磨可也。

【注释】

〔1〕内空：指券门门洞的内墙。

〔2〕满磨：全部镶砌水磨砖。

【译文】

一般用磨砖砌筑的门窗，都要先测量墙身的厚薄，再测定砖头的尺寸，门窗洞内部的墙面，要完全使用水磨砖来镶砌。露出墙面的边框，宽度要控制在一寸左右，如此一来门框的曲线才能挺拔秀美，一定不能迁就砖头的厚度。边框之外的墙面，可以抹上石灰，也可以全部镶砌水磨石。

■ 圈门式

上下圈式〔1〕

【注释】

〔1〕上下圈式：这种门窗类型，是中间部分空，不安门槅，下面用石基，门框边用皮条样式，门框边之外的墙体刷成白色粉墙。

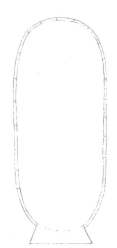

■ 上下圈式

莲瓣式、如意式、贝叶式

莲瓣、如意、贝叶，斯三式宜供佛所用。

【译文】

莲瓣、如意、贝叶，这三种样式的门窗，适合供奉佛像用。

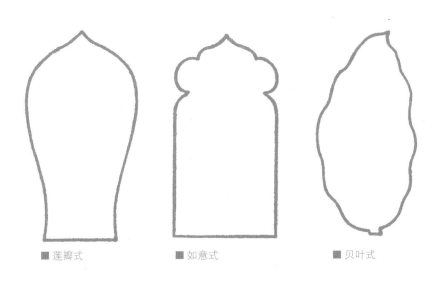

■ 莲瓣式　　　　■ 如意式　　　　■ 贝叶式

墙 垣

在建筑学上，墙是一种把空间围合起来的构件。在园林中，墙的作用更为突出。它不仅起到划分园区内外范围的作用，还起到了分隔园林内部空间，在借景中遮挡劣景的作用。

■〔清〕陈枚 圆明园山水楼阁图册（部分）

　　凡园之围墙，多于版筑[1]，或于石砌[2]，或编篱棘[3]。夫编篱斯胜花屏，似多野致[4]，深得山林趣味。如内，花端、水次[5]，夹径、环山之垣[6]，或宜石宜砖，宜漏[7]宜磨，各有所制。从雅遵时，令人欣赏，园林之佳境也。历来墙垣，凭匠作雕琢花鸟仙兽，以为巧制，不第林园之不佳，而宅堂[8]用之何可也。雀巢可憎，积草如萝[9]，祛之不尽，扣之则废，无可奈何[10]者。市俗村愚之所为也，高明[11]而慎之。世人兴造，因基之偏侧[12]，任而造之。何不以墙取头阔头狭[13]就屋之端正，斯匠主[14]之莫知也。

〔注释〕

　　〔1〕版筑：一种建土墙的方法，先在墙基上放置两侧相夹的木板，然后在两版之间填塞泥土，之后用重杵夯实。

　　〔2〕石砌：用石头来垒砌。

　　〔3〕编篱棘：用带刺的植物编成篱笆。

　　〔4〕野致：一种具有朴野之趣的艺术风格。

　　〔5〕花端、水次："花端"指的是花前，"水次"指的是水边。

　　〔6〕垣：低矮的墙。

　　〔7〕漏：指漏砖墙面，现在一般叫作"漏窗"。

　　〔8〕宅堂：住宅的厅堂。

　　〔9〕积草如萝：在围墙上有镂空雕刻的空格，上面落了尘土后，会长出杂草，还会落上败叶，像枯败的藤萝般悬挂着，影响美观。

　　〔10〕无可奈何：没有什么办法来处理。

　　〔11〕高明：见识广的人。

　　〔12〕偏侧：有偏缺，不齐整。

　　〔13〕头阔头狭：一头宽阔一头狭窄。

　　〔14〕匠主：既包括施工工匠，也包括园林设计者。

〔译文〕

　　园林的围墙，大多用泥土版筑，也有石头垒成的，或用带刺的绿植编成篱笆。用荆棘编成的绿篱，比栽种花木作为屏障要好得多。它富有朴野之趣，也有山林的韵味。在园林内，如果要在花前、水畔、路旁和山周围建造围墙，有的适合用石头垒砌，有的适合开出漏窗，有的适合贴上磨砖，做法各有不同。总而言之，做成式样优雅时尚、让人赏心悦目的墙体，才能成为园林中的一处胜景。

历来在垒筑墙体的时候，都是按照工匠们的意思在上面雕磨花鸟、神仙、怪兽等花纹，认为这就是精工细作了。但是这样的做法不但在园林中不妥，就是在宅堂前也不合适。因为经过雕镂的墙体，容易招来鸟雀筑巢，聒噪得让人心烦；而那些累积在镂空处的杂草败叶，悬挂如藤萝，不好清除掉，如果刮擦就会破坏墙砖，真是让人无计可施啊。在围墙上雕镂出繁密的花纹，是非常世俗村夫的做法，有见识的人要谨慎地采用。

人们在垒墙时，常会受地基偏斜不规整的限制，往往任意建造。不如在垒砌墙体时，用一端宽一端窄的形式，这样就可以保证园内屋宇端正了，这种布局建造的方式，是一般的工人和设计师都不懂的。

【延伸阅读】

在建筑学上，墙是一种把空间围合起来的构件。在园林中，墙的作用更为突出。它不仅起到划分园区内外范围的作用，还起到了分隔园林内部空间，并且在借景中遮挡劣景的作用。园林中的园墙在墙体的设计和位置布局上，不同于一般的墙壁，

■〔明〕仇英 汉宫春晓图（局部）

都有比较特殊的地方。

从造型设计来说，中国古典园林墙壁可以大致分为四种，分别是版筑墙、乱石墙、磨砖墙、白粉墙。这些墙面的位置设置上，也很有讲究。如果墙边有假山，那么园墙可以紧贴假山，使墙体看起来像是假山的一部分；或者让墙体远离假山，互为独立的构景点。园墙和园中水池之间，比较适合用小路隔开，或者用花木点缀其间，花木之影和墙体倒映在水面上，便会有意趣盎然的效果。

盛产竹子的地方，可以用竹子编成墙体，这样既可以节约资金，又可以体现地方特色；在乡野中建造园林，可以就地用荆棘条编成绿篱，也能产生一种朴野之趣。园墙位置设计，可以和当地的地形相结合，如果地势平坦，就建成平墙；如果起伏地势，就可以修成梯形墙。园墙虽有分隔院内外空间的作用，但是把这种界线式的墙体直接露出来，会显得生硬无趣，一般要用土山、花台，或者是树木山石等，把墙遮挡起来。如此一来，园内的空间才会有幽远无限的感觉。

另外不得不提的是，很多建造精巧的园墙，还能作为装饰品为园林增色。比如在墙上有名人刻的字画，就会让该墙产生人文艺术价值。苏州留园就有董刻二王字帖，这些石刻有四百多年的漫长历史，是非常珍贵的艺术品。园林墙上巧妙

使用漏窗、洞门、空窗等窗户，可以让明暗、虚实产生对比美感，也能让墙面造型更为丰富美观。

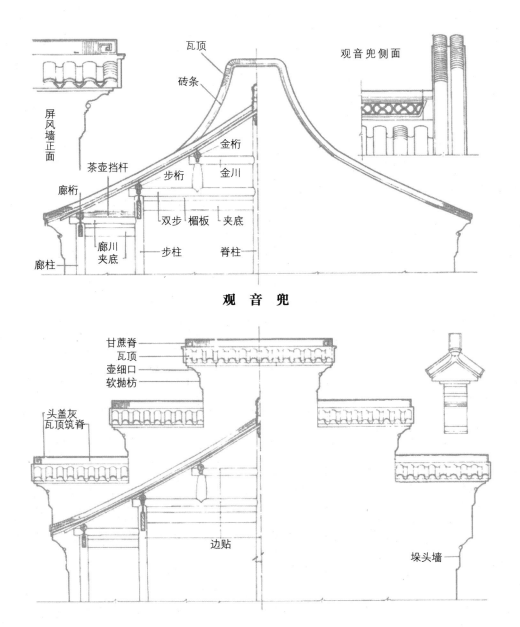

观 音 兜

五 山 屏 风 墙

墙垣式样

■ 菜园子土墙

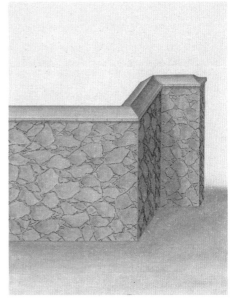

■ 虎皮石花围墙

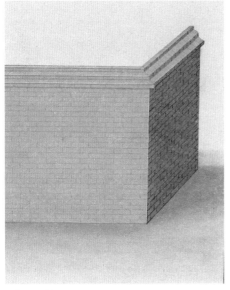

■ 帽儿砖墙

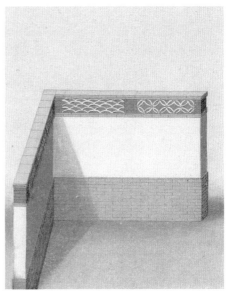

■ 花栏墙

■ 雕刻花墙

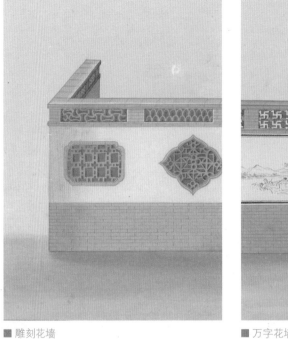

■ 万字花墙

■ 鉴砖花墙

■ 转角花墙

白粉墙

历来粉墙，用纸筋[1]石灰，有好时取其光腻，用白蜡[2]磨打者。今用江湖中黄沙，并上好石灰少许打底，再加少许石灰盖面，以麻帚[3]轻擦，自然明亮鉴人。倘有污积，遂可洗去，斯名"镜面墙"[4]也。

【注释】

〔1〕纸筋：拌石灰时，为了增加石灰浆的黏合度，会把一种粗草纸加到里面，称为纸筋。也有人把麻绳切碎拌到石灰浆里面，叫"麻刀灰"。

〔2〕白蜡：在女贞树上和白蜡树上，有一种叫白蜡虫的虫子，雄虫会分泌出一种可以为物品增加光泽的分泌物，称为白蜡。无论是在医药还是纺织品制作上，白蜡都属于重要原料，产于江南各地和四川、贵州、云南等地。

〔3〕麻帚：用麻绳捆扎而成的笤帚或刷子，后来也用稻草捆扎制成，用来刷墙。现在普遍用排笔粉刷刷墙。

〔4〕镜面墙：非常平整光滑的墙面，如同镜子一般。

【译文】

制作白粉墙的时候，历来都是用纸筋调在石灰浆里，然后粉刷。那些要求比较高的人，为了使墙面平整光滑，就会先涂上一层白蜡，再打磨平整并作抛光处理。如今则使用江湖水中的黄沙，再加之最好的石灰涂底，然后用少量的石灰浆涂到表面上，使用麻帛轻轻地擦刷，就可以让墙面光亮如镜面。假如墙面上有污点，可以用水来洗擦去除，这样的墙就叫"镜面墙"。

【延伸阅读】

在江南园林中，分隔院落空间时，经常会用白粉墙。这和江南建筑青睐素淡清雅的审美品位分不开。雪白的墙面配上青瓦，再加上清池碧柳，一幅画意淡雅的画面就被勾勒出来了。再则，在一个建筑群中，用白粉墙来衬托花木、山石、楼阁等景物，就像是在白纸上绘制山水画，意境非常幽美。

从古代起，人们对建造白粉墙的技艺进行了不断研究。为了让白石灰和墙面黏合得更好，古人想出了在石灰浆里加纸筋的办法，有效地防止了墙面石灰的脱落。有些讲究的人，会给墙面涂白蜡，并做打磨和抛光处理。这样做出来的白粉墙，光滑如镜面，观赏性提高了很多，而且易于打理。

墙垣砌法

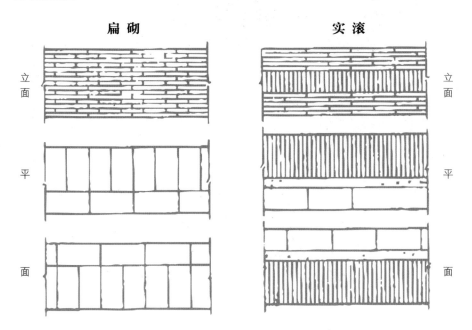

花 滚 单丁斗子

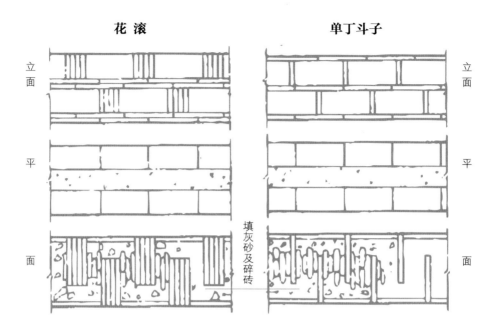

立面

平

面

填灰砂及碎砖

立面

平

面

实滚芦菲片 实扁镶思

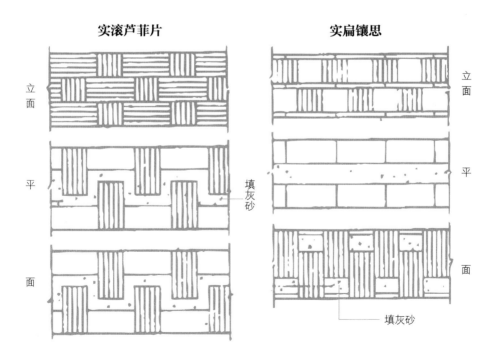

立面

平

面

立面

平

面

填灰砂

填灰砂

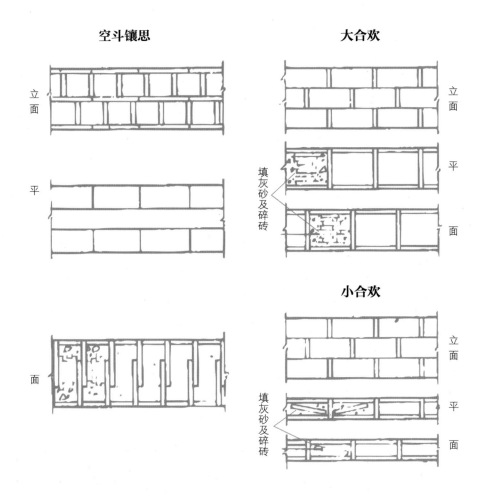

磨砖墙

如隐门照墙[1]、厅堂面墙[2]，皆可用磨或方砖吊角[3]；或方砖裁成八角嵌小方；或小砖一块间半块，破花[4]砌如锦样。封顶用磨挂方飞檐砖几层，雕镂花、鸟、仙、兽不可用，入画意者少。

【注释】

〔1〕照墙：又叫照壁、影壁，位于大门里面的则叫内照壁，用来遮挡院内的景物。

〔2〕面墙：也叫看面墙，指厅堂正对面的墙壁。苏南的工匠们把墙的正面叫"看面"。

　　〔3〕吊角：用砖块贴成斜着的方形，砖的上下角都位于中线之上，因此叫作"吊角"。

　　〔4〕破花：碎花，此处是指用不同样式的砖块贴砌成各样花形。

【译文】

　　用来遮蔽大门的影壁，以及垒砌在厅堂前面的面墙，都可以以斜角的形式，用水磨石或者方砖来贴砌。还可以把方砖磨切成八角样式，然后镶嵌在砖与砖之间的空隙里，或用一块方砖夹着半块砖，做成和云锦图案一样的花纹款式。如果墙头要封顶，就用水磨砖砌成几层飞檐，并且呈外挑状。切记不要在这样的墙面上镂刻花鸟、神仙、怪兽的形象，因为这样做很少能产生画意美。

【延伸阅读】

　　磨砖墙也叫"干摆墙"，是指把砖块的边缘按一定的规格磨掉一些，然后用灰泥等黏合物把砖块垒砌起来，形成表面平整无缝的砖面墙。这种砌墙方法也被称为"磨砖对缝"。

　　如果仅从字面理解，"磨砖对缝"很简单，就是把砖头按需要打磨一下，然后对好缝隙。其实并没有这么简单，真正实施起来是很有讲究的。从砌墙的材料来说，每一块砖头都要经过剥皮、铲面、刨平、磨光、对缝这几个过程，之后才能开始砌墙。有时，为了将砖面打磨得更加精细，还会把这些砖放到水中打磨，即为后人所说的"水磨方砖"。还有一点很重要，就是在垒砌磨砖墙时，每块砖之间都要用干摆灌浆，保证墙面上不挂灰、不涂红，整个墙面看起来非常光滑而平整，缝隙之间结合得很严密。甚至有些手艺高超的泥瓦匠，能够做到砌好的墙面砖缝连一根针也插不进去。

《营造法原》花墙洞式样

瓦花墙洞

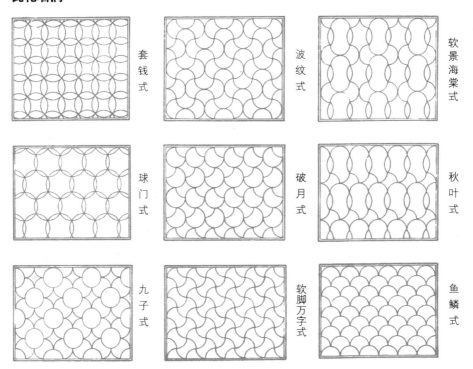

花墙洞

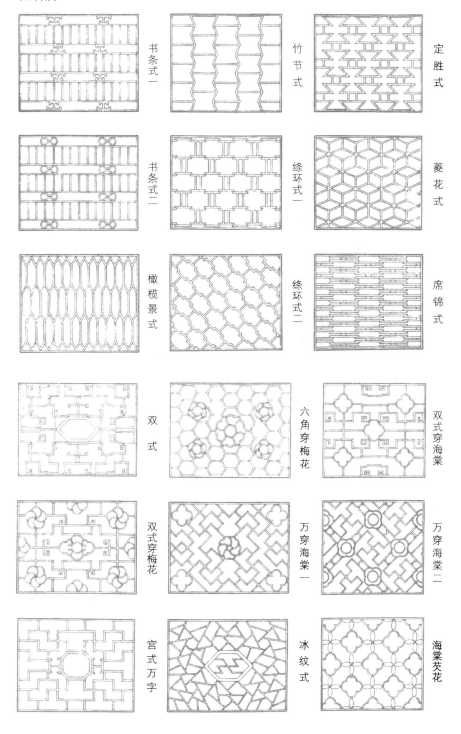

书条式一

竹节式

定胜式

书条式二

绦环式一

菱花式

橄榄景式

绦环式二

席锦式

双式

六角穿梅花

双式穿海棠

双式穿梅花

万穿海棠一

万穿海棠二

宫式万字

冰纹式

海棠芡花

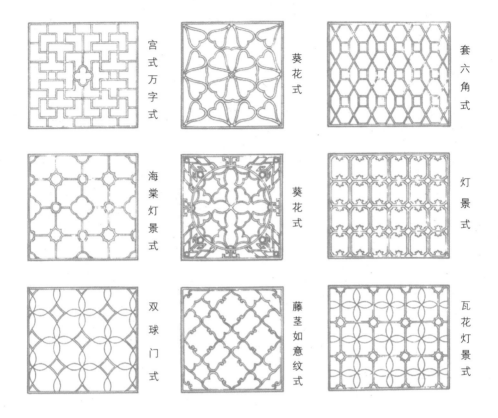

宫式万字式　葵花式　套六角式

海棠灯景式　葵花式　灯景式

双球门式　藤茎如意纹式　瓦花灯景式

漏砖墙[1]

凡有观眺处筑斯，似避外隐内[2]之义。古之瓦砌连钱、叠锭、鱼鳞[3]等类，一概屏之，聊式几于左。

【注释】

〔1〕漏砖墙：也被称作漏明墙，在苏州和上海地区，叫作"花墙洞"，北方人叫它"花砖墙""透空砖墙"。

〔2〕避外隐内：指墙体上用砖头垒砌出孔眼图案，可以防止外人从远处窥视园林中的景物，但园林中的人能够站在墙边看到外面的景物。

〔3〕连钱、叠锭、鱼鳞：连钱是指像两个或者两个以上圆形铜钱组成的花纹。叠锭指如同银锭叠起构成的花纹。鱼鳞指像鱼鳞图案的花纹。这里说的三种花纹

都用于矮墙上部的镂空图案。

【译文】

凡是可观景远眺之处，就可以建造这样的墙，它似乎有一种避外隐内的作用。古代使用的用瓦片砌筑成连钱、叠锭、鱼鳞等多种样式，现在都被摒弃了，这里绘制几种样式。

漏砖墙图式

漏砖墙，凡计一十六式，惟取其坚固。如栏杆式中亦有可摘砌者。意不能尽，犹恐重式，宜用磨砌者佳。

【译文】

漏砖墙，一共有十六种款式，我只选了砌成后比较坚固的款式绘制出来。栏杆图样中也有可以用的。我怕画出来样式会重复，所以不一一画出了，用磨砖砌成的款式最好。

【延伸阅读】

漏砖墙，也被称为漏明墙，属于花式砖墙，也就是在墙洞里用砖块垒砌成各种花型，或者做出精美的雕饰，形成漏窗。墙体上有漏窗的墙，也叫漏花墙。在园林之中，漏窗一般设置在园林的分隔墙上，而为了防止泄景，外围墙不会使用漏砖墙。

园林中经常在长廊上，或者是半通透的庭院中使用漏砖墙。通过墙上的漏窗，园林中各处的景色似乎有所隔离，又可看到，若隐若现，若离若即，营造出一种光影迷离的意境。随着游客观景位置的变化，景色也会随之变化，那些平面单调的墙，正是因为有了漏花窗，才有一种流动的变幻之感，充满着勃勃生机。

　　有些不适合透空的围墙，会把围墙的一侧做成漏砖墙，一侧还是普通墙。墙上漏窗图案也是非常丰富的，最简单的花样，是用瓦片砌成鱼鳞、叠锭、连钱的形式，或者用打磨的砖条来叠置。根据做漏窗的材质，漏窗可以分为砖瓦搭砌漏窗、砖细漏窗、堆塑漏窗、水泥砂浆筑粉漏窗、细石硷浇捣漏窗、烧制漏窗等类型。

漏砖墙十六种式样

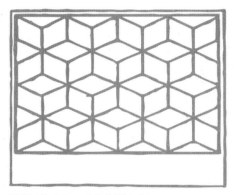

■ 漏砖墙式之一（菱花漏墙式）

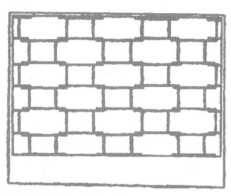

■ 漏砖墙式之二（绦环式）

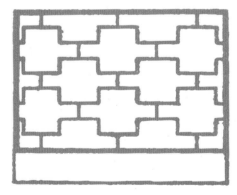

■ 漏砖墙式之三

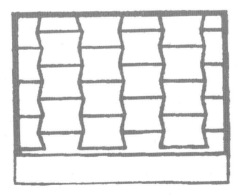

■ 漏砖墙式之四（竹节式）

■ 漏砖墙式之五（人字式）

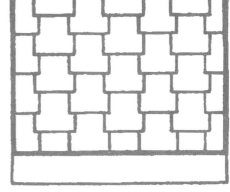

■ 漏砖墙式之六

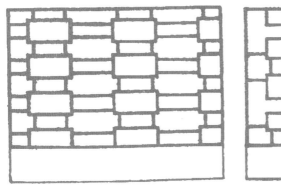

■ 漏砖墙式之七

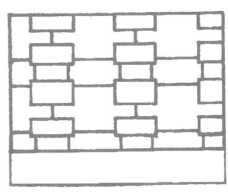

■ 漏砖墙式之八

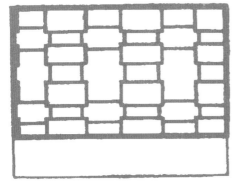

■ 漏砖墙式之九

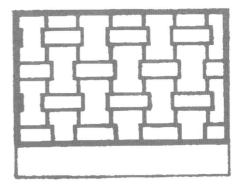

■ 漏砖墙式之十

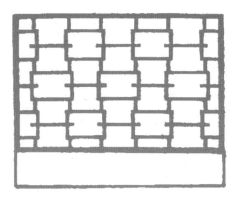

■ 漏砖墙式之十一

■ 漏砖墙式之十二

■ 漏砖墙式之十三

■ 漏砖墙式之十四

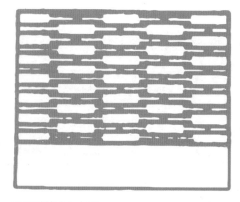

■ 漏砖墙式之十五

■ 漏砖墙式之十六

乱石墙

是乱石皆可砌，惟黄石者佳。大小相间，宜杂假山之间，乱青石版用油灰^{〔1〕}抿缝，斯名冰裂也。

【注释】

〔1〕油灰：把桐油拌在石灰里，用来填塞乱石之间留下的缝隙。也叫"腻子"。

【译文】

只要是乱石块，都可用来砌筑这样的墙，但以黄石砌成为最佳。在砌墙时，将大小不一的石块间隔排布，适合放在假山之中，这样看起来有自然之野趣。也可以用青色乱石砌墙，再用油灰勾缝，这样的墙被称为"冰裂墙"。

【延伸阅读】

乱石墙，顾名思义，就是用大小不一的石块砌筑成的墙壁，具有自然朴野之趣，可以和假山构成野趣盎然的景致。

因为石头大小不一，所以砌筑乱石墙难度较大。首先在做墙基的时候，要先码放最大块的石头，那些不成形的石头，可以填在中间做支撑石。其次，那些呈现出长条形的石块，最好立起来放置，起到承重的作用，古人有"立木顶千斤"的说法，立起来的石头也是如此。

筑墙时要找到每块石头最平整的那一面，把这一面置于外面作为墙面用。墙体中因为石头尖圆不一，会留下缝隙，一般会用小石头、灰浆填充，以保证墙体的坚固。墙面上也会有缝隙，同样用小石块来填补上。墙体表面的小缝隙，在墙砌好后要用泥灰填平，从外观上看，就像裂开的冰面，形成了一种很奇特的风格，因此也叫"冰裂墙"。

园林中的花草树木

我国园林中的树木，一般有松、柏、柳、竹、玉兰、桃、杏等，花草则有菊花、芍药、玫瑰、蔷薇、兰花、吉祥草等。下列图式为园林中一些基本的花草树木，以供参考。

■ 松

■ 柳

■ 梧桐

■ 竹

■ 辛夷

■ 玉兰

■ 牡丹

■ 菊花

■ 野蔷薇

■ 杜鹃

■ 木槿

■ 茉莉

■ 迎春

■ 芙蓉

■ 杏花

■ 玫瑰

■ 海棠

■ 荷花

■ 石竹

■ 榴花

■ 紫丁香

■ 夹竹桃

■ 秋海棠

■ 牵牛

■ 海桐

■ 鸡冠花

■ 野葡萄

■ 吉祥草

■ 蜡梅

■ 芍药

■ 桅子

■ 史君子

■ 玉簪

■ 美人蕉

■ 蕙兰

■ 金灯

■ 蝴蝶花

■ 蔷薇

■ 山茶

■ 桃花

铺 地

在园林中铺路，既要考虑它本身的交通道路性质，还要着重考虑它的景观价值。设计者要把它看作是牵引人们观赏景色的工具，要使它和园中的景色搭配，和周围的环境协调，要有"出人意外、入人意中"的效果。

大凡砌地铺街，小异花园住宅。惟厅堂广厦[1]中铺一概磨砖，如路径盘蹊，长砌多般乱石，中庭[2]或一叠胜[3]，近砌亦可回文[4]。八角嵌方[5]，选鹅子铺

成蜀锦[6]；层楼出步[7]，就花梢[8]琢拟秦台[9]。锦线瓦条，台全石版，吟花席地[10]，醉月铺毡。废瓦片也有行时，当湖石削铺[11]，波纹汹涌[12]；破方砖可留大用，绕梅花磨斗，冰裂[13]纷纭。路径寻常，阶除脱俗。莲生袜底[14]，步出个中来；翠拾林深[15]，春从何处是。花环窄路偏宜石，堂迥[16]空庭须用砖。各式方圆，随宜[17]铺砌，磨归瓦作[18]，杂用钩儿[19]。

【注释】

〔1〕广厦：高大的房子。

〔2〕中庭：四面都建有房屋的庭院，一般称为庭院。

〔3〕叠胜：中国古代以菱形类的几何图案花饰为"胜"，寓意吉祥，妇女首饰也常用。其正方形者则称"方胜"。"叠胜"则状如双胜相叠。

〔4〕回文：一种装饰用花纹，回字形并且二方连接在一起。

〔5〕八角嵌方：一种八角形中镶嵌方形的图形。

〔6〕蜀锦：出产于四川的一类丝织品，因其花纹精细优美而闻名于世。现代的蜀锦类别有雨丝锦、方方锦、绦花锦、浣花锦等等。

〔7〕出步：指内室之外的平台，现在叫作阳台。

〔8〕梢：树枝的末尾处。

〔9〕秦台：相传在春秋时期,萧史向秦穆公的女儿弄玉学习吹箫,并成为仙人,他住的地方就叫秦台,后来秦台借指美人所居之地。

〔10〕席地：原本是指在地面上铺席子，后来演变为直接坐在地上。

〔11〕削铺：把瓦片削磨成合适尺寸，然后铺到地面。

〔12〕波纹汹涌：指砌出的砖地图样像海浪一样起伏汹涌。

〔13〕冰裂：用大小不一的乱砖砌成的地面，纹路就像冰裂开一样。

〔14〕莲生袜底：人走在莲花图纹的地砖上。

〔15〕翠拾林深：指女子们在树林深处嬉戏游乐，让人感觉到春天的气息。翠拾，原指用翠鸟的羽毛做成的女子首饰，后来用来形容女子在春天游玩的场景。

〔16〕迥：辽阔宽广。

〔17〕随宜：指根据实际情况来选择铺地的砖石材料和纹样。

〔18〕瓦作：瓦匠。

〔19〕钩儿：明代苏州一带对扛抬工的一种称呼。

【译文】

　　在砌地砖和铺街方面，园林中的做法和住宅里的做法稍有不同。但厅堂和广厦中的地面，一律要用水磨砖铺设；如果是弯曲盘旋的小路，路线过长，就要用乱石来铺砌。园林中的庭院可以用方砖斜铺，呈叠胜样式；台阶附近的地面可以做成回形花纹。在砌作八角形的图框中，可用鹅卵石点缀出蜀锦一样的花纹；在半山腰建造的楼房室外的平台，靠近花木的树梢，如果细加构思，可以铺设出和秦台一样美的地面来；"蜀锦"的边线可用瓦条镶嵌，平台的表面可以铺上平整的石板。花前吟诗，席地而坐；醉饮月下，地面如毡。废瓦也有用处，在湖石周围把它们削磨好形状，然后铺成波涛汹涌的花纹，就像是太湖石站立在汹涌澎湃的江海之中；破碎的方砖也有利用价值，围绕庭院中的梅花树，把它们磨制拼镶成冰裂纹样的地面，梅花就好像在冰天雪地之上绽放。

　　比较寻常的路径，可以通过铺砌好看的地面使其清丽脱俗。地面铺砌成莲花的图式，人走在上面好似步步生莲花；密林拾翠羽，何处无春光？环绕在花丛中的小径，最适合铺上碎石头，厅堂周边空地应该铺上方方正正的砖块。各式方圆图案，铺地的时候可以根据情况选用；铺砌磨砖的工作要瓦匠来完成，那些繁杂的碎活儿可请小工匠来做。

【延伸阅读】

园林中的各种路面，不仅起到分隔园林空间、组织园林路线的作用，还可以给人们提供休闲和休息的场所。另外，造型不一、风格迥异的路面，还直接构成

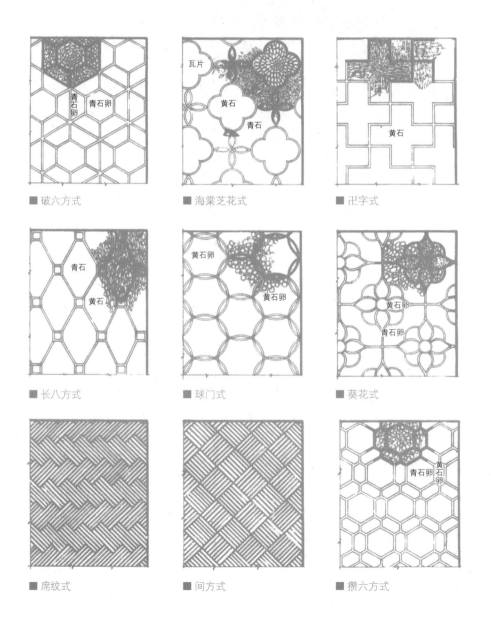

■ 破六方式   ■ 海棠芝花式   ■ 卍字式

■ 长八方式   ■ 球门式   ■ 葵花式

■ 席纹式   ■ 间方式   ■ 攒六方式

了优美的景观，增加了园林的艺术美感。

在园林中铺路，既要考虑它本身的交通道路性质，还要着重考虑它的景观价值。设计者要把它看作指引人们观赏景色的工具，要使它和园中的景色相搭配，和周围的环境协调，要有"出人意外、入人意中"的效果。比方说在大厅等人员往来比较多的地方，铺地时要体现出庄重、整洁、大气的特点；在曲径通幽的小道上，可以用乱石铺路，体现出自然之趣。

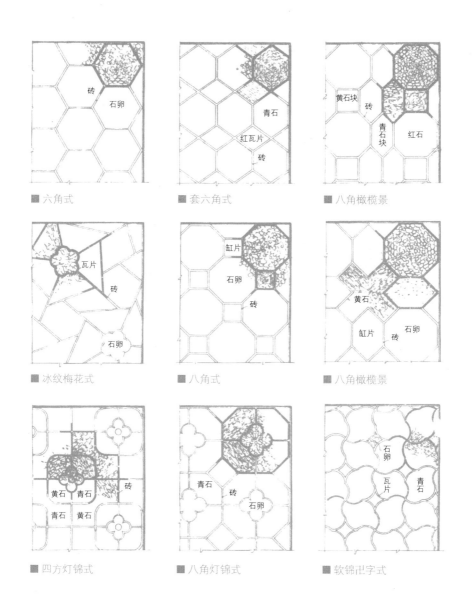

■ 六角式　　　　　■ 套六角式　　　　　■ 八角橄榄景

■ 冰纹梅花式　　　■ 八角式　　　　　　■ 八角橄榄景

■ 四方灯锦式　　　■ 八角灯锦式　　　　■ 软锦卍字式

中国古典园林中的地面，形式活泼，内容丰富，风格以清新高雅者居多。铺地的纹样包括人字形、席纹、间方、斗纹、方胜、盘长，还有人物、动物、花草等。有些铺地的图案蕴含着丰富的文化内涵和象征寓意。园林的地面景观可以反映出鲜活的世俗文化，最典型的就是在花纹选择上运用谐音双关等手法。如苏州的拙政园、留园、狮子林等地，都用到了五只蝙蝠环绕一个"寿"字的图案，具有"五福捧寿"的寓意；还有借蝙蝠、梅花鹿和仙鹤这些动物的形象构成地面图案，寓意"福禄寿"等。

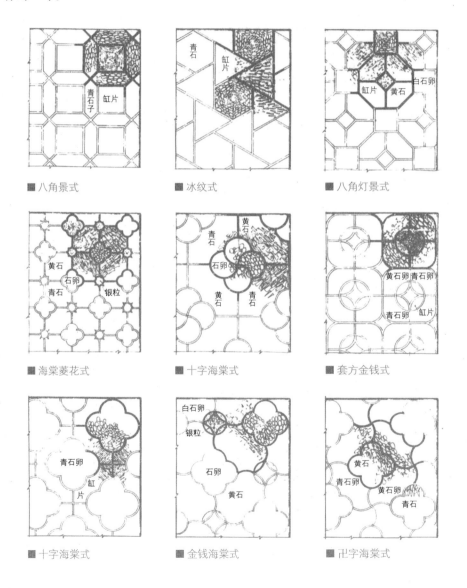

■ 八角景式　　　　■ 冰纹式　　　　■ 八角灯景式

■ 海棠菱花式　　　　■ 十字海棠式　　　　■ 套方金钱式

■ 十字海棠式　　　　■ 金钱海棠式　　　　■ 卍字海棠式

乱石路

园林砌路，堆小乱石砌如榴子[1]者，坚固而雅致，曲折高卑，从山摄[2]壑，惟斯如一。有用鹅子石间花纹砌路，尚且不坚易俗。

【注释】

〔1〕榴子：石榴的籽粒。

〔2〕摄：伸展，延伸。

【译文】

在园林中铺砌小路，用小块的乱石铺砌成像石榴籽一样的图案，既坚固又雅致美观。不管路的高低弯直，上到山顶或下到沟壑，都能按这种方法铺设。有些人用鹅卵石在路面间隔铺设形成花纹，反而不是很稳固，看上去也比较庸俗。

【延伸阅读】

乱石路，顾名思义就是用小碎石块铺成的道路。它是一种材料来源丰富、造型可随意多变的路面形式。绵亘不断的石子路，不但可以引领游人观赏园林，还能与周边的环境融为一体，点缀全园。另外，它的铺设非常方便，无论是在高处还是低处，道路曲折还是平直，地处山顶还是沟壑，都可以铺设。

说起乱石路，就不得不提到苏州最有名的石路街。1906～1911年，苏州名

■〔明〕谢环 香山九老图（局部）

人盛宣怀在阊门之外，修成了一条碎石马路。它由上塘街渡僧桥南堍开始，再经过砧鱼墩口、禄荣坊口，一直到义昌福门前岔道口的大马路。盛宣怀的府邸在阊门里的天库前，而他的私家园林留园在阊门之外，为了方便家人在园林和府邸之间来往，他修建了这条碎石街，取名石路。

苏州的石路本身并没有艺术价值，它的出名是因为以此为中心，形成了当时苏州的经济区。不过，碎石路也能呈现出别样的艺术价值，有些能工巧匠在乱石路上构画，形成了让人叹为观止的艺术作品。故宫后花园的石子路，从形式上分，有方形、菱形、圆形；有苹果、石榴、古磬形状等。还有直接用石子构成故事画面的，如传说中的"五子登科"故事，以及取材于《聊斋》《三国演义》等书中的一些经典画面。这些画面上的不同人物，都被刻画得惟妙惟肖，栩栩如生。

鹅子地

鹅子石[1]，宜铺于不常走处，大小间砌者佳；恐匠之不能也。或砖或瓦，嵌成诸锦[2]犹可。如嵌鹤[3]、鹿[4]、狮毬[5]，犹类狗者可笑。

【注释】

〔1〕鹅子石：鹅卵石。走在鹅卵石铺设的路上会硌脚，所以一般把鹅卵石铺在人们不经常走的小路上。

〔2〕诸锦：铺砌出像不同花纹的织锦一样的图案。

〔3〕鹤：中国古人把鹤作为长寿的象征。

〔4〕鹿：因其发音和"禄"相似，所以成为福禄的象征。

〔5〕狮毬：指狮子滚绣球的花样。佛教里称佛祖讲经为"狮子吼"，佛也坐在"狮子座"上。

【译文】

踩在鹅卵石上面会硌脚，所以应该把它铺设在人们不经常走的路上，大小不一的石头间隔着铺砌比较好，只不过普通的工匠可能不会这样铺。也可以用砖块和瓦片镶嵌成不同花纹织锦的图案。如果把地面砌铺成仙鹤、梅花鹿、狮子滚绣球之类的图案，那就显得不伦不类了。

【延伸阅读】

鹅子路，就是用鹅卵石铺成的道路。鹅卵石在水中经过千万年的冲刷和相互摩擦，形成像鹅蛋一样的形状，因此被称为鹅卵石。不同的鹅卵石，内部构成物质也有差别，因而呈现出黑、白、黄、红、墨绿、青灰等色系。它在园林的铺路和造景中，发挥了举足轻重的作用。

在铺鹅卵石路时，一般会选择形体小巧的石子，根据不同的色彩来构成路面上的图案。最好让大小不同的石子间隔开来，这样可以形成错落有致的感觉。在古典园林里，鹅卵石经常铺设在人们不经常走动的路上，主要是起到装饰作用。因为古人认为走在鹅卵石路上脚会不舒服，所以不宜用在人们经常走的路上。但是现在人们研究发现，鹅卵石路有按摩足底的作用，对人的健康很有好处，因此现在在一些人们经常活动的区域，也会用鹅卵石铺路。

冰裂地

乱青版石，冰裂纹，宜于山堂、水坡、台端、亭际，见前风窗式，意随人活，砌法似无拘格，破方砖磨铺[1]犹佳。

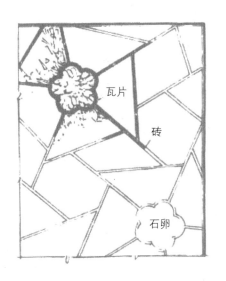

【注释】

〔1〕磨铺：指用破砖块拼成冰裂式的花纹，把拼接处的缝隙打磨嵌合好。

【译文】

用青色的乱石板铺设地面，拼镶成冰裂式的花纹，适用于山上的平整宽阔处，或者是水边的斜坡上，或者是楼台台面，或者亭子边的空地。选择样式时可以参照之前说的风窗的样式，关于冰裂纹的大小和疏密，可以依据周边的景物随机变化。砌地面的时候，不要被固定的规格拘束，将破方砖拼缝磨平铺到地上效果更好。

【延伸阅读】

在古典园林建造中，冰裂纹可以用在筑墙、铺地等多个方面，而且形式自由多变，所以深受人们喜爱。

工匠们把各式各样的乱石碎片，或者是打磨好的破砖块拼铺在地面，就形成了造型美观的冰裂纹地面。现在铺装冰裂纹地面，又分冰裂纹和碎拼两种类型。碎拼又被称作乱拼，是指工匠们在操作时，把整块的大石头砸成碎片，然后用碎片做成形式不同的图案。这种铺装路面的方式，由于石头之间的缝隙不规则，从而获得一种粗犷、自然的美感。

其实冰裂地面很早以前就在我国出现了，在广州发掘的两千年前的南越宫苑遗址中，就发现在石头构成的水池壁上，都用不同形状的砂岩石板拼砌成纹理小且均匀的冰裂效果，这大概是我国最早的"冰裂地"。

诸砖地

　　诸砖砌地；屋内、或磨、扁铺；庭下，宜仄砌[1]。方胜[2]、叠胜[3]、步步胜[4]者，古之常套也。今之人字、席纹、斗纹，量砖长短合宜可也。有式。

【注释】

　　〔1〕仄砌：把砖头的侧面朝上，竖立起来砌。仄，侧面或旁边的意思，此处指砖的较长边侧面。

　　〔2〕方胜：把砖头成行或成列铺设到地上。

　　〔3〕叠胜：斜方形排布叠加而成的胜形花式。

　　〔4〕步步胜：将砖头平放，角对角斜着铺设，形成很多斜方接连起来。

【译文】

　　用不同的砖头铺设到地面上，在房室之中，可以使用磨砖平着铺；如果在庭院之中，就可以用竖砌的方法。方胜形状、叠胜形状、步步胜形状等，都是前人最常用的花形，非常俗气。如今人们就多用人字纹、席纹、斗方纹等花式。只要砖头的尺寸大小与图案比例相适宜就可以。下面附有图样。

【延伸阅读】

　　砖铺地是指用砖头铺成造型不同的地面。一般多用于室内以及人们常有小范围活动的平整开阔的庭院。

　　在室内，常用磨砖铺地，既平坦整齐，又舒适大方；在室外，一般用仄砌方法铺地，会有平坦整洁的效果。

　　砖铺地的材料以砖头为主，但也可以与石块、瓦片等结合起来，组成不同的路面造型。

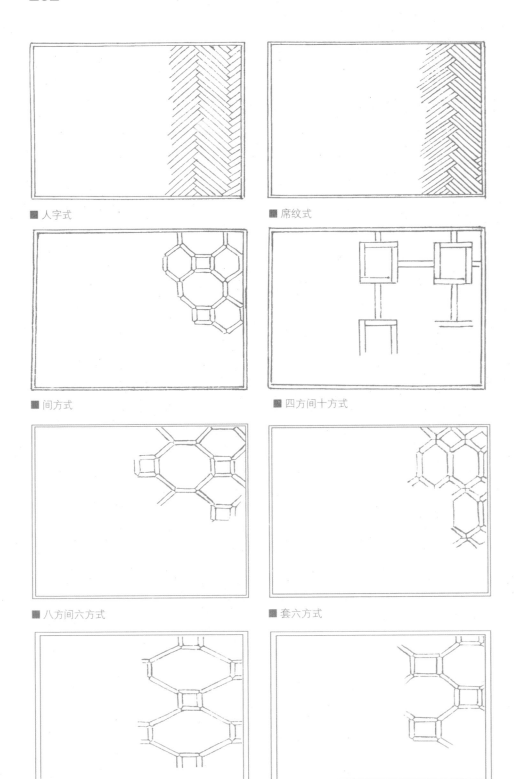

■ 人字式

■ 席纹式

■ 间方式

■ 四方间十方式

■ 八方间六方式

■ 套六方式

■ 长八方式

■ 八方式

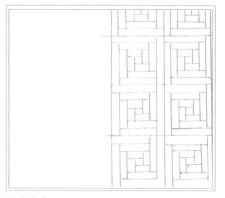

■ 斗纹式

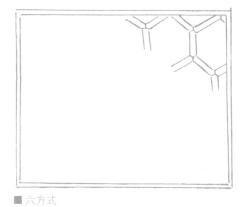

■ 六方式

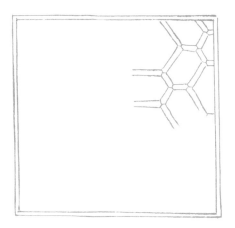

■ 攒六方式

砖铺地图式

香草边式

用砖边，瓦砌香草[1]，中或铺砖，
或铺鹅子石。

【注释】

〔1〕香草：用砖头砌边，用瓦片砌
成香草纹式的一种砌地面的方法。

【译文】

香草边式，指的是用砖头来砌周边，用瓦片砌成香草花纹的一种砌地方法，中间部分可以铺上砖头，或者铺上鹅卵石。

球门式

鹅子嵌瓦，只此一式可用。

【译文】

用鹅卵石镶嵌瓦片的铺砌方法，只有这一个样式可用。

波纹式

用废瓦捡厚薄砌，波头宜厚，波傍宜薄。

【译文】

用废弃的瓦片，选择薄的或者厚的，分别用在不同的地方。在波浪头处，可以用厚些的，在波浪旁边就用薄些的。

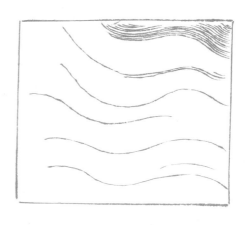

掇 山

从皇家宫苑到私家园林，中国古典园林中处处都有假山的身影，可谓无园不石，无石不园。那些被精心搜集用以叠山的石头，在园林中有了生命力，成为园林艺术的精华所在。

掇山[1]之始，桩木为先，较其短长，察乎虚实。随势挖其麻柱[2]，谅高挂以称竿[3]；绳索坚牢，扛抬稳重。立根铺以粗石，大块满盖桩头；堑里[4]扫以查灰，著潮尽钻山骨。方堆顽夯而起，渐以皴纹而加；瘦漏生奇[5]，玲珑安巧。

峭壁贵于直立；悬崖使其后坚。岩、峦、洞、穴之莫穷，涧、壑、坡、矶之俨是；信足疑无别境，举头自有深情。蹊径盘且长，峰峦秀而古，多方景胜，咫尺山林[6]，妙在得乎一人[7]，雅从兼于半土。假如一块中竖而为主石，两条傍插而乎劈峰，独立端严，次相辅弼[8]，势如排列，状若趋承[9]。主石虽忌于居中，宜中者也可；劈峰总较于不用，岂[10]用乎断然。排如炉烛花瓶，列似刀山剑树[11]；峰须五老[12]，池凿四方；下洞上台，东亭西榭。罅堪窥管中之豹[13]，路类张孩戏之猫[14]；小藉金鱼之缸，大若酆都[15]之境；时宜得致，古式何裁？深意画图，余情丘壑；未山先麓，自然地势之嶙嶒[16]；构土成冈，不在石形之巧拙；宜台宜榭，邀月招云；成径成蹊，寻花问柳。临池驳以石块，粗夯[17]用之有方；结岭挑之（以）土堆，高低观之多致；欲知堆土之奥妙，还拟理石之精微。山林意味深求，花木情缘易逗[18]。有真为假[19]，做假成真；稍动天机[20]，全叨人力；探奇投好，同志须知。

【注释】

〔1〕掇山：把奇巧的石头叠成假山。掇，选择、拾取的意思。掇山和叠山相比，还包含了选择石头的工序。

〔2〕麻柱：古时候利用杠杆原理，做成了一种叫"桔槔"的起重工具，麻柱

就是桔槔的立柱。

〔3〕称竿：即秤杆，横在桔槔上的一根杠杆，也称吊杆或拔杆。

〔4〕堑里：建造假山前挖凿的地基坑穴。

〔5〕瘦漏生奇：人们把太湖石的优美之处总结为四字：瘦、漏、皱、透。石上的孔洞可以相通的，称为"透"；高挑劈立，孤峙没有依傍的叫"瘦"；石上的孔眼四面都是玲珑的称为"漏"；石头表面不平整，起伏多姿的称为"皱"。

〔6〕咫尺山林：指人工建造的山水，尽管占地面积不广，但是能体现出自然界山水的意境。

〔7〕一人：指设计园林的造园师。

〔8〕辅弼：辅佐，帮助。

〔9〕趋承：形容恭敬地向前迎候的样子。

〔10〕岂：古文中用以表示疑问的副词。

〔11〕排如炉烛花瓶，列似刀山剑树：炉烛花瓶，指供桌之上的三件物品：香炉、烛台、花瓶，它们的位置一般是香炉在中间，烛台和花瓶分摆左右，呈对称状。刀山剑树，形容水平不高的造园师，在布局园林时把山和树排布得就像笔直的刀剑，显得太死板和机械，没有生机情趣。

〔12〕五老：指五老峰，位于江西庐山南边。

〔13〕窥管中之豹：形容只见局部未见整体。

〔14〕张孩戏之猫：指儿童的"猫捉老鼠"游戏，这里用以形容园林中的道路纵横杂乱，没有规律可循，让人茫然迷惑。

〔15〕酆都：今重庆丰都县。为道教的七十二福地之一，相传是鬼魂聚集的阴曹地府。

〔16〕嶙嶒：形容山高而深邃。

〔17〕粗夯：形容山石粗笨。

〔18〕逗：招引，招惹。此处指花木让人观之引发情思，获得一种自然山水的享受。

〔19〕有真为假：依照自然山水的特点，在园林中造出面积很小的山林景观。此处的"真"指的是从自然中提炼山水的意蕴，在叠山时取真山的韵味，而不苛求形体上相似。

〔20〕天机：自然界的奥秘。

【译文】

开始掇山之前，一定要先把地桩打好，计算桩木的长度，清楚假山地基中土壤的虚实情况。依照地基的形态挖穴立桩，估量山的高度后挂好秤杆；在使用起重工具搬送石头时，一定要把绳索捆绑牢固，起吊放落要保证稳重。修建假山时，要先用粗重的石头垫到最底层，然后再用大块的石头盖住地桩的顶部；在地基的坑中要用石渣和石灰填塞，对于太过潮湿的地基，要全部用石块垫底作为山骨。垒筑假山先用顽劣笨重的石头垫在底部，然后再根据石块纹理，用绘画中的皴法垒筑；这样就能使假山呈现出"瘦""漏"的奇妙景象，形态玲珑优美，都是巧妙理石的结果。堆叠陡峭的山壁，贵在能体现出突兀凌立之感；叠造悬崖，要保证那些悬空飞挑而出的石头根部结实牢固。人工叠成凿制的山岩、山峦、洞穴，要营造出曲折而深浅难测的感觉；山涧、沟壑、山坡、石矶要力求逼真自然。信步漫游，本来觉得已是"山穷水尽疑无路"，抬头远眺时，又有"柳暗花明又一村"之无限情致。山间的小径弯曲绵延，峰峦秀美而有苍茫古雅之趣。处处都是美丽胜景，咫尺之地尽显自然山林之意韵。虽然这主要是园林设计者的奇思妙想，但一半也要得益于园林主人的优雅情趣。如果把一大块石头作为中心主峰放在中间，两边摆插一些石头做劈峰，则主峰要独立而庄严肃威，次峰要体现出左右辅佐映衬主峰的作用，三座山峰在排列方式上要体现出如君臣一般主次趋奉的关系。主石一般忌讳摆放在正中间，不过如果形态确实适合摆放在正中的也可以放，这个情况下两侧的次峰就最好不要了，为什么非得要用次峰呢？现在掇山时，山峰排列得如同供桌上的香炉、蜡烛、花瓶，或者像刀山剑树一样整齐；各座山峰如同五老分立，池塘则凿得四四方方；山下面凿了岩洞就会在上面建造平台，如果东边建了亭子就肯定会在西边造一座榭。堆叠假山只求千孔百洞的形式，如同管中窥豹；园中铺设道路追求犬牙交错，就像小孩像玩捉迷藏；堆出的小山像鱼缸里的石头一样僵硬无趣，大山则像酆都的阴间地狱。现在的人认为这样很风雅，可是传统的造园方法中哪有这样风格的？掇山一定要仿效山水画中的悠远意韵，寄雅情于自然沟壑之中，得意趣于具体的景象之外。在堆叠山峰之前，要先把山麓构造完成，借助自然地势的起伏有致，营造出嶙峋陡险；堆土筑建山冈，不要在乎石头形状是巧是拙。在合适筑台的地方筑台，在合适建榭的地方建榭，邀月助景之美，招云增景之趣；在适合开路的地方开辟道路，花柳满布其间。池塘岸边用石块铺砌，要将粗劣的石头用在真正适合的地方；挑来黄土堆成山岭形状，起伏有致，高低变化。要知道堆土的技巧，需要掌握叠山理石的一些规律。

人工的山水要体现出自然山林的意趣，每处花木都要让人观之动情。要体味真山的意境营造假山，使假山呈现出真山的神韵。垒砌假山虽然需要一些天赋灵性，但更在于人的不断努力。这是园林艺术爱好者及所有志同道合之人必须要知道的。

【延伸阅读】

中国兴起在园林中建假山是在秦汉时期，刚开始是用土堆山，山的气势有了，但没有石头的险峻之趣，于是又发展到了用真石头来建造假山。魏晋南北朝，山水诗和山水画开始兴盛起来，对园林建造产生了巨大影响。唐宋时期，在园林中造假山的风气盛行，并且出现了以筑建假山而出名的工匠。

宋徽宗当政时，曾下诏组成花石纲从南方运奇石和花草到北方，从此以后，民间也刮起了赏石建山之风。那些建造假山的工匠被称为"花园子"或"山匠"。到了明代，在宋代假山建造技艺的基础上又发展了一步，甚至出现了"一卷代山，

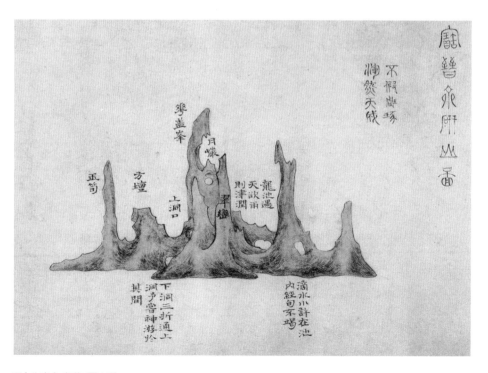

■〔北宋〕米芾 研山图

一勺代水"的全高境界。当时的计成、张南阳,明末清初的张涟(张南垣)、清代的戈裕良等,成为假山建造的宗师级人物。他们从自己的亲身实践得出很多经典理论,使假山叠造艺术臻于完善。除了计成的《园冶》一书,明代文震亨的《长物志》、清代李渔的《闲情偶寄》里,都有和假山叠造有关的叙述。

中国古典园林中,有很多以假山而著称,是名副其实的假山名园。如北京北海的静心斋、南京的瞻园、上海的豫园、苏州的环秀山庄等。

【名家杂论】

从皇家宫苑到私家园林,中国古典园林中处处都有假山的身影,可谓无园不石,无石不园。那些被精心搜集用以叠山的石头,在园林中有了生命力,成为园林艺术的精华所在。

这些本无生命的石块,因为和中国传统的禅宗思想、哲学思想、美学思想相融合,而产生出独特的魅力。有些假山所营造的艺术意境,远远超过了真实的山石,形成了更为高深的审美意味。它饱含造山者对艺术的理解,饱含造山者丰富的思想内涵,体现出造园者的性情、情怀和品位。假山能使园林具有幽远的情致,所谓"景有尽而意无穷"是也。

苏州的狮子林,因"蓄湖石多作狻猊状,寺有卧云室,立学堂前列奇峰怪石,突兀嵌空,俯仰万变。取佛书狮子座名之,因佛陀说法,称狮子吼,其座谓狮子座。故卧云室旁狮形,巨石形态飞动,以显示为佛陀说法之处,故称狮子林"。假山内涵和佛教中的一些理念的契合,由此可见一斑。

古典园林建造的最高追求,就是将人的某种情怀,以山水建造的形式表达出来,在超越世俗的境界里静享自然之美。这正是道家"道法自然"的思想理念。而道家哲学也对古典叠山技法产生了影响,在园林假山的设计中,那些高超的造山师异口同声地强调,山体不可规整,要使山有朝揖之势,石头呈现微茫之静,要把峰回路转、千丘万壑的自然之趣体现出来。这一审美理念,正是尊重万物本性的道家观念。

园山

　　园中掇山，非士大夫[1]好事者不为也。为者殊[2]有识[3]鉴[4]。缘[5]世无合志[6]，不尽欣赏，而就厅前三峰，楼面一壁而已。是以散漫理之，可得佳境也。

【注释】

〔1〕士大夫：古时把任职居官的人叫"士大夫"。

〔2〕殊：十分，非常。

〔3〕识：知识学问，见识。

〔4〕鉴：艺术鉴别能力。

〔5〕缘：因为。

〔6〕合志：意趣相投，志同道合。

【译文】

　　在园林中垒砌假山，如果不是士大夫里酷好园林艺术的人，是不可能做的。做这事的人肯定具有丰富的学识和艺术鉴赏能力。世上缺少志同道合的人，也不

是每个人都懂得欣赏假山，普通人只是在厅堂的前面造出三座山峰，或者在楼阁对面造出一座峭壁罢了。其实只要顺应自然环境，让山势高低错落有致，分散堆叠，疏密适宜，就能构造出优美雅致的景观意境。

【延伸阅读】

园林中的假山，在造景方面非常有优势，它可以构成整个园林的主景，还可以为园林的地形提供一个骨架；它可以分隔园林空间，可以用来布置庭院，可以建在水边保护堤岸，能够在山坡旁边挡土护坡；可以被单独设置成自然式的花台。另外，园中的假山还可以与各处的建筑、道路、植物，一起组合起变化万千的景观，减少人工构造的气息，增加自然之趣。所以说，假山是园林中体现自然山水景观的重要手段之一。

从叠造要求上来说，"有真为假，做假成真"。要把大自然的山水，当作假山创作的艺术源泉，让假山体现出人的思想感情，使"片山有致，寸石生情"。人造假山，要求不显露出人工的痕迹，那些让人无法辨识真假的人工山，才是上好的作品。这也和中国传统的山水画创作思想一脉相承。没有一定艺术鉴赏能力的人，是无法建造出一座让人满意的假山的。

厅山

　　人皆厅前掇山，环堵[1]中耸起高高三峰，排列于前，殊为可笑。加之以亭，及登，一无可望，置之何益？更亦可笑。以予见：或有嘉树[2]，稍点玲珑石块；不然，墙中嵌理[3]壁岩，或顶植卉木垂萝[4]，似有深境也。

【注释】

〔1〕环堵：本意是指四周围绕的墙体，此处指四围带有建筑物和墙体的庭院。
〔2〕嘉树：形态优美的树。
〔3〕嵌理：镶嵌式的安装方式。
〔4〕卉木垂萝：花木和藤萝一类的攀藤性绿植。

【译文】

人们普遍喜欢在厅堂的前面掇成假山，在四周都是围墙的庭院之中布列三座高耸的山峰，整齐地排列在房屋前面，这样的假山看起来是很可笑的。有的人会在山峰上建一座亭子，但是人们登上亭子，却看不到什么美景，如此一来，建亭子有什么作用呢？这更为可笑了。

我的建议是：厅的前面假如有很优美的花木，可以在树下点缀一些玲珑有致的石头；如果没有可以观赏的树木，就在墙体上嵌以岩石形似峭壁，或者在峭壁上栽种悬挂的藤萝类植物，形成一种幽雅深远的山林情趣。

【延伸阅读】

厅山，是在厅堂之前叠造的假山，做观赏之用，可以把它像屏风一样立在堂前。厅山讲究与周围树木的搭配映衬，或在山上种植一些能够垂坠下来的藤萝，营造一种幽深的意境。

厅山要具有玲珑有致的石趣，而不要仿效威严端方的厅堂风格，直挺挺地在堂前罗列山石。颐和园中的乐寿堂前，就有一块巨石形成的厅山，名青芝岫。这块石头形像灵芝，又像元宝，形状奇巧，是一块难得的做石山的好石头。这块石头产自北京房山，明朝的米万钟偶见此石，大为赞叹。他费尽千辛万苦把这块石头运到了自己的花园，用来装点庭院。但是石头刚运到良乡，他就已钱财耗尽，不足以再支持运送工作，不得不把它弃置路旁。人们就把这块石头戏称为"败家石"。到了清朝，一次乾隆在路旁偶然发现了这块石头，也是非常喜爱，就下令把这块石头搬到了当时的清漪园，放在乐寿堂的堂前。而为了把石头搬到乐寿堂，乾隆不惜下令把已经建好的墙和门拆除。由此可见，这块石头不是一般的石头。

乾隆为石头起名为"青芝岫"，后来园艺师在假山上种植了爬山虎，一到夏秋季，假山上便被绿色的爬山虎覆盖，景色深幽雅致。

楼山

楼面掇山，宜最高，才入妙，高者恐逼于前，不若远之，更有深意。

【译文】

在楼阁的对面叠造假山，叠得高些比较合适，才能有引人入胜的效果。不过如果建造得太高，又会对楼前空间形成压迫感，所以不妨把假山叠得离楼远一些，这样才能显示幽空深远的意境。

【延伸阅读】

楼山，顾名思义是在楼前堆叠假山，也是中国古典园林中的一种造景手段。因为有高楼在前，所以它比一般假山要高。需要注意的是，如果楼山过高，就会显得和楼距离太近，因此可以把这类山建得和楼距离远一些。

此外，楼山也可以指建有楼阁的山。这种山可以作为楼阁的地基，也可以用石头叠成石涧或者石屋。叠山的时候，可以有意地把石头做成自然的踏跺，作为

登上楼阁的室外楼梯，如果叠造得自然而适宜，对于园林造景有很大作用，这种阶梯也被称为"云梯"。北京故宫御花园里的堆秀山，就是楼山的一种。

　　堆秀山，在明朝的时候叫作"堆绣山"，位于故宫御花园的东北，背后是高大厚实的宫墙。它的全部山体都是用形状奇巧的石块堆砌起来的，在叠山行当里，这个技法叫"堆秀法"，因此被命名为堆秀山。它的山势非常险峻，登山的台阶也很陡峭，叠石手法相当新颖。山上有一座御景亭，是清代的皇帝和皇后在重阳节登高之所。

阁山

　　阁山四敞也，宜于山侧，坦而可上，便以登眺，何必梯之。

【译文】

　　阁是四侧敞开而通透的建筑，建在山的侧旁最合适，山路要平坦容易行走，便于登上阁楼远眺，如此一来，又何必在阁里面建楼梯呢？

■〔南宋〕赵伯骕（传）五云楼阁（局部）

阁山，就是建在阁旁边的假山，也指上面建有阁的假山。这种假山的山体一般都很庞大，甚至包括了石台阶等附件。同时，它还有高耸的特点，以便和阁结合起来，做观景之用。

书房山

凡掇小山，或依嘉树卉木，聚散而理。或悬岩峻壁，各有别致。书房中最宜者，更以山石为池，俯于窗下，似得濠濮间想[1]。

【注释】

〔1〕濠濮间想：濠、濮是由《庄子》里记载的两个故事而来的。濠是指庄子和惠子在濠梁上看鱼的故事，濮指的是庄子在濮水间钓鱼拒绝楚王聘任的故事。后人以"濠濮"形容那些高人名士归隐寄居的地方。濠濮间想是指闲适无为、逍遥脱俗的情趣，体现出人与自然亲和无间的情怀。

【译文】

凡在书房的庭院里叠造小规模的假山，或是依傍花草树木，疏密有致地布置；或是造出悬崖陡壁的样子，起伏生姿。书房的庭院里最适合造就的景观，就是在窗户下面利用山石建造成水池，从书房中凭栏俯瞰，就像身处自然山水之中。

【延伸阅读】

书房山，就是在书房所在的庭院内叠造假山。书房有静幽小巧的特点，因此书房山的规模也应该以小巧为上。假山的位置比较灵活，可以建在房前某处花草中间，也可以建在院中水池旁边。

书房山虽然小，但由于是建在书香浸染之地，一定不要呆板无趣。它要具备山体陡峭奇险的意趣，要有高低起伏的姿态，要奇巧耐人寻味。古时风雅的文人，即便是在小书房院落的狭小区间里，也要营造出一种山水情趣，最具雅趣的做法，就是在书房的窗户下，用石头叠造成带水池的假山，这样一来，推开窗户就可以看到咫尺山水的景观了。更有雅趣者，会在水池中养上几条鱼，如此一来，动静之物皆备，更觉意趣盎然。

池山

池上理山，园中第一胜也。若[1]大若小，更有妙境。就水点其步石[2]，从巅架以飞梁；洞穴潜藏，穿岩径水；风峦飘渺[3]，漏月招云[4]；莫言世上无仙，斯住世之瀛壶[5]也。

【注释】

〔1〕若：同"或"。

〔2〕步石：散布在水中，好让人在水面行走的石头，也被称为踏步、汀步。

〔3〕飘渺：即缥缈，形容若有若无，隐约恍惚的景象。

〔4〕漏月招云：山间洞穴上面有裂缝，月光和云雾湿气可以透进来，像烟云一样美妙。

〔5〕瀛壶：传说中海外神仙居住的岛屿。

【译文】

在水池上叠造假山，可以成为园林中的第一胜景。叠山时应该把大小山峰分别交错着排布，以使营造的境界更为优美。在水池中散放石头形成踏步，在山峰之上架设飞桥；洞穴在山中隐藏，或者穿山而过，或者渡水而去；山峰高耸入云，雨雾缥缈环绕其上，峰峦中的那些孔洞可透入月光、招纳烟云雾气。不要说世间无神仙，这里的景色就像是瀛壶的仙人洞府一般。

【延伸阅读】

池山，指的是在园林中的水中叠山，它巧妙地把石和水结合起来，让人尽得山水的妙趣。也有些池山规模较大，经过巧妙设计，可以拥有山峰、山峦、山洞、岩穴、山谷、山涧、石壁等，把大自然的山水之美，集合在方寸之间，营造出非同凡响的意境。

苏州的环秀山庄，就是一座以池、山结合叠造假山的典范。山庄里面的池山，很多都是清代叠山大师戈裕良的作品。戈裕良充分领会了中国传统山水画中的意境，在叠山时，既体现出远山之姿，又具有层次分明的山势肌理。通常把主峰高突于前部，把次峰在后面衬托，显示出雄奇峻峭的风格。同时，他也非常注重园中假山和池水的结合。

戈裕良所造的假山，不仅形成峦峰，还以动态的式样向前延伸，直到水池之上。山脚和池水相接，岸脚设计得上实下虚，就像形成了一个天然的水窟，让假山看起来似乎隐藏起了泉水的源头。流动的水和雄健的山石形成对照，非常生动自然。

内室山

内室中掇山，宜坚宜峻[1]，壁立岩悬，令人不可攀。宜坚固者，恐孩戏之预防也。

〔注释〕

〔1〕峻：山体高耸而陡峭。

■〔南宋〕刘松年 撵茶图

【译文】

在内室所在的院落里叠山，适合把山造得坚固而高峻，岩壁要笔直挺立，山岩要悬空，让人有高不可攀的感觉。山石一定要堆叠坚固，以防小孩子在山旁戏耍的时候发生意外。

【延伸阅读】

古时候，内室是和厅堂、书斋有别的区域，它是人们起居生活的场所，特别是那些不出户门的女眷生活的处所。内室山，就是建造在这里的假山。

这种山所处的位置，决定了它的规模以中小型为主，一般不会过于庞大，它的安全性也最被造山者关注。在造山时，要保证山体不可登临攀爬。可以说，牢固性是内室山的第一要求。

在稳固的基础上，对于内室山的审美要求，同样非常严格。内室山也有高峻奇险的姿态，同时要尽可能地在山体上造出悬空的石块，营造出一种灵动奇险的意境。这也是因为内室山不可攀爬，所以可以大胆造型。

峭壁山

峭壁山者，靠壁理也。藉以粉壁为纸，以石为绘也。理者相石皴纹[1]，仿古人笔意，植黄山[2]松柏、古梅、美竹，收之圆窗，宛然镜游[3]也。

【注释】

〔1〕相石皴纹："皴"是中国画的一种作画方法，画者用笔尖勾勒山石的轮廓，然后把笔锋横卧，蘸墨用染擦的方法画出石头的脉理以及石头的阴阳向背，体现出石质的粗犷感。此处是指仿照中国画里的皴法，来挑选叠山石块的大小、形状和纹理样式。

〔2〕黄山：位于安徽省，被誉为天下第一奇山，以奇松、怪石、云海、温泉闻名于世。

〔3〕镜游：形容山水秀美，人在其中，就如同在宝镜中游览仙境一样。

【译文】

所谓峭壁山，是靠着墙面叠造而成的。就好像是用白粉墙面作纸，用石头来画画一样。造山时，根据山石的纹理，仿照前人画山水画时的皴法安插布置，再在峭壁上点缀性地栽种一些黄山的松柏、古雅的蜡梅、秀美的修竹等，从圆窗中可将美景尽收眼底，就像是在镜中神游仙境一般。

【延伸阅读】

峭壁山，是一种纯粹的装饰性假山，也可以说它是扩大的盆景山。这种假山和书房山、内室山一样，规模不能大，属于中小型的假山。

对于峭壁山这样不可攀爬又没有具体功能的山，造山师可以充分发挥自己的想象力，把山的一些特点创造性地表现出来，还可以在峭壁间栽种装点一些松柏竹梅之类的植物。如此一来，它就成为一幅立体的山石画，有效地增加了园林的艺术美感。

山石池

山石理池，予始创者。选版薄山石理之，少得窍不能盛水，须知"等分平衡法"[1]可矣。凡理块石，俱将四边或三边压掇[2]，若压两边，恐石平中有损。如压一边，既罅稍有丝缝，水不能注，虽做灰坚固[3]，亦不能止，理当斟酌。

【注释】

〔1〕等分平衡法：指在造山叠山时，要注意力学平衡。

〔2〕压掇：用重力压得结实、牢固。

〔3〕做灰坚固：用桐油拌石灰做成的石灰浆来涂抹石头的缝隙，使其不漏水。

【译文】

使用山石筑造水池，是我的创造。选取状如薄木板的石头，砌筑成水池的造型，假如石块上稍微有些缝隙就无法蓄积池水。但是如果掌握等分平衡的方法就可以了。三块石垒砌池边时，应当把铺底石板的四边或者三边用石头压结实；假如只压两边，平铺在池底的石板就容易破裂；如果只压一边，那石板和石板之间交界的地方，只要有一丝缝隙，就会造成无法蓄积池水，即使用油灰来涂抹缝隙，也无法阻止池水泄漏，这一点在掇山筑池时一定要谨慎。

【延伸阅读】

中国古典园林还有一个别称叫"山水园"，因此在园林建造中"叠山"和"理水"都显得尤为重要。"叠山"和"理水"不仅是造园的专门技艺，而且它们之间的关系也非常密切。宋代的郭熙在《林泉高致》中就这样阐释两者关系："山以水为血脉……故山得水而活，水以山为面……故水得山而媚。"

水从来就被视为是园林的血液，所谓无水不活，造园必先理水。在古典园林的代表苏州园林中，水景就无处不在。在水资源条件优越的地方，造园者会引用该地的活水，做成湖或者池，再巧妙用山石搭配，形成动静皆宜的景致。四时变化，水中景色亦随之变幻，再加之五色游鱼、婀娜摇曳的水中绿植，水的灵动秀美由此展露；而水边山石，或峻峭或玲珑，静默守候，山水相映，体现一种自然野趣。

作为一名顶级造园师，计成在叠山理水方面，有开创性的发明。他创造出把叠山和理水合二为一的一种方法，掇山的同时，一个精巧的水池也筑成了。这种山石池，适合在庭院等小范围的空间里叠造，与水面阔朗的人工湖相比，它更像是小家碧玉。在苏州残粒园内，就有一个小的山石池，面积不大，但也称得上是山石池中的上佳作品。

金鱼缸

如理山石池法，用糙缸一只，或两只，并排作底。或埋、半埋，将山石周围理其上，仍以油灰抿固缸口。如法养鱼，胜缸中小山。

【译文】

造园中造金鱼缸，就像用山石铺设水池一样，用一只粗大的水缸，或者是两只也可以，排在一起作底。可以把它们全部埋到地下，也可以只埋一半，然后把山石垒砌在周围布置安放好，再用油灰把缸口抿涂结实。用这样的方法养鱼，比直接在缸里安放小假山更具美感。

【延伸阅读】

金鱼是一种从古至今都受到很多人喜爱的观赏鱼种，它不断地出现在古人的诗画作品、服饰、器具甚至园林建筑中。在金鱼的蓄养中，古人为养鱼器具颇费心思，研制了种类繁多的器具，有木盆、瓦盆、陶缸、玻璃鱼缸等品类。古人对器物美的追求，淋淋尽致地表现在鱼缸的制作上。

无论采用什么样的材质，古人做出的鱼缸都能使其各尽其妙。用石头做成的鱼缸，一般采用天然的石块，然后加以雕琢，其制作工艺精巧而格调古朴华美。清朝时期的皇家园林就常常用这种石质的鱼缸、鱼盆来做点缀。陶质的养鱼盆在老北京非常常见，它质朴实用，由于其表面有虎头的纹饰，因此又被称为"虎头盆"。木质的鱼盆通常是椭圆形或者圆形，一般用黄柏木做成，它的尺寸大小可以灵活设计，而且不容易破碎，也是平民养鱼常见的器具之一。瓷质鱼盆比上述材质的鱼盆质地细腻，工艺上也更精良，不仅可以养鱼，本身也是一种装点的佳品。

除上述种类外，还有一种用玉石雕刻的鱼盆，比较昂贵，一般为古时达官贵人所用。相传宋徽宗的书房里，就有一个白玉雕琢的鱼盆，里面有红色金鱼数条，让人观之赏心悦目。其造价之高，想必也让普通百姓望洋兴叹。

峰

峰[1]石一块者，相形何状，选合峰纹石，令匠凿笋眼[2]为座，理宜上大下小，立之可观。或峰石两块三块拼掇，亦宜上大下小，似有飞舞势。或数块掇成，亦如前式；须得两三大石封顶[3]。须知平衡法，理之无失。稍有欹侧，久则逾欹[4]，其峰必颓[5]，理当慎之。

【注释】

〔1〕峰：五代的荆浩在他的《笔记法》一书中有对山形的描述："尖曰峰，平曰顶，圆曰峦，相连曰岭。"有些石头可用来单独点缀成景，称为"峰石"。

〔2〕笋眼：也称为榫眼，卯眼，指榫卯结构中的凹入部分。

〔3〕封顶：把顶部封盖起来。

〔4〕稍有欹侧，久则逾欹：刚开始有些倾斜，后来则倾斜得越来越严重。

〔5〕颓：倒掉，崩坍。

【译文】

一块单独耸立的峰石，应该观察它的形态是怎样的，然后选择和峰石的纹理相同的山石，让工匠在其上刻凿笋眼当成底座，峰石安放时应该上面大下面小，竖立起来才最为美观。也可以用两三块峰石拼成山峰的形状，同样采用上面大下面小的摆放形式，才能具有飞舞欲举的气势。还可以将几块峰石堆叠起来，像前面的方法一样；要用两到三块大石头封盖住顶部。安放石头要懂得平衡之法，保证安置妥善不出差错。如果稍有偏斜，天长日久就会越来越倾斜，最后峰石肯定会崩坍倒掉，因此叠造峰石的时候一定要小心谨慎。

【延伸阅读】

峰石，一般都具有突兀挺拔的特点，在掇山中，可以放在山体的顶端，体现出假山的奇险凌拔之美。掇山时，要仔细观察峰石的形态、纹理和色泽，选择和它风格相似的石头来做基石。这看似简单，实际施行起来却不容易。有些人找到了很好的山体石，也找到了很不错的峰石，但叠造后却看起来不那么美观——因为峰石和山体石纹理不同。

安放峰石，一般由工匠在基底的山石上凿出一些空洞，尺寸大小正好和所选的峰石相符合，要使峰石安上去有自然天成、浑然一体的感觉。特别注意的是，在安放重心不同的石头时，要保证它的牢固性，要按照力学平衡法则妥善安放。如堆秀峰时，要保证山体的重力线垂直于底基的重心，起到均衡山体的作用；安放峰石时，要用单块石头拼接，不要用太大的石头；剑立峰的安放，最重要的是将剑石落实在其他附着物上，与周围的石体靠紧；而流云峰的安放，就要侧重采用挑、飘、环、透等手法。

通常来说，一座假山只能有一个主峰，这个主峰要充分体现高峻雄伟的势态。次峰不能超过主峰的高度，唐代的王维就曾在《山水诀》中说："主峰宜高耸，客山须是奔趋。"而山峰和山峦之间，应该必须呼应，相互通连，千万不要形成香炉蜡烛式或者刀山剑树式的布列样式。

峦

峦[1]，山头高峻也，不可齐，亦不可笔架式，或高或低，随至乱掇，不排比[2]为妙。

【注释】

〔1〕峦：比较小但是锐峭的峰。
〔2〕排比：在叠山时将峰和峦的高度持平。

【译文】

峦的形状是山头高峻，有锐峭的感觉。掇峦时顶端一定要突出，不能齐平，也不能刻意对称，就像笔架一样。要高低起伏错落有致，依据石块的形状而随意

造型，使其不并列排布为好。

【延伸阅读】

峰和峦经常被放在一起组成词汇，但两者也有区别。叠山峰和叠山峦时的做法也是不一样的。山峰一般高兀尖削，而峦则显得平缓逶迤，有些小起伏。如果把山峰比作巨人，那峦就是巨人影子下的矮人。

峰和峦结合在一起，就形成了起伏有致的山顶风光，所以叠峦工作在掇山中也是非常重要的。峰倚峦而立，峦以峰为秀；峰是峦的凝聚，峦是峰的延伸。峰石有挺拔秀丽之感，峦有厚重起伏之意。从堪舆学角度来说，山峰高耸傲立，是贵气的象征，而层峦叠翠则是富有的象征。峰峦相间，就寓意着富贵双全。

在叠峦时，要体现出起伏的样子，不要呆板地并列排布峦石，要错综交叠，不然叠成之后看上去笨重呆板，还不如无山。在堆叠假山时，尤其应该重视结顶工作，要形成一种层峦叠嶂、前后呼应、错落有致的形态。在中国古典园林中，如果采用土山，都会用峦石来结顶，如拙政园中部的东、西两岛假山。

岩

如理悬岩[1]，起脚宜小，渐理渐大，及高，使其后坚能悬。斯理法古来罕者，如悬一石，亦悬一石，再之不能也。予以平衡法，将前悬分散后坚，仍以长条堑里石压之，能悬数尺，其状可骇，万无一失。

【注释】

〔1〕悬岩：形体高峻、上端呈悬挑奇险状的山崖。

【译文】

如果想掇叠出高峻奇险的悬崖，在起脚的时候要小，然后越堆越大，堆到高处，要保证它的后部坚固结实，使之能够悬挑到半空。这样的垒砌方法，自古以来都很罕见。一般只能悬挑出一块石头，最多再悬挑出一块，再想多悬挑几块就不可能了。而我用力量平衡的方法，把前面悬挑出去的那些石头的重量分散到后面加固，用长条形的重石压牢固，能够在空中挑悬几尺长，样子看起来很吓人，但绝对安全，可保万无一失。

【延伸阅读】

岩壁是假山山体的重要组成部分，在园林的假山造型中，山岩不要平实无趣，而要形成悬挑奇险的形状。堆叠山体时常选用黄石，因为这种石头在自然风化后会在岩石表面形成或横或斜的纹路，交互错综，参差错落有致，本身就具山体的苍劲之感。

在苏州的耦园东部，挺立着一处用黄石堆叠的假山，岩壁直削而上，苍劲有力，下面是水池，横直的石块大小不一地堆叠在一起，显得凹凸有致，和真山几乎没什么差别。可以说这座山的石头雄伟峭拔，是整个假山中最出彩的部分。

苏州环秀山庄内的假山，模仿太湖石上涡洞套叠的造型，石头的表面比较光洁，堆叠起来显得十分自然和帖服。这座假山的西南角处，有块垂直形状的岩壁向外斜出，如同悬崖峭壁一样。它不是用横石从崖面中硬生生地挑出，而是由太湖石钩带出来，看上去自然天成，又非常牢固。

洞

理洞法，起脚如造屋，立几柱著实，掇玲珑如窗门透亮，及理上，见前理岩法，合凑收顶[1]，加条石替[2]之，斯千古不朽也。洞宽丈余，可设集[3]者，自古鲜[4]矣！上或堆土植树，或作台，或置亭屋，合宜可也。

〔注释〕

〔1〕合凑收顶：把石块聚合到一起，形成拱形，保证重力平衡不倾斜，构造出山洞的顶。

〔2〕替：替代。此处指叠洞石到洞顶处，就用条石来替代山石，压紧拱顶。

〔3〕设集：摆设几岸，聚集宴游。

〔4〕鲜：很少，少。

〔译文〕

叠造山洞的方法，起脚和建造房屋的方法一样，都是先竖起几根结实牢固的柱子，再选择奇巧有空洞的石块镶嵌其间，就像屋子的门窗一样能够透进光亮。叠到上部的时候，和前面掇岩的手法一样，把乱石向中间部分收拢起来做顶，顶

部用条石代替山石压紧实。按此方法做，可以历经千年而不会坏掉。这样做出的山洞宽度可以达到一丈有余，可供摆设几案宴集宾客，古来罕见。在洞的顶部，可以堆积土壤种植树木，可以筑造成台，也可以建设亭子或房屋，只要合适就可以。

【延伸阅读】

叠山造山洞，通常选择在山体的核心部位，面积大小根据人们的活动范围来定，高度在两米到两米五之间。洞室周围的面积，以不小于三平方米为宜。苏州环秀山庄的山洞设计，直径都在三米左右。设计洞室时，一定要把洞壁的牢固性放在第一位考虑。出于这样的考虑，一般造假山山洞的工匠，都会使用横向叠砌的方法。同样重要的还有山洞内的通风和采光，一般都要在山洞的壁体上凿出一些孔洞，有些还会在洞壁上开凿大的窗洞。

洞室内外都应该设计有登山的石阶，也叫蹬道，从洞里面可到达山顶的蹬道，一般会设计成螺旋状，高度和山洞门的高度持平为好，通常为一米八五左右，大概和人体高度相等或略超过人体高度。

对于洞顶的处理，一般是用长条形的石板覆盖，常用在年代久远的假山上，或者用于一些比较深长的山洞中。也有用石块、砖块、木头等为材料，逐层向外或向内叠砌洞顶。清代叠山大师戈裕良创造了一种"钩带法"，这种拱形的结构处理方法，更符合山洞的自然结构。

洞顶之中，通常就是登山时山顶的平台，因此要铺上平整的石块，并且灌浆，再用土层覆盖，或者用花街铺地的形式铺设好。要注意的是，一定要设置排水的坡度，并设计好散水的孔洞。

涧^{〔1〕}

假山以水为妙，倘高阜^{〔2〕}处不能注水，理涧壑无水，似有深意。

【注释】

〔1〕涧：泛指山谷、山涧。

〔2〕高阜：很高的土山。

【译文】

假山要依水而建才能有生机灵气，营造的景观才能美妙动人。假如在假山高处不能注水，涧壑无水就缺少了灵趣，也少了深邃的意味。

【延伸阅读】

谷是两座山中间峭壁所夹的弯曲幽深的地段，山谷中有水就称为山涧。古时著名的园林很多都有谷，如清代扬州的小盘谷、明代无锡的愚公谷等。而现存的假山之谷，应该算是苏州环秀山庄的山谷了。

山谷虽然也呈现出不同的景观，但若无水，便缺少了生机和情趣，山涧与之相比，就有趣多了。江苏无锡的寄畅园，有很多优秀的假山作品，其中用黄石叠砌成的八音涧非常著名。这个山涧中有两脉溪流，在山石间穿行跌落，声音清脆如音乐响起。苏州留园借助园中的水池，也在池北侧的假山中设计了一条水涧，如同山水画中的水口。《绘事发微》中说："夫水口者，两山相交，乱石重叠，水从窄峡中环绕湾转而泻，是为水口。"

叠砌山涧，一般选用黄石，它能使崖壁立峭，像危崖一样险峻，而山中的清流清澈柔美，正好形成审美上的对比。

曲水

曲水[1]，古皆凿石槽，上置石龙头[2]喷水者，斯费工类俗，何不以理涧法，上理石泉，口如瀑布，亦可流觞，似得天然之趣。

【注释】

〔1〕曲水：古代，有风雅情怀的文人常在弯曲的水流上游放置已盛酒的酒杯，酒杯顺水流到谁面前，谁就取杯畅饮。

〔2〕石龙头：把露出水面的石头雕刻成龙头的形状，水流就好像是从龙口中吐出一样。

■〔清〕樊沂 宴饮流觞图卷

■ 潭柘寺流杯亭的龙虎曲水

【译文】

古时人们建造曲水，一般是凿一个石槽，上游雕刻一个喷水的石龙头。这样做不但费工夫，看起来也庸俗之极。不如用理涧的方式，在上部做成石泉，石泉出口流出的水和飞流直下的瀑布一样美观；也可以荡杯喝酒，尽得天然妙趣。

【延伸阅读】

曲水流觞是中国古代的一种文人游戏。古代文人经常在一些风景优美的地点，举办以题对为主题的聚会活动。人们会在曲折的小溪边排坐，然后由上游的人出题，再在水中放一只载着酒杯的盘子，顺流而下。酒杯漂至谁面前停下，此人就要对一句诗，对不上者，罚酒三杯。

这种游戏在曲折的小溪边做最有趣，所以取名为"曲水流觞"。后来，人们在园林中也想做这样的游戏，却难寻适宜流觞的弯曲小溪，于是就有人在园林中结合水景布局，用石块叠砌出狭窄弯曲的小渠，以便文人游戏。

发展到后来，人们把这种曲水设计得更为小巧，并且放在亭台等建筑中，使这一水景和建筑结合在一起。在北宋的《营造法式》中，还专门讲述了曲水的做法。如今的北京恭王府流杯亭、北京故宫花园中的禊赏亭，都属于曲水建筑。

瀑布

瀑布如峭壁山理也。先观有高楼檐水，可涧至墙顶作天沟，行壁山顶，留小坑，突出石口，泛漫[1]而下，才如瀑布。不然，随流散漫不成，斯谓"作雨观泉"之意。

夫理假山，必欲求好，要人说好，片山块石，似有野致。苏州虎丘山[2]，南京凤台门[3]，贩花扎架[4]，处处皆然。

【注释】

〔1〕泛漫：水从水道出口溢出，漫流而下。

〔2〕苏州虎丘山：位于苏州西北郊区，此处花卉园艺非常兴盛。《苏州府志》里记载说，虎丘一带的人最善于在盆里栽种奇花异草。

〔3〕南京凤台门：明朝初年在南京城外围开了十六个门，南方的其中一门叫凤台门。附近的花神庙一带，也有很多人擅长种植花卉。

〔4〕扎架：卖花的花农为吸引市民的目光，把花木用竹子编扎成不同的形状，比如花篮和鸟兽等。

【译文】

修筑瀑布的方法就如同掇峭壁的方法。首先应该观察高楼的屋檐能承接雨水作为水源，也可从山涧中引水到墙头上，做成天沟，再将其引至峭壁的顶部，设以小坑蓄水，让水从小坑的出水口溢出，漫流而下，形成瀑布。否则水会分散流下，不就形不成瀑布了吗？这样才能营造出"坐雨观泉"的意境。

叠造假山，一定要追求最完美的效果，要能够让人观之而啧啧称赞。哪怕是几片山石，也要排布合适，体现出自然的朴野之趣。苏州虎丘山和南京的凤台门附近，那些卖花人为了迎合世俗之趣，就把花木编扎成各种形状，违背了花木的自然天性，如今到处都有这样的东西存在。

【延伸阅读】

瀑布，就是水从悬崖或陡坡上倾泻下来形成的一种景观，因其景观非常优美，因此广泛用于园林景观创造中。它是把自然中的流水之美，再现于人工园林的环境之中。

一个完整的瀑布景观，由背景、水源、落水口、瀑身和承接瀑布落水的水潭、溪流构成。每个部分都非常重要，它们有机结合，才能形成持续不断的瀑布景观。在中国园林中，拥有天然瀑布的情况并不多见，所以人工瀑布的营造就显得极为重要。而在大量的人工瀑布建造中，人们也积累了丰富的经验，并把瀑布推至一个很高的审美高度。

通常来说，园林瀑布选址应该用群山做背景，上游有积聚的水源，山间有瀑布的落口，下方有积水潭或者溪流。根据水源的多少，可以把瀑身设计为重落、离落、布落、丝落和线落等不同形式；对于落水口，可以用天然石材做成，它可以根据想要的瀑身效果，设计成不同的形状；下方承接瀑布落水的瀑潭，也要在补水、溢水、泄水方面科学设计，保证瀑布的水循环。

选 石

> 相石时根据前期对假山的设计构想，来相看石头的大小、形状、纹理、色泽等。因为很难找到和构想中一模一样的石头，因此选石决定了叠山是否成功，很多成功的假山作品都是从选石开始的。

　　夫[1]识石之来由，询山之远近。石无山价，费只人工，跋躠搜巅[2]，崎岖[3]究路。便宜出水，虽遥千里何妨；日计在人，就近一肩可矣。取巧不但玲珑，只宜单点[4]；求坚还从古拙，堪用层堆。须先选质无纹，俟后依皴合掇；多纹恐损，垂窍[5]当悬。古胜太湖[6]，好事只知花石[7]；时遵图画，匪人[8]焉识黄山[9]。

■〔元〕赵孟頫 枯枝竹石图

小仿云林[10]，大宗子久[11]。块虽顽夯[12]，峻更嶙峋[13]，是石堪堆，遍山[14]可采。石非草木，采后复生，人重利名，近无图远[15]。

【注释】

〔1〕夫：语气助词，无实在意义，常用在句子的开头。

〔2〕跋躐搜巅："跋躐"指跋山涉水；"搜巅"指爬到山顶上，寻找形状奇巧的石头。

〔3〕崎岖：形容道路艰险，曲弯起伏不定。

〔4〕单点：指将有独特欣赏价值的石头单独放置。

〔5〕窍：石头上的孔洞。

〔6〕太湖：位于苏州市吴县的西南，湖跨江苏和浙江两省，古时候又被称为震泽。在太湖的东、西洞庭山近旁的湖底，有很多奇石，人称"太湖石"。太湖石在中国园林建造中发挥了重要的作用，是一种独特的掇山材料。

〔7〕花石：奇异的花草和石头。

〔8〕匪人：指不懂绘画艺术的人。

〔9〕黄山：用黄石堆成的假山。黄石，一种呈橙黄色的细砂岩，产于江苏常州等地。

〔10〕云林：倪瓒，字元镇，号云林居士，今江苏无锡人，元代山水画家，以其山水画意境悠远而闻名后世。

■〔明〕米万钟 寿石图

〔11〕子久：黄公望，字子久，号一峰，又自号大痴道人，今江苏常熟人。元末著名画家，所画作品多以江南吴中风景为主。

〔12〕顽夯：石头拙笨的形状。

〔13〕嶙峋：山岩险峻或累叠高耸。

〔14〕遍山：满山。

〔15〕近无图远：因为黄石的产量非常大，外表看起来比较顽笨，不过叠山时用得巧妙，就能体现一种质朴厚重的艺术感，可以以此掇好山。

【译文】

选择掇山石头时，一定要知道石头的来源，还要知道运送石头的路途远近。其实石头本身没有什么价值，费用主要花在人工上。搜寻奇石，需要翻过高山险阻，走过崎岖山路。假如能走水路运送，就算石头远在千里之外也无妨；假如只需一天的路程，就近雇人抬挑搬运即可。选择石头的时候，不仅要选玲珑有致、适合单独放置的奇石，还要选择一些结实古朴的石头用于层层堆叠。一定要找那些质地好、没有裂纹的石头，之后按照绘画中的皴法来堆叠假山。那些纹路多的石头容易断裂，没有孔洞的石头适合悬挑。前人都说太湖石叠山最好，只知道花石纲那样的奇花异石；现在的人都按照画中的情境叠山，但是不懂绘画艺术的人哪儿会知道用黄石也可掇出好山。掇小山时可以按照倪云林幽远简淡的笔意，掇大山则可以仿照黄子久雄伟豪壮的笔峰。黄石石块看起来顽劣笨拙，但是高高堆起能让人有意境深远的感觉，这种石头很适合堆叠假山，而且很多山上都可以采集到。山石和草木不一样，它们被开采后，就不会再生长出了，世人爱好虚名，常花重金到别处寻找奇石，如果近处没有就会到远处搜寻。

【延伸阅读】

所谓选石，包括两个部分，一是对叠山所用石头种类的选择，二是相石的过程。相石是根据前期对假山的设计构想，相看石头的大小、形状、纹理、色泽等。因为很难找到和构想中一模一样的石头，因此选石的好坏就决定了叠山是否成功，很多成功的假山作品都是因为石头选得好。

当然，并非所有的山石都能做叠山之用，传统叠山选石都会选择层积岩做石材。在江南古典园林中，很多假山都是用太湖石、黄石叠成。另外广东英德的英石、江苏常州一带的斧劈石，还有安徽的宣石，也是古典园林中最常见的假山石。

但由于石料运输比较困难，用非本地产石料堆叠的假山一般规模较小。历来叠山师都建议就地取材，不要为取他山之石大费周折。

【名家杂论】

在园林中用奇石叠山来展现别样风景的做法，和古时士大夫阶层的趣味有关。早在春秋战国时期，就有关于藏石的记载，《后汉书》里就有"宋愚夫亦宝燕石"的说法。至唐宋时期，赏石玩石之风更为盛行，陆游曾写："花如解语还多事，石不能言最可人。"而以石叠山，更让不少文人得以把爱石之心安置在咫尺峻峰之中。

一般来说，在叠山中选择有原始味道的石材最好，比如没有经过切割，石面上有风化痕迹的石料，或者是经过水流冲击洗刷的石头，能够展现一种石山所具有的沧桑沉着之感。从颜色上来看，选择蓝绿、棕褐、紫色、红色等色调比较柔和的石头，宜于和周围环境搭配点缀。而白色、黑色、金属色等颜色，不易和其他景物融为一体，因此尽量避免使用。当然，扬州的个园中，有一座用纯白宣石叠造的冬山，它通体雪白，就像积雪尚未融化，非常优美独特。这是对山石色彩使用的一个特例，一般来说，还是使用色彩宜掌控的山石为主。在山石形状的选择上，那些天然具有某种形状的石头，或者是石头上有特殊纹理的，是最珍贵的。石头形状呈现出规则几何形状的，或者经过打磨的石头则不算是上品。

还有一点，就是选石叠山时，不管所选石头是特殊的还是普通的，都应该保证整个假山的石头种类的统一性，否则假山的整体效果就会显得杂乱不和谐。最后要重点提出的是，只要石头能够为叠山之用，不需区分贵贱高低，就地选择有地方特色的石料最好。

太湖石

苏州府所属洞庭山[1]，石产水涯，惟消夏湾[2]者为最。性坚而润，有嵌空、穿眼、婉转、险怪势。一种色白，一种色青而黑，一种微黑青。其质文理纵横，笼络起隐，于石面遍多坳坎，盖因风浪中冲激而成，谓之"弹子窝"，扣之微有声。采人携锤凿入深水中，度奇巧取凿，贯以巨索，浮大舟，设木架，绞而出之[3]。此石以高大为贵，惟宜植立轩堂前，或点乔松奇卉下，装治假山，罗列园林广榭中，颇多伟观也。自古至今，采之已久，今尚鲜矣。

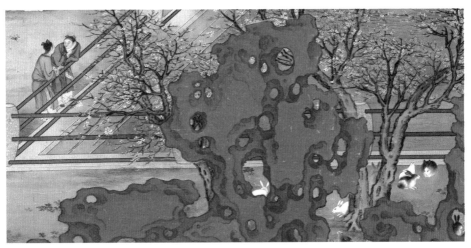

■〔清〕冷枚 胤禛行乐图（局部）

【注释】

〔1〕苏州府所属洞庭山：今江苏省苏州市吴县西南的东山和西山。古时把东山称为胥母山，它是太湖中的一个岛屿，元代以后和陆地相接，成为半岛，主峰叫莫厘峰；称西山为包山，其主峰是缥缈峰，它是太湖中最大的一个岛。

〔2〕消夏湾：位于苏州西山，相传春秋时期吴王夫差在这个地方避过暑，故有此名。

〔3〕绞而出之：在水面上设木架，把水底的石头绞出水面，引自《云林石谱》。

【译文】

太湖石产自苏州的洞庭山水边，产自西山消夏湾的石头，又是太湖石中最好的一种。太湖石坚硬又润泽，石上自然形成了镂空、穿眼、宛转、险怪等不同的形态。有一种太湖石颜色是白的，一种是青黑色，还有一种是黑色中微微带点青色。太湖石的石质非常好，纹理交错，脉络起伏有致，在石头表面布满了凹凸不平的陷坑，还有一些孔洞，都是因为被风浪冲刷而形成的，人称"弹子窝"，敲击太湖石时，会听到微微的响声。采石工人带上锥子、凿子等工具潜入水中，挑选那些奇巧的石头凿下，系上粗大结实的绳索，然后在大船上放置木架，把石头从水中绞出。太湖石以高大为贵，适合放在轩堂前面，或者放在高大的松木下，在奇花异草的装点下做成假山的形状。假如把很多太湖石摆放在园林的楼榭之间，就能形成非常壮观的景象。从古至今，对太湖石的开采已经持续了很长时间，现在已经不多了。

【延伸阅读】

人们一般把太湖石称为湖石，主要是指产自太湖附近的一种石灰岩。除了太湖周边，在江苏的宜兴、浙江的长兴、安徽的巢湖等地方，也出产和太湖石相似的石种。

太湖石的特点是石质坚硬而润泽，石头上遍布孔眼，形态宛转险怪，呈现出"皱、漏、瘦、透"的美感。太湖石以白色的产量最多，还有很少一部分是青黑色的，相对来说黄色太湖石最为罕见。太湖石又分为水、旱两类，其中在水中的石头比较珍贵，但是它的采掘工作非常麻烦。唐代的吴融在《太湖石歌》里，

■〔明〕吕纪 狮头鹅图

用生动的文字描写了太湖水石的采掘过程："洞庭山下湖波碧，波中万古生幽石，铁索千寻取得来，奇形怪状谁得识。"

太湖石大多玲珑剔透，有重峦叠嶂的风姿，它和灵璧石、英石、昆山石一起，被誉为"中国四大名石"。太湖石最适合为园林叠山之用，在皇家园林以及江南的私家园林里，以太湖石叠造的优秀假山不胜枚举。

太湖石赞
待拳石来
震泽石坚
荡太古色
亥云兴黝
如墨冒以黑
两华物卷
之怀不盈
尺
萧子中夏
赏
矐萧子
乃我世友
有之以之
德者孔深

■〔元〕赵孟頫 太湖石赞

【名家杂论】

据《清异录》记载，从五代后晋时期，就有人开始玩赏太湖石了。到了唐代玩赏太湖石蔚然成风，当时身居相位的牛僧孺，就是一个不折不扣的太湖石痴。他不仅在自己的府邸里收藏太湖石，还在自己的别墅里聚集了大量的太湖石。白居易曾描述牛僧孺对太湖石的痴迷程度："休息之时，与石为伍""待之如宾友，亲之如贤哲，重之如宝石，爱之如儿孙"。太湖石的魅力，由此可见一斑。

太湖石好看，但是采集起来却非常困难，尤其是太湖石中的水石，开采起来更是难上加难。宋代，采石工匠带着开凿的工具，深入到太湖的深水之中采石。在没有任何氧气装备的情况下，称之为冒着生命危险，也是毫不夸张的。另外，还有一种名为"种石"的太湖石加工方法。这是指对于一些没有天然孔眼的太湖石，人们会用人工凿孔挖洞的方法为其增加孔洞，然后再把它放到深水之中，等待水流的冲刷。这种石头的获得，需要漫长的时间，所以当地民间有"阿爹种石孙子收"的说法。

用太湖石堆叠假山的历史也很悠久，而且人们从一开始就注意到，太湖石的形态和石灰岩溶洞里的山石非常类似，所以一般成功的太湖石假山作品，都是模仿溶洞中的山石形状来堆叠的。苏州环秀山庄的假山，就仿造当地的大石山山洞中的景观，它的假山山洞、石室等，都模拟石灰岩溶洞的样子。洞顶采用拱形结构，自然而又稳固，经过二百多年的岁月，依然牢固如初。在苏州的惠荫园里有一座假山，是仿造太湖西山的林屋洞修筑的。这座假山的山洞很深邃，且有玲珑之感。山洞也是拱形结构，洞顶悬挂着钟乳石，沿着洞壁修建有弯折迂回的小道，非常别致有趣。

昆山石

　　昆山县[1]马鞍山[2]，石产土中，为赤土积渍[3]。既出土，倍费挑剔洗涤。其质磊块[4]，巉岩[5]透空，无耸拔峰峦势，扣之无声。其色洁白，或植小木，或种溪荪[6]于奇巧处，或置器中，宜点盆景，不成大用也。

■ 昆山石

【注释】

　　〔1〕昆山县：江苏省的一个县名，位于江苏和上海中间，马鞍山的阳面属于苏州，此山主峰被称为昆山，昆山县名由此而来。

　　〔2〕马鞍山：昆山县的西北方向的一座山，是昆山的旅游点，又因为这里的石头颜色洁白，也称为"玉峰"。

　　〔3〕积渍：红色的泥土在石头的凹洼之处聚集。

　　〔4〕磊块：石头块。

　　〔5〕巉岩：险峻高耸的山岩。

　　〔6〕溪荪：一种水草的名字，也叫水菖蒲。一般生长在山涧溪流的水边，每年农历的五月、六月间开花，花为紫色、白色。

【译文】

昆山县的马鞍山上，土里出产一种石头，石头表面被红色的泥土掩埋。这些石头出土之后，要耗费大量的人力来清除洗涤石头上的淤泥。昆山石一般呈块状，形状高峻透空，没有突兀高耸的峰峦姿态。敲击起来，没有声响。它的色泽洁白，可在石上的奇巧处种上小树、溪荪之类的绿植，或者把它放到器具之中，做成盆景，没有什么太大的用处。

【延伸阅读】

昆山石是中国四大名石之一，又被称为昆石、巧石，它所蕴含的主要矿物质是石英，内部构造非常精美、复杂。昆山石中的佳品一般是色彩雪白，有莹润光泽，窍孔布满石体，给人玲珑剔透的感觉。昆山石只分布在昆山玉峰山的局部区域，所以非常珍贵，它是叠造假山、制作假山盆景和案头清供的上好材料。

对昆山石的开采和观赏收藏，可以溯源到西汉时期。从那时开始，历代文人对昆山石都非常青睐，有些人不惜重金来求取此石。宋代的陆游曾写过"雁山菖蒲昆山石，陈叟持来慰幽寂。寸根蹙密九节瘦，一拳突兀千金直"的诗句；元代的诗人张雨也写过《得昆山石》一诗："昆丘尺壁惊人眼，眼底都无蒿华苍。隐若连环蜕仙骨，重于沉水辟寒香。孤根立雪依琴荐，小朵生云润笔床。与作先生怪石供，袖中东海若为藏。"

昆山石的采集也非常复杂，首先要把山洞中的石坯采出，然后在太阳下暴晒一周左右，把黏附在石头表面的红色泥土晒得干硬并自行剥落。之后，用一定浓度的碱水不停冲刷，把石缝和孔洞里的碎石粒和残留的泥土冲掉。最后用草酸洗掉石头上的黄色锈斑，把石头放到太阳下晒干。通过这样的工序，昆山石才能露出白如雪的本来面目。

宜兴石

宜兴县[1]张公洞[2]善卷寺[3]一带山产石，便于竹林[4]出水，有性坚，穿眼，险怪如太湖者。有一种色黑质粗而黄者，有色白而质嫩[5]者，掇山不可悬，恐不坚也。

■〔北宋〕赵佶 祥龙石图卷

【注释】

〔1〕宜兴县：江苏省一个县名，在太湖之南，和浙江的长兴县毗邻。以出产紫砂壶而闻名天下。

〔2〕张公洞：位于江苏宜兴县东南，据传东汉的张道陵在这里修炼过。此洞属于石灰岩溶洞，有大大小小的洞穴七十二个，洞穴里面有形态不一的钟乳石。

〔3〕善卷寺：今天也被称作善卷洞、檀权洞，位于宜兴县西南，分为上、中、下三层洞穴，也是石灰岩溶洞，洞里有很多形状奇特的钟乳石、石笋。

〔4〕竹林：疑为"祝陵"的误写或谐音词。据《宜兴县志》记载，"疆域图载，祝陵被近善卷洞"。

〔5〕嫩：柔嫩，指宜兴石质地不坚硬结实。

【译文】

宜兴县的张公洞和善卷洞周边山上，也出产石头，在方便竹林（祝陵）出水的地方，有的宜兴石质地坚硬，石头上有穿眼的形状，外形险怪和太湖石相似。另外还有一种宜兴石，颜色是褐色略带黄色，质地粗糙，还有一种白色的，质地脆弱，用这样的宜兴石叠山一定不能使之悬空，因为它可能因不结实而坍塌下来。

【延伸阅读】

出产造园奇石的宜兴善卷洞和张公洞，不但能够提供石材，还是两处著名的旅游景点。它们兼有大自然的风景美和浓郁的历史人文气息，历来是人们参观游览的好去处。

善卷洞，位于江苏宜兴城西南五十里处的螺岩山中。它分为上洞、中洞、下洞及水洞，总面积达五千平方米。善卷洞景色天然灵秀，又富含深厚的文化背景，因此受到很多人的喜爱。人们把中国的善卷洞和比利时的汉人洞、法兰西的里昂洞，并称为世界三大奇洞。

张公洞又名庚桑洞，是著名的石灰岩溶洞，位于宜兴城西南约四十四里的孟峰山麓。此洞共有七十二个大小不一的洞穴，每个洞穴的温度相差甚远，因此又有"海内奇观"的美誉。相传春秋战国时，一位名为庚桑楚的老子弟子，不愿混迹官场，为了免于外界打扰，就在这里隐居起来，潜心修道。后来修成化仙而去，并留下著作《洞灵真经》九篇。后人为了纪念他，就将此洞命名为"庚桑洞"。到了汉代，宜兴人张道陵在此修道，后到江西龙虎山创立"五斗米道"。又相传张果老也在这里的洞中修道，后食千年何首乌登仙而去。因此，人们为纪念二张，就把此洞称为"张公洞"。

龙潭石

龙潭[1]，金陵[2]下七十余里，地名七星观，至山口、仓头一带[3]，皆产石数种；有露土者，有半埋者。一种色青，质坚，透漏，文理如太湖者。一种色微青，性坚，稍觉顽夯，可用起脚压泛[4]。一种色纹古拙，无漏，宜单点。一种色青如核桃纹多皴法[5]者，掇能合皴如画[6]为妙。

【注释】

〔1〕龙潭：位于江苏省句容县北面，南京和镇江之间，归南京管辖。

〔2〕金陵：即今天著名的文化古都南京。

〔3〕地名七星观，至山口、仓头一带：七星观、山口、仓头，都是龙潭附近的小地名。

■ 龙潭石

〔4〕压泛：用粗大的石头铺满桩头，以使桩基牢固。

〔5〕皴法：国画中山水画山石染擦的画法，分为大斧劈皴、小斧劈皴、云头皴、荷叶筋皴、折带皴、雨点皴、披麻皴等。

〔6〕合皴如画：在掇山时把石头按不同纹理形状分类，按照山水画的构图和皴染方式，叠成假山。

【译文】

龙潭在南京以东七十多里的地方，这一带沿长江有七星观、山口、仓头等地，都出产龙潭石，种类有好几种。有的露出地面，有的半埋在土里。有一种青色的，石质坚硬，有透、漏的特点，纹理和太湖石非常相似。有一种颜色微青，质地坚硬结实，不过稍嫌粗重笨拙，在掇山时可以用来堆砌假山的基脚或压盖基脚桩头。还有一种，花纹比较古朴笨拙，石面上没有孔洞，适合单独点缀。另外一种颜色发青，有核桃一样的花纹，很像绘画中的皴法，如果能在掇山时将多种皴法综合起来产生绘画般的效果就最妙了。

【延伸阅读】

出产龙潭石的南京东郊龙潭，经历过历史的沧桑，和中国很多历史名人也有密切的关系。在明代弘治年间出的《句容县志》中，记载着龙潭镇的建立时间：公元1490年，当时的句容县令王僖始建龙潭镇。据此算来，它也有五百多年的历史了。

虽名为龙潭，但该处早已经没有潭水存在。据史料记载，家住龙潭镇的清代读书人有诗曰："大江之南潭水之东，有哲人兮降生其中。"由此可证在过去，龙潭镇确有水潭存在。而可造园林假山的龙潭石，也许就是在潭水中形成的。

明代的台阁大学士杨士奇写下了《龙潭十景序》，称颂龙潭的山水风光。从清《宝华山志》中图式可看出，明清之际，龙潭镇镇区位于今镇西武圣庵一带（紧邻行宫遗址），现存的龙潭老街为民国时期所建。在清代的康熙、乾隆年间，皇帝经常要去宝华山的隆昌寺拜佛，而其必经之地就是龙潭。因此，在康熙时期，龙潭镇上曾建造有行宫。龙潭的定水庵曾经是隆昌寺的下院，供路经此地的南北僧人们投宿歇息之用，也供接运粮食货物。在漫长的历史岁月里，龙潭镇曾建造过不少的寺庵，素有"九庵十八庙"之称。后来著名地质学家李四光、朱森曾经在此地考察，并合著了《南京龙潭地质指南》一书。

青龙山石

金陵青龙山[1]石，大圈大孔[2]者，全用匠作凿取，做成峰石，只一面势者。自来俗人以此为太湖主峰，凡花石[3]反呼为"脚石"[4]。掇如炉瓶式，更加以劈峰[5]，俨如刀山剑树者斯也。或点竹树下，不可高掇。

【注释】

〔1〕青龙山：位于南京东南方向的中山门外，因为此地出产石材而闻名。唐代李白诗中"白鹭映春洲，青龙见朝暾"，就是写的这个地方。

〔2〕大圈大孔：指石头上很大的圆形孔眼，有的深有的浅，有的透有的不透。

〔3〕花石：主要是指太湖石。

〔4〕脚石：掇山时做山基用的石头，一般选用笨重顽劣的石头。

〔5〕劈峰：造山时排布在主峰两边的山石。

【译文】

南京的青龙山上，出产一种巨大又有圆形孔眼的石头，全靠工匠们开采出来，用这种石头作为峰石时，只有一个侧面可供观赏。以前有些庸俗的人把它用作太湖石的主峰，反把太湖石用作假山的"脚石"。他们把石头叠成像桌案上的香炉或者花瓶样式的假山，再造出劈峰，俨然如同刀山剑树一般，真是庸俗之极。青龙石可以用作竹树下的点缀，但不能叠得太高。

■〔元〕王渊 花竹锦鸡图

【延伸阅读】

南京被人们称为"帝王之都"，民间戏言这与它拥有"左青龙，右白虎，前朱雀，后玄武"的绝佳风水格局有关。人们所说的"左青龙"，指的是南京江宁区的青龙山。青龙山不仅风景秀丽，还以其出产的优良石材而闻名遐迩。

明代初期的史料记载表明，六百年前，青龙山的石头已经被皇家用于建筑中了。但这不是青龙山石被利用的最早历史。2008年，考古队于青龙山山脚下发现一处一千五百年前的石器加工场遗址。遗址里面有三类重点文物，最多的就是石料，其次为石构件的半成品，还有很多铁质的斧、錾、凿、剪、削等加工工具。可见青龙山石在南朝时期就被广泛利用了。

青龙山和石头的联系还远不止于此，在山脚下有个窦村，被称为"石头村"。此处的村民，世世代代都以石头为生。这里随处都是石屋、石路、石井、石磨房、石凳、石狮，村民们也都做石匠，相传六百年前，朱元璋要修城，窦村的石匠们被征集起来，在青龙山一带采集石料建造宫殿和城墙。在南京城内，到处都有窦村石匠的佳作，比方说栖霞山的佛龛、明孝陵的石构件、中山陵的石阶、莫愁湖的抱月楼一百〇八将石雕、夫子庙的牌坊等。

灵璧石

宿州[1]灵璧县[2]地名"磬山"[3]，石产土中，采取岁久，穴深数丈。其质为赤泥渍满，土人多以铁刃遍刮，凡三次，既露石色，既以铁丝帚[4]兼磁末刷治清润，扣之铿然[5]有声，石底多有渍土不能尽者。石在土中，随其大小具体而生，或成物状，或成峰峦，巉岩透空，其状少[6]有宛转[7]之势；须藉斧凿，修治磨

■ 灵璧石

砻^[8]，以全其美。或一两面，或三面；若四面全^[9]者，即是从土中生起，凡数百之中无一二。有得四面者，择其奇巧处镌治^[10]，取其底平，可以顿置几案，亦可以掇小景。有一种扁朴或成云气者，悬之室中为磬^[11]，《书》所谓"泗滨浮磬"^[12]是也。

【注释】

〔1〕宿州：今安徽省宿州。

〔2〕灵璧县：属宿州市。

〔3〕磬山：位于宿州境内，山上出产一种叫"磬石"的名石。

〔4〕铁丝帚：铁丝制成的扫帚，类似今天除锈用的铁丝网刷之类。

〔5〕铿然：形容敲击金属发出的声音。

〔6〕少：稍微，略微。

〔7〕宛转：形容曲折而流畅的样子。

〔8〕磨砻：摩擦。

〔9〕全：对不完善的石头进行打磨修整，使其孔窍洞眼都曲折宛转起来。

〔10〕镌治：对石头进行挖凿打磨。

〔11〕磬：一种用玉石或者金属材料做成的乐器，呈矩形。

〔12〕泗滨浮磬：出自《尚书·禹贡》，意为"泗水边上的可以做磬的石头"。

【译文】

在宿州的灵璧县，有个叫磬山的地方，此地的土里出产灵璧石，因为开采多年，洞穴已有几丈深了。由于长期埋在红土之中，石上积满淤泥。采取出来后，当地人就用铁制刀具刮遍整个石头，要刮两三遍，才能把石头的本色显露出来。再用铁丝或竹条做成的扫帚，洒上磁末来刷，将其刷洗得干净清润，敲击时铿然有声，但石头底部大多会留有淤泥无法除尽。此石生于土中，大小形状各不相同，有的似某件物品，有的像山峦。灵璧石石体险峭透空，但孔眼很少有曲折宛转的样式，需要借助斧头凿子等工具进行修整打磨，以使其形态趋于完美。灵璧石通常只有一两面或者三面形态较好，四面形态都生得很完美，又是在土里自然形成的，几百块中都没有一两块。如果得到四面都完美的，就在它的奇巧处雕琢一番，使之底部平整，可以放置于几案上面，也可以做成盆景。还有一类灵璧石，形状扁平古朴或呈云气状，可以悬在屋内做磬，即为《尚书》里所说的"泗滨浮磬"。

【延伸阅读】

灵璧石，又名为磬石或者八音石，产地是安徽省灵璧县。这种石头和太湖石、昆山石以及英石并称为"中国四大名石"。从色彩上区分，灵璧石有黑、白、红、灰四大类；从种类上分，灵璧石有一百多个品种。黑色的灵璧石最为珍贵，它色如墨，声如磬。灵璧石的形状千奇百怪，有的像是天然的名山大川，有的像是珍禽异兽，有的像是美人高士。清代的乾隆皇帝曾亲笔为灵璧石题名为"天下第一石"。

体积大的灵璧石，可高达几丈，能够直接放在园林庭院之中作为假山用。甚至有些不但带有峰峦，还有洞壑，不需再耗费叠造之功，让人叹为观止。中等体积的灵璧石，可以用来叠造小山丘的蹬道，或者是河溪边的步石；或者是作为点缀石头布置在池塘岸边、草坪之上。一些体积小的灵璧石，则可以放在厅堂和斋馆等建筑内，有的做成盆景假山，也是意趣盎然。

【名家杂论】

对于灵璧石的开采和玩赏，从很早就开始了，在《尚书·禹贡》中，就有关于用灵璧石做磬的记载。宋代诗人方岩描摹灵璧石的文字"灵璧一石天下奇，声如青铜色碧玉，秀润四时岚岗翠，宝落世间何巍巍"，就非常生动。而《灵璧志略》中也对灵璧石的产地、种类有所记载："灵璧有七十峰，产有磬石、巧石、黑白石、透花石、菜玉石、五彩石等，山川灵秀，石皆如璧。"

灵璧石是一种质地细腻、坚硬如玉、敲击起来有悦耳响声的石头，因此古时候人们又把它叫作"八音石"。至今保存在故宫、孔庙中的编磬就是用灵璧石制成的。古时收藏灵璧石的名人不计其数，如苏轼收藏有"小蓬莱"，还有赵孟頫收藏有"五老峰"等。南唐后主李煜最喜欢一个灵璧石小山峰，还亲笔写了苏轼"山高月小，水落石出"的句子，让人镌刻在这座小山峰上。

自古就有"黄金万两易得，灵璧珍品难求"的说法，因为灵璧石能够营造出非同一般的意境，在对灵璧石的赞词中，就有"试观烟云三山外，都在灵峰一掌中"的句子。古代研究石头的典籍，都把灵璧石提到了一个很高的地位。宋代著名的《云林石谱》，一共记录了一百一十六种石头品类，把灵璧石列在了第一位；明代的文震亨也认为，灵璧石在众多石头中是最好的，并给出"石以灵璧为上"的评价。明代一位专门研究灵璧石的人王守谦，写成了《灵璧石考》一文，里面记载了很多名人园林，其中用灵璧石做装饰的例子非常多。

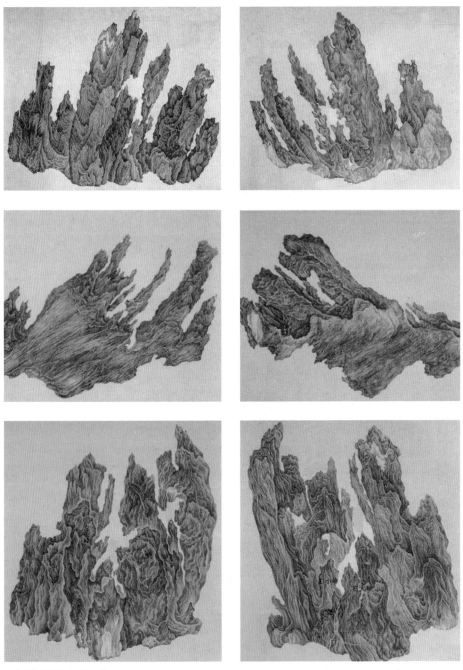

■〔明〕吴彬 十面灵璧图

■〔明〕吴彬 十面灵璧图

岘山石

　　镇江府[1]城南大岘山[2]一带，皆产石。小者全质，大者镌取连处，奇怪万状。色黄，清润而坚，扣之有声。有色灰褐者。石多穿眼相通，可掇假山。

【注释】

〔1〕镇江府：今江苏镇江市。

〔2〕大岘山：在今镇江南部郊区。

■ 岘山石

【译文】

在镇江的城南郊区，有一座山叫大岘山，附近一带出产岘山石。工匠采取石头时，小的就可以整个取出来，大些的就从易分处截断，然后取出。岘山石形状各异，千奇百怪。石体为黄色，清丽温润，石质坚硬结实，敲击会发出声响。还有一种灰青色的岘山石。岘山石上有很多互相贯通的孔眼，用来掇山最合适不过。

【延伸阅读】

出产岘山石的大岘山在镇江名气不大，而它所处的镇江南郊却成为江苏七大风景区之一。镇江南郊风景区和市中心相距五里，景区内山峦叠翠，修竹繁茂，清泉潺潺。它不但拥有优美的自然风光和丰富的石材资源，也有让人感怀的人文历史故事。

景区山间的招隐寺、昭明太子读书台及增华阁、竹林寺、鹤林寺等历史遗迹，掩映于林木苍翠之中，自有一番山林野趣。在历史上，很多名人雅士甚至帝王将相都曾经来探幽访胜。南朝的梁昭明太子萧统更是于此编成了中国首部诗文集《昭明文选》。

在东晋时期，这里建成了著名的鹤林寺、竹林寺、招隐寺三座寺宇。南朝时期，大量的文人雅士来此赏景，这期间流连题咏，为这里增添了不少的文雅之气。南郊可谓人杰地灵，有清泉可饮用，有幽洞可探险，有鸟语可静听，有寺宇可栖息。其中"鹤林烟雨"和"招隐红叶"更是极具特色的景致。大概是岘山也浸染了南郊的灵秀之气，岘山石无论从色彩上，还是从天然形状上，都是不输太湖石的上好假山石材。

宣石

宣石产于宁国县[1]所属，其色洁白，多于赤土积渍，须用刷洗，才见其质。或梅雨[2]天瓦沟下水，客冲尽土色。惟斯石应旧，逾旧逾白，俨如雪山也。一种名马牙宣[3]，可置几案。

【注释】

〔1〕宁国县：现宁国市，在安徽芜湖地区，位于宣城东南方向，和浙江相邻。

〔2〕梅雨：江南地区每到农历五月左右，就会阴雨连绵，因此时正值黄梅熟透，所以称为梅雨，也有人称之为霉雨。

〔3〕马牙宣：宣石种类之一，因石头上有棱角状如马牙而得名。

【译文】

安徽的宁国县出产一种宣石，颜色洁白，多有红土淤积的污渍，需用刷子刷洗才能看到石面。或者等到梅雨天气，把它放在瓦沟下水处冲刷，就能把上面的土冲洗干净。宣石以陈旧为贵，越是老旧的石头，越是像雪山一样洁白。还有一种"马牙宣"，可以放在几案上作观赏之用。

■ 宣石

【延伸阅读】

宣石最早被称为"宣州雪石"或"宣州石"。它的产地主要是安徽省南部的宁国市，在宣城市南部也有少量出产。因为古时宁国属于宣城的管辖范围，所以这种石头被称为宣石。

据《宁国县志》记载，"宣石，是黄褐色的沙积石、石灰石等经大自然年长日久的风雨剥蚀后形成的一种山石。"宣石的质地非常细腻坚硬，但较脆。从颜色上分，有灰黑色、白色、黄色等几种。其中白色的宣石可呈现如白玉一样的外观。宣石表面棱角分明，也有沟纹，花纹比较细腻而富于变化。它的形态古朴雅致，多为山体形状。

从形态结构上细分，宣石又可以分为四大类：第一类是马牙宣，因它的样子很像马的牙齿而得名，历来都被当作奇石收藏；第二类是灯草宣，因它的表面有灯草形状的细条花纹，石头也呈细条状，故此得名；第三类是米粒宣，它的表面有米粒一样的小颗粒，并且没有杂质；第四类是水墨宣，石体黑白相间，白色的部分像玉石一样，黑色的部分像洒上了墨汁，形似中国水墨画，可以用来做山水盆景。

宣石的产地范围本来就小，古代的叠山师又喜欢用这种石头来造山，所以如今地面留存的宣石已经非常少了。

【名家杂论】

对于宣石的使用，可以分为四种情况：一是用来叠造假山；二是用来制作石砚；三是作为盆景；四是纯做观赏石。

在中国古典园林的假山叠造中，宣石一向被视为上等石材。用宣石叠造假山最出色的例子，就是明末石涛在扬州个园的冬景假山。此山全用白色宣石堆叠而成，远远望去，山上如覆白雪，山间大大小小的白石头，如同在雪山上嬉戏的白狮子。这座假山以独特的审美视角，成为园林假山中的佼佼者。

古人用宣石做砚台的例子，同样不胜枚举。从唐朝开始，宣石做的石砚已经成为名贵的高档文房用品。相传大诗人李白曾数次到宣城，对于宣石和宣石做成的砚台非常赞赏，写过"麻笺素绢排数箱，宣州石砚墨色光"的诗句。据说用宣石砚研墨写出的字颜色会非常鲜亮。宋代宣城的文人高元钜，在他的《赠宣城宰》一诗中写道"砚注寒泉碧，庭堆败叶红"，生动地表现出黑色墨汁在宣石砚中形成的"寒泉碧"景致。

用宣石制作山水盆景，也是古代文人雅士最喜欢的事情。在名著《红楼梦》的第五十二回中，就描写到了一盆用宣石做的盆景。这个盆景放在林黛玉的屋中，"……暖阁之中有一玉石条盆，里面攒三聚五栽着一盆单瓣水仙，点着宣石……"，林黛玉本就是高雅绝俗之人，她这种在水仙盆点缀宣石的做法，雅致之极。宋代诗人许开描写过类似的景致："定州红花瓷，块石艺灵苗。方苞茁水仙，劂名为玉宵。""扬州八怪"里的李方膺，也画过《芭蕉宣石图》的作品。

最后要指出的是，单纯一块雅致的宣石，也可以放置于桌案做观赏之用。北宋的米芾和苏轼等人，就非常喜欢用宣石来布置桌案。这种做观赏石的宣石，只取其天然之趣，绝不用任何人工手段改变其形态。在书房中摆上一块精致的宣石，不但能够让人观之忘俗，而且还能够体现出主人的身份地位及艺术品位。

湖口石

江州湖口[1]，石有数种，或产水中，或产水际。一种色青，浑然[2]成峰、峦、岩、壑，或（成）类诸物。一种扁薄嵌空，穿眼通透，几若木版，似利刃剜刻之状。

■ 湖口石

石理如刷丝^[3],色亦微润,扣之有声。东坡^[4]称赏,目之为"壶中九华"^[5],有"百金归买碧玲珑"之语。

【注释】

〔1〕江州湖口：江州，指今江西省九江市。湖口，位于鄱阳湖之东的入口处，所以叫湖口。

〔2〕浑然：天然、自然。

〔3〕刷丝：一种像刷子刷出的丝状痕迹。

〔4〕东坡：宋代文学家苏轼，字子瞻，号东坡居士。

〔5〕壶中九华：形容石块体积小，但是非常灵奇，像是缩小放在壶中的九华山。九华山，位于今天安徽省青阳县西南方向，一共九座山峰，曾被称为九子山。后来唐朝诗人李白到此游览，看九个山峰像九朵莲花，就给它取名九华山。

【译文】

九江市的湖口，有好几种石头，有的产自水中，有的出于湖边。一种湖口石的颜色是青色的，自然形成了如同峰峦岩壑一样的形状，或者类似其他物体的形状。还有一种湖口石又扁又薄，上有孔隙，且孔眼互相贯通，就像是一块被快刀凿刻过的木板一样。湖口石的纹理就像用刷子刷出的细丝，色泽略显莹润，敲击时发出声音。宋时苏东坡曾经赞美过这种石头，把它称为"壶中九华"，并且写下了"百金归买碧玲珑"的诗句。

【延伸阅读】

湖口石又叫江州石，产地为江西省九江市的湖口县。在历史上，九江也被称为江州，因此此石亦有江州石之称。

自古以来江州就以产好石著称，这里的石头有些是产自水中，有些是产自水畔。湖口石分好几个种类，其中比较著名的有两种：一种是薄片形状的，看起来玲珑剔透，表面布满了细微而优美的纹路，用手敲击，会有响声。一些人会把这类石头里形状不太好的，用人工方式把它们粘连起来，作为观赏的盆景用。

还有一种，是青黑色的，稍微有些光泽，表面呈现出层峦叠嶂的样子，天然形成了群山的势态，非常可贵。湖州当地人会为之配上木质底座，当作天然盆景出售。有些人会把它们做成项链和佛珠等出售，很受一些人的喜欢。

【名家杂论】

苏轼号"东坡居士"，赏石、玩石的胸襟就和他的性格一样旷达磊落，举凡山水石景、抽象石、纹理石、色彩石等，都随性所至，随兴所玩，并没有什么拘束。苏东坡曾三次来到湖口。第一次是送长子苏迈到德兴县任县尉，路过湖口，泛舟夜探石钟山，写下了脍炙人口的名篇《石钟山记》。第二次是苏东坡迁贬惠州时，路经湖口，在藏石家李正臣家中见到了一块江州石，高耸部分挺拔伟岸，像峥嵘巨峰，低矮部分委婉曲折，像低洼深谷，整个山势宛转盘旋，宛如九华山浓缩在壶中，因此题名为"壶中九华"，并大发诗兴曰："清溪电转失云峰，梦里犹惊翠扫空；五岭莫愁千嶂外，九华今在一壶中。天池水落层层见，玉女窗明处处通；念我仇池太孤绝，百金归买碧玲珑。"苏东坡想用重金买得此石，与自己另两块奇石仇池做伴，只因行色匆匆未果。八年后，苏东坡又路经湖口，再访李正臣，岂料"壶中九华"早已被别人买去。苏东坡怅怅不已，和前韵又做诗一首，其中有"尤物已随清梦断"之句，可见八年来东坡对此石情深难舍。第二年，诗人黄庭坚泊舟湖口岸边，李正臣手持苏东坡的两首诗来见。此时"壶中九华"已然不见，苏东坡也已下世了，黄庭坚感叹不已，也步苏诗韵作七律一首，感怀故友。"壶中九华"的故事，也就成为我国赏石史上一段佳话。

英石

英州[1]含光、真阳[2]县之间，石产溪水中，有数种：一微青色，间有（通）白脉笼络；一微灰黑，一浅绿，各有峰、峦、嵌空穿眼，宛转相通。其质稍润，扣之微有声。可置几案，亦可点盆，亦可掇小景。有一种色白，四面峰峦耸拔，多棱角，稍莹彻[3]，而面有光，可鉴物，扣之无声。采人就水中度奇巧处凿取，只可置几案。

【注释】

〔1〕英州：今广东省英德县。

〔2〕含光、真阳：汉代县名，现已废除。

〔3〕莹彻：莹润透明。

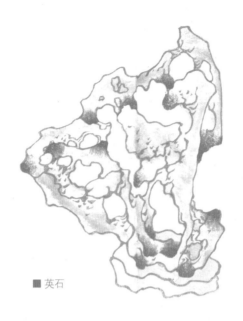

■ 英石

【译文】

在广东英德的含光、真阳两地间的溪水里，出产英石，有好几个种类：一种颜色微青，上面有白色的脉络；一种颜色略呈灰黑色；一种颜色为浅绿色，形状都如峰峦一样，上面的洼空、孔眼，宛转相通，英石质地清润，敲击时略有响声。可以放置在几案上观赏，也可以点缀在盆中做盆景，还能堆叠起来做成小景观。还有一种颜色洁白的英石，四面都像是高耸挺拔起伏的峰峦，有很多棱角，质地也晶莹透彻，表面有光泽，可以照出物体的影子，敲击起来没有声响。采石的工匠在水里选取造型奇巧的石头凿断取出，只适合放在几案上供人欣赏。

【延伸阅读】

英石，又称英德石，产地为广东省英德市，这里在历史上有英州之称，故而所产奇石称为英石。英石的准确产地是在英德东北的石灰岩山上，因为山体表面经历了千百年的风化和侵蚀，所以形成了姿态变化万千、石体玲珑剔透的石块。

根据英石的表面形态不同，可以把它分为直纹石、斜纹石、叠石等。一般露天的石头，被称为阳石，这类石头具有皱、瘦、漏、透的特点；而那些被埋藏在土里的石头，被称为阴石，特点是莹润通透。从色彩上来分，英石一般多呈青苍或者微青、灰黑的颜色。此外，英石的纹理细密，石头表面经常裂纹交错，脉络迂回，非常精妙。

开采英石玩赏英石的历史非常漫长，已经有数千年了。它曾让无数的石迷为之倾倒。另外，英石也被大量地用于古典园林之中，成为传统园林的四大名石之一。它的造型比较怪异，是大自然鬼斧神工的一种体现。在艺术上，它集沉稳与跳跃、刚硬与柔美、空灵与深沉为一体，呈现出极美的审美效果。无论是用于园林假山叠造，还是用于几案供赏，都是一种不错的选择。

【名家杂论】

英石是中国古代造园师最喜欢的石头类型之一。清代有个叫陈洪范的文人，曾经写了一首诗来赞美英石："问君何事眉头皱，独立不嫌形影瘦。非玉非金音韵清，不雕不刻胸怀透。"

在很早的时候，中国就开始了对英石的开采和使用。它不仅被广泛用于假山堆叠，还是古代文房供石的重要石材之一。北宋时期的文人米芾，对石头极为痴爱，他曾在现在的广东省英德市浛洸镇做官，得天时地利，对英石的喜爱达到了如痴似醉的地步。他不仅玩石赏石，还创立了一整套的相石理论，后人用来相石的"瘦、漏、皱、透"四字诀，就是米芾所创。

北宋的大文学家苏东坡，和英石也有一段不解之缘。北宋治平四年（1067年），苏轼到扬州做官。一次，他的表弟程德儒送他两块英石，都是长约一尺，看上去透漏峭崎，有清远幽深的情致。苏东坡对两块石头爱不释手，并根据杜甫《秦州杂诗》中"万古仇池穴，潜通小有天"的诗句，将这两块英石命名为"仇池"。后来驸马都尉王诜听说有此奇石，就想向苏东坡借来一观。苏东坡知道东西到了对方的手里，要回来的机会就很小了。但是人家张口说看看，不能不给人家。对石头恋恋不舍的苏东坡于是写了一首诗和石头一起送过去，陈述石头来之不易，希望对方有借有还。王诜收到诗和石头，只顾对石头赞叹不已，哪里记得那首诗。过了很久，苏东坡见王诜没有归还的意思，就要求王诜用他的《牧马图》交换自己的英石，王诜拒绝了苏轼的提议。看王诜如此无赖，苏东坡也顾不上朋友之情了，又写了一首长诗给王诜，其中有"盆山不可隐，画马无由牧。聊将置庭宇，何必弃沟渎。焚宝真爱宝，碎玉未忘玉"，告诫王诜不要因为两块石头搞得玉石俱焚。王诜看了，知道苏轼真的火了，就一步三回头地把仇池还给了苏轼。

素以朋友众多、性情豪迈著称的苏东坡，也为两块英石如此惶惶，不惜和朋友闹翻，它的魅力之大，由此也可见一斑了。

散兵石

"散兵"者，汉张子房[1]楚歌散兵处也，故名。其地在巢湖[2]之南，其石若大若小，形状百类，浮露于山。其色青黑，有如太湖者，有古拙皴纹者，土人采而装出贩卖，维扬[3]好事，专买其石。有最大巧妙透漏如太湖峰，更佳者，未尝采也。

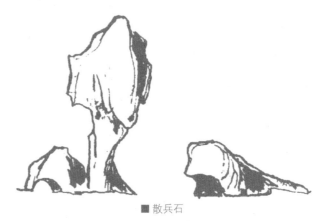

■ 散兵石

【注释】

〔1〕张子房：汉代的名臣张良，字子房。他曾用四面楚歌的计策减弱楚霸王项羽兵士的士气，辅佐汉高祖消灭秦楚，统一天下。"楚歌散兵"的事件在《史记·项羽本纪》里面有记载。

〔2〕巢湖：位于今安徽省巢湖市的西部，也叫"焦湖"。

〔3〕维扬：即今江苏省扬州市。在《尚书·禹贡》里面，有"淮海惟扬州"的记载，因后来《毛诗》把"惟"都作"维"，故后人便把"维扬"作为扬州的另一种称谓。

【译文】

散兵石，就是汉朝的张良率兵包围楚霸王项羽，并以楚歌散兵之处出产的石头，也因此有了这个名号。此地位于安徽省巢湖的南部，出产的散兵石有大有小，形状不一，裸露于山地表面。这里的石头颜色青黑，有的像太湖石，有的古拙质朴，石上有皴纹。当地人将其开采并装运贩卖，扬州很多喜好山石的雅士专门购买散兵石。现有的最大散兵石，奇巧漏透的特点如同太湖石。比这更好的石头，恐怕还没有开采出来。

【延伸阅读】

散兵石的产地是安徽巢湖南部的散兵镇，相传当年楚汉相争时，张良率领部队在这里包围了楚霸王项羽，并用"四面楚歌"之计使项羽军心动摇导致战败，因此得名散兵镇。

散兵石和太湖石非常相似，都属于石灰岩类石头。它的颜色一般为灰色，也有少量呈黑色。石灰岩的结构不很坚固，比较容易受到外部因素的侵蚀和风化，比较疏松的地方就会脱落，坚硬的地方被保存下来。如此一来，就会表面布满曲折的孔眼，呈现出漏透的形状。散兵石无论用于叠山还是用于布置庭院，都有很高的观赏性。

事实上，中国出产石灰岩的地方非常多，如果地形构造和岩石、水文条件合适，大多可以找到这样的石头。

黄石

黄石是处皆产，其质坚，不入斧凿，其文古拙。如常州黄山[1]，苏州尧峰山[2]，镇江图山[3]，沿大江直至采石[4]之上皆产。俗人只知顽劣，而不知奇妙也。

【注释】

〔1〕黄山：此处指的是常州的黄山，位于武进县境内。

〔2〕尧峰山：位于今江苏苏州的西南方向，据传尧帝时吴地遭遇洪水，百姓就到这里避居。

■ 黄石

〔3〕图山：位于今江苏镇江东北部，是江防重地。

〔4〕采石：地名，在今安徽省马鞍山的西南翠螺山脚下，原名牛渚矶，因为盛产五彩石，所以在三国时期改名为采石。

【译文】

黄石这种石头有很多产区，它的石质坚硬结实，斧凿难开，纹理古雅朴拙。在常州的黄山，还有苏州的尧峰山、镇江的图山等地，沿长江而上直到采石以上都出产黄石。那些俗人只知黄石顽劣，却不知道这种石头用于掇山的奇妙之处。

【延伸阅读】

黄石属于沉积岩中的砂岩，它和太湖石一样，是最著名的园林用石之一。

黄石的特点是棱角分明，有锋芒毕露的姿态，有质朴雄浑的外表和古拙苍劲的气质。这种阳刚之美和湖石的阴柔气韵有所不同，用湖石和黄石，能够叠造出意趣不同的山体，体现出两种截然不同的风格，这两种假山可以根据环境的不同，放置在不同的园林区域里。在扬州的个园，就利用湖石的阴柔之美和黄石的刚健之美，叠造了四季假山中的两座山：用湖石叠造了夏山，用黄石叠造了秋山。而苏州的耦园，东花园就用黄石叠山，西花园用湖石叠山。

旧石

世之好事，慕闻虚名，钻求旧石，某名人题咏，某代传至于今，斯真太湖石也，今废，欲待价而沽，不惜多金，售为古玩还可。又有惟闻旧石，重价买者。夫太湖石者，自古至今，好事采多，似鲜矣。如别山有未开取者，择其透漏、青骨、坚质采之，未尝亚太湖也。斯亘古露风[1]，何为新耶？何为旧耶？凡采石惟盘驳、人工装载之费，到园殊费几何？予闻一石名"百米峰"，询之费百米所得，故名。今欲易百米，再盘百米，复名"二百米峰"也。凡石露风则旧，搜土[2]则新，虽有土色，未几雨露，亦成旧矣。

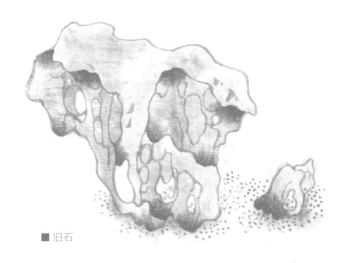

■旧石

【注释】

〔1〕露风：形容石头被风吹日晒。

〔2〕搜土：指从土中刚开采出来。

【译文】

　　世上那些喜好奇石的人，常常为了贪图虚名，四处搜寻购买旧石。某座名园里的某块峰石，曾有名人在上面留下墨迹，然后从某代传到现在，是货真价实的太湖石，现在园子已经荒废，所有的假山石块都在出售，于是不惜花大价钱买来，收藏为古玩尚可。还有一类人，只要听闻有旧石，就会花重金买来。其实真正的太湖石，从古至今，喜欢的人很多，开采量也大，如今剩余的已经不多了。如果是其他山有这样的石头，而且没有被开采过，就可以选择那些透、漏、颜色青黑、质地坚实的开采，比太湖石也差不到哪儿去。这些石头都是在山上遭受风吹日晒，什么叫新，什么叫旧呢？开采石头只需支付运输、装载的人工费用，运到园林中能花多少费用？我听说有块叫"百米峰"的石头，询问后得知，这块石头是人家花费了一百石米的价钱购得的，所以叫这个名字。如果现在买石要花费一百石米的价钱，再花费一百石米的价钱来付搬运费，那这块石头是不是要取名"二百米峰"呢？无论什么石头，露天放置就会变旧，刚从土里挖出来的就非常新，还带有泥土的颜色，一旦经过了风雨的吹洗，很短的时间内也就成为旧石了。

【延伸阅读】

从本节的阐述中可以看出，计成对于一些人盲目以旧石为贵的态度，是不赞同甚至有些反感的。如果石质和形状合适，用新石叠造假山，又运送方便，那还真是比千里迢迢运来旧石头好。不过，如果从人文的角度考虑，旧石中蕴含了丰富的人文意义，就要比新石珍贵多了。

对于判别石头到底是新还是旧，有很多的门道。首先，要看古籍中是否有这种石头的相关记载，实在没有文字记载的，可以考察它的拥有者的身份，看看是否存在传承关系；其次，要对旧石的种类有所了解。由于古代交通和科技水平的限制，能够开发的石头种类也较为有限，一般以灵璧石、太湖石、英石为主。那些无文字记录突然出现的石种，一般都是新石。

另外，古人对石头的玩赏，常常是和题刻文字分不开的。有些铭刻字体的旧石，承载了非常厚重的历史文化信息，是一些历史人物和历史事实的珍贵旁证，这些内涵和石体本身结合，形成了旧石与众不同的价值。这种旧石的辨别，可以从字体风格和镌刻年份等细节上来考证。

对于那些摆放在几案上的石头，古人常常会给石头配上木质底座，这就给辨别旧石的真伪提供了证据。正如计成所说，石头本身就有苍古老旧的特质，新出土的石头经过风吹日晒，很快就显出老态，所以做旧非常容易。但是，做旧木质底座相对来说要困难一些。因此，辨别旧石时，看底座是否是真的古董，也是一个重要的办法。

锦川石

斯石宜旧。有五色者，有纯绿者，纹如画松皮，高丈余，阔盈〔1〕尺者贵，丈内者多。近宜兴有石如锦川〔2〕，其纹眼嵌石子，色亦不佳。旧者纹眼嵌空，色质清润，可以花间树下，插立可观。如理假山，犹类劈峰。

【注释】

〔1〕盈：富余，超过。

〔2〕锦川：指过去锦州府的小凌河。这里所产的石头名为锦州石，也叫锦川石。

■ 锦川石

【译文】

　　锦川石以旧石为上品，有些五彩相间，有些是纯绿色的。它的纹路像画中的松树皮一样，以高过一丈、宽过一尺的为贵，但一般高度在一丈之内的居多。最近宜兴一带出产一种类似锦川石的石头，但其纹理和孔眼中嵌有石子，颜色也不是很好。旧锦川石的纹理孔眼都空灵雅致，颜色清亮，质地莹润，把它们插立在花木之间，看上去非常美观。假如用锦川石掇山，可做成险峭的劈峰。

【延伸阅读】

　　锦川石，也叫锦州石或松皮石、石笋石。它出产在辽宁省锦州市的河边，属于沉积岩。锦川石的石身细长，如同竹笋形状，因此古人也称它为松皮石笋。这种石头的表面有一层层的花纹和斑点，就如松树的纹路。在园林中用以造景时，常被放在庭院的某个角落，或是书斋旁边。在江南的古典园林里，以此石造景的例子很多，苏州留园里，就有一个一丈多高的松皮石笋，上海豫园也用此石做成了一处竹石景观。

　　古时以一种纯绿色而带黄纹、高度超过一丈的锦川石为上品。还有一类锦川石，笋状的石头上面嵌有很多卵石，有些卵石脱落后，就形成了窝眼，经过雨雪的洗刷，看上去非常莹润。这样的石头，常被和花木搭配在一起，形成雅致的景观。

在江苏无锡的宜兴，也出产一种和锦川石相似的石头，它的外表像锦川石的松皮花纹，形状如同砥柱，石头表面带有眼窠状凹陷。它的色彩不是很鲜丽，大概有淡灰绿、土红、黄、赭等几种颜色。一般只有一米长，最长的也有高过两米的，不过很是罕见。这种宜兴锦川石可以做假山的劈峰，也可以放在花木中间做点缀之用。

清代在乾隆年间做过锦州郡守的范勖在《锦州府志·锦石赋》中，这样形容锦川石的地位："锦州因锦川，锦川因锦石。水皮与山骨，同文异虚实。"清代也有诗人写诗赞美锦川石："家近凌河水拍天，河中时有木兰船。妾身愿做锦川石，不怕游人不解怜。"由此可见当时文人雅士对锦川石的青睐有加。

花石纲

宋"花石纲"[1]，河南所属边近山东随处便有，是运之所遗者。其石巧妙者多，缘陆路颇艰，有好事者，少取块石置园中，生色[2]多矣。

【注释】

〔1〕花石纲：北宋时期，徽宗在东京（也就是今天的开封）建艮岳，让人在苏州设立专门供应花木和太湖石的机构，然后大批运送到京都，费用非常昂贵。当时运送花石的船只，绵延几千里，世人称之为"花石纲"。

〔2〕生色：形容景色鲜明活泛。

【译文】

宋代的"花石纲"，分布散落在河南和山东交界处，很多地段都有，都是当年向开封运送花石时遗留的。这些石头形态奇巧美妙，但由于在陆地上运送非常困难，所以有些山石爱好者也只是稍稍捡起几块点缀在园林里，园林的景色就因此鲜明生动多了。

【延伸阅读】

宋朝时期，把水陆两种运输方式中运载的物资以组为单位编成"纲"。运送马匹的运输队就叫"马纲"，以五十匹马为一纲；运送大米的就叫"米饷纲"，以

■ 花石纲

一万石大米为一纲。在小说《水浒传》中，杨志帮助梁中书押运的是献给蔡京的"生辰纲"。

花石纲比较特殊，它是中国历史上专门给皇帝运送花木石头的编队名称。宋徽宗特别喜欢奇花异石，就组建了一支专门在水上运输花石的运输队，十艘船编成一纲。花石纲的负责人遵照皇帝的命令，从东南地区收集奇花异石，运到北方的都城。

花石纲前后共运送了二十多年，运到京城的奇石有数十万块，其中最贵的一块石头，仅运费就三十万贯钱，相当于那时一万户普通人家一年的收入。运输中遇惊涛骇浪，人船皆没的也不可胜数。

【名家杂论】

北宋崇宁年间，皇帝宋徽宗为了修建一座名为艮岳的皇家园林，专门成立了花石纲，从南方运送花石到北方的都城。徽宗皇帝在奇花异草和奇石最多的苏州设了一个专门的机构，叫应奉局。当时的宰相蔡京推荐了一个叫朱勔的苏州人，此人在辨识山石方面是个高手，所以成了应奉局的管理者，应奉局负责在江南一带搜罗奇花异草和奇巧美石。

花石纲运输线非常长，由此带来的民生之扰，波及江淮沿岸的很多地方。尤其是两浙地区，受到的干扰最为严重。当时的应奉局官员没事儿就四处闲逛，只要看到哪家院子里有一木一石、一花一草可供玩赏的，应奉局立即派人以黄纸封上，称为供奉皇帝之物，让居民严加看护，如果有什么闪失，就视为对皇帝的大不敬。有时候为了运高大的石头，还需要把百姓的房子或墙壁拆毁，甚至弄得百姓家破人亡，一时之间民怨沸腾。

不过民愤依然改变不了徽宗本人对运送花石的兴趣，据相关文献记载，应奉局的人在安徽灵璧县发现了一块巨大的灵璧石，需要特制的大船才能运输，入城时还需要把城门拆毁。几千个人抬着它，浩浩荡荡到了京都，宋徽宗看了，喜欢得不知道如何是好，提笔赐给这块石头"卿云万态奇峰"的名号，并且把一条金带悬挂于石上。更过分的是，北宋宣和五年（1123 年），太湖出产了一块高大的巨石，几百个人都抱不过来，宋徽宗看了，更是欢喜不已，做了一件荒唐事：封这块石头为"盘固侯"。后来，朱勔在华亭发现了一棵唐朝时期栽种的大树，但这棵树无法从河道运送，只能从海上运。结果船在海上翻了，运送的工人和古树都沉入海底，酿成一幕悲剧。

六合石子

六合县[1]灵居岩[2]，沙土中及水际，产玛瑙[3]石子，颇细碎。有大如拳、纯白、五色纹者；有纯五色纹者；甚温润莹彻，择纹彩斑斓[4]取之，铺地如锦。或置涧壑急流水处，自然清目[5]。

夫葺[6]园圃假山，处处有好事，处处有石块，但不得其人。欲询[7]出石之所，到地有山，似当有石，虽不得巧妙者，随其顽夯，但有纹理可也。曾见宋杜绾《石谱》[8]，何处无石？予少用过石处，聊记于右，余未见者不录。

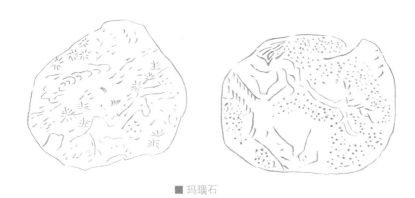

■ 玛瑙石

【注释】

[1]六合县：现属于江苏的南京，在与安徽接壤的长江北岸。

[2]灵居岩：现被称为灵岩山。

[3]玛瑙：一种石英类的矿物质，属于玉髓矿的一个类别，按纹理和色彩可分为带状、苔纹、碧玉、珊瑚等种类。此处是指这种六合石看起来像玛瑙一样。

[4]斑斓：形容花纹错杂、颜色绚丽。

[5]清目：视觉上清爽悦目。

[6]葺：原指用茅草覆盖屋顶，文中指堆叠。

[7]询：探知，询问。

[8]杜绾《石谱》：杜绾，南宋越州山人，也即今浙江绍兴人，字季阳，号云林居士。《石谱》即指杜绾的《云林石谱》，书中一共记述了一百多种石头，每

种石头的产地、采集方式、形态特点、色彩光泽等都记录得较为详备，对石头的优劣也有评价。

【译文】

在江苏六合县灵居岩的沙土之中和水岸上，出产一种外观和玛瑙一样的石子，这种石子非常细碎，大的如拳头一般，有纯白底色上带五色花纹的，有纯五色花纹的。石头的质地温润有光泽，选那些花纹斑斓绚丽的铺到地上，看起来就像是织锦地毯一样。或者把它们放在山涧沟壑等有水流经的地方，看起来也清爽可爱。

随处可见对堆叠园圃假山情有独钟的人，很多地方也有合适的石块，可是却少有精通叠山之人。有人想知道哪里出产佳石，其实哪里都有山，有山就会出产石材，尽管开采的石头不一定很奇巧，看起来顽劣一些，只要石块上有纹理脉络就可以叠山。我曾读过宋代杜绾所写的《云林石谱》，上面记载有一百多种石头，所以说何处不产石材呢？我使用过的石材出处不是很多，都记录于上，没见过的也就不写了。

【延伸阅读】

六合石子也就是我们今天所说的雨花石，它属于石英类石头，是由石英、玉髓和燧石或蛋白石混合形成的珍贵宝石，也称雨花玛瑙，又称文石、观赏石、幸运石。主要产于南京市六合区及仪征市月塘一带。

相传在南北朝时期的梁代，有位叫云光法师的高僧在南京南郊讲经说法，上天听之感动，就落花如雨，花雨落地成石，雨花石也由此而来。后来云光法师讲经的地方就更名为雨花台。所谓"天花乱坠"，正是由此而来。不仅传说动人，雨花石本身的样貌也很不一般。细细玩赏雨花石，会发现它体积虽小，却广纳万物，似乎山川人物、飞鸟鱼虫无所不有。其色彩艳丽，变化万千，人们历来喜欢把它放置在水盂中，或陈设于书斋、案头，奉为高雅之物。

【名家杂论】

园林从来都与文人关系密切，而点缀园林的石头，自然也和具有奇情雅趣的文人有着撇不开的关系。明万历三十六年（1608年），宋代名士米芾的后人米万钟，官场失意，被贬到六合县做官，从此和六合奇石结下了不解之缘。

雨花石原本只是在当地被人喜爱，其声名未曾远播。书画双绝的米万钟本就擅长画石,对天下名石也痴爱有加,他对雨花石可谓一见钟情。痴迷到什么程度呢?有记载说米万钟珍藏了很多雨花石,其中一块大如柿子,形状扁圆,上面的色彩绚丽错杂,纹路丝丝缕缕,即便是最上等的锦缎也不及它的华美。米万钟珍爱如命,却恰恰在一次经过燕子矶时,失手把它掉落水中,费尽周折也没捞上来。这让米万钟悔恨不已。第二年又经过这里,他凝神看江面上有五色光芒,就告诉旁边的人自己的石头肯定掉到了这里。众人笑他痴,结果下水一捞,果然找到了那块石头。米万钟逝世以后,这块石头就做了陪葬品。此事颇具传奇色彩,真假如何无从判定,但雨花石的魅力由此可见一斑。

米万钟经常亲自到灵岩山区采集雨花石,还出很高的价钱收购奇石。在他行动的感召下,六合人开始重视他们习以为常的雨花石。一时之间,采石、赏石、收藏雨花石的风气开始兴起。在《六合县志》中记载,当时的六合石子,有的高达一千钱一枚,是当时文人雅士"书室净几不可缺之物"。有些痴爱此石的人不惜竞价争购,许多穷人也开始靠采石为生。有时候得到一枚好的石头,大家争相品评,一整天都沉浸在欢欣之中。有些石头,更是被赋予风雅之名,如"琅邪古雪""雨中春树万人家"等等。诗人笔下,画家眼中,六合雨花石从此尽染风雅之韵。

借 景

借景必须审度四时景色和气候的变化特点，和风水学所说的八宅没什么关系。林下和池沼旁边适合人们站立眺望的地方，就可借用或萧寒或青翠的树林、竹林景色。

构园无格，借景有因。切要四时，何关八宅[1]。林皋延伫[2]，相缘竹树萧森[3]；城市喧卑[4]，必择居邻闲逸[5]。高原极望，远岫[6]环屏，堂开淑气[7]侵人，门引春流到泽。嫣红[8]艳紫，欣逢花里神仙[9]；乐圣称贤[10]，足并山中宰相[11]。《闲居》[12]曾赋，芳草[13]应怜；扫径护兰芽，分香幽室；卷帘邀燕子，闲剪轻风。片片飞花，丝丝眠柳；寒生料峭[14]，高架秋千[15]；兴适清偏[16]，怡情丘壑。顿开尘[17]外想，拟人画中行。林樾[18]初出莺歌，山曲忽闻樵唱，风生林樾，境入羲皇[19]。幽人即韵于松寮；逸士弹琴于篁里[20]。红衣[21]新浴；碧玉[22]轻敲。看竹溪湾，观鱼濠上[23]。山容霭霭[24]，形云故落凭栏；水面鳞鳞，爽气觉来欹枕[25]。南轩寄傲，北牖虚阴[26]；半窗碧隐蕉桐，环堵翠延萝薜。俯流玩月，坐石品泉。苎衣[27]不耐凉新，池荷香绾[28]；梧叶[29]忽惊秋落，虫草[30]鸣幽。湖平无际之浮光，山媚可餐之秀色。寓目一行白鹭[31]；醉颜几阵丹枫[32]。了远高台，搔首青天[33]那可问；凭虚敞阁，举杯明月自相邀[34]。冉冉天香，悠悠桂子[35]。但觉篱残菊晚，应探岭暖梅先。少系杖头[36]，招携邻曲[37]；恍来临月美人[38]，却卧雪庐高士[39]。云冥黯黯[40]，木叶萧萧；风鸦几树夕阳，寒雁数声残月。书窗梦醒，孤影遥吟；锦幛偎红，六花[41]呈瑞。棹兴若过剡曲[42]；扫烹果胜党家[43]。冷韵[44]堪赓[45]，清名可并；花殊不谢，景摘偏新。因借无由，

■〔清〕袁耀 万松叠翠

触情俱是。

夫借景，林园之最要〔46〕者也。如远借，邻界，仰借，俯借，应时而借。然物情所逗，目寄心期，似意在笔先，庶几描写之尽哉。

〔注释〕

〔1〕八宅：一种方位用词，指八个方位，一般阳宅依八卦的方位，有东四宅、西四宅之分。

〔2〕延伫：长时间站立。

〔3〕萧森：形容秋季景色，林木森森，萧瑟而飒爽。

〔4〕喧卑：世俗闹市喧哗俗气。

〔5〕闲逸：清净悠闲，幽雅静谧。

〔6〕远岫：指远处的山峦或山洞。南朝诗人谢朓有"窗中列远岫，庭际俯

乔林"之句。

　　〔7〕淑气：原指神灵之气，此处指自然界的温和之气。晋代陆机在《悲哉行》中有"蕙草饶淑气，时鸟多好音"之句。

　　〔8〕嫣红：娇媚鲜艳的红色，代指红色的鲜花。

　　〔9〕花里神仙：系借用明朝冯梦龙在《醒世恒言》中所写"灌园叟晚逢仙女"的故事。故事讲了一个酷爱养花的老人灌园叟，因其对花的痴爱感动了仙子，所以后来他遇到麻烦时，百花仙子现身相助。此处用以形容园林中繁花盛开，美如仙境。

　　〔10〕乐圣称贤：对嗜酒者的一种文雅称呼。《三国志·魏书》中有"平日醉客称酒清者为圣人，浊者为贤人"之句。

　　〔11〕山中宰相：据《南史·隐逸传下·陶弘景传》中记载，南朝道家名士陶弘景隐居在句容茅山，梁武帝屡次要聘其为官都被拒绝。后来，国家有重大事情需要商议时，梁武帝就写信咨询他的意见，甚至达到一个月写好几封信的程度。时人就称陶弘景为"山中宰相"。

　　〔12〕《闲居》：西晋名士潘安因为母亲生病，辞去官职隐居，并写《闲居赋》寄寓落寞失意之感。后人用《闲居赋》来形容文人辞官赋闲的生活。

　　〔13〕芳草：有香气的草，用来比喻人的品德高尚。

　　〔14〕料峭：微寒，多指春寒。苏轼《定风波》中有"料峭春风吹酒醒，微冷"之句，历代诗词中也多见此词。

　　〔15〕秋千：一种游戏用具，长绳上端固定到架子上，下系一横板，人蹬或坐木板上来回摆动。相传从北方少数民族引入中原。唐代，每年寒食节宫中嫔妃都会荡秋千，唐玄宗戏称此为"半仙戏"。

　　〔16〕清偏：内心清净闲适。

　　〔17〕尘：世俗社会。

　　〔18〕林樾：林间的空隙地，这里指林荫。

　　〔19〕羲皇：伏羲。此处是指伏羲氏时代的人们，过着悠闲自在的生活。

　　〔20〕幽人即韵于松寮；逸士弹琴于篁里："幽人"和"逸士"都指隐士。篁指竹林。

　　〔21〕红衣：颜色粉红的荷花。唐朝诗人许浑曾经有"烟开翠扇清风晓，水泛红衣白露秋"的诗句。

　　〔22〕碧玉：比喻竹林色彩碧绿如玉。《乐府诗集》中有《碧玉歌》，描写一位

叫碧玉的女子，其中有一句"碧玉小家女"，故而后世就把平凡老百姓家的女儿称为小家碧玉。

〔23〕观鱼濠上：典故来自《庄子》的"秋水篇"，此篇记载了庄子和惠施在濠梁之上观鱼的故事。在寓言里，庄子用鱼的自由快乐，来比喻人怡然自得的境界。此后，"濠濮观鱼"也成了文人怡然闲居生活的象征，而人们也常用"濠濮"来比喻那些高人名士归隐闲居。

〔24〕霭霭：形容树木花草郁郁葱葱茂密的样子。

〔25〕敧枕：靠到枕头上。

〔26〕南轩寄傲，北牖虚阴：或者依靠在南面的窗户上，或者打开北面的窗户纳凉。"南轩寄傲"引用自晋代陶渊明《归去来兮辞》"倚南窗以寄傲，审容膝之易安"，表达了一种傲世隐居的志向。

〔27〕苎衣：用苎麻织成布料后缝制而成的衣服，一般称为"夏衣"。

〔28〕绾：把东西聚集起来，使之不散开。

〔29〕梧叶：古人有"梧桐叶落，便知秋至"的说法。

〔30〕虫草：在草丛里栖息的虫类，如蟋蟀、螳螂等。

〔31〕一行白鹭：白鹭，水鸟名，又叫鹭鸶，腿与脖子都很长，羽毛雪白，嘴壳很坚硬。唐朝杜甫有"一行白鹭上青天"的诗句。

〔32〕醉颜几阵丹枫：形容金秋时节枫叶变红，如酒醉后的面庞。

〔33〕搔首青天：挠头望天，这里形容人思考问题的样子。宋代苏东坡有"明月几时有，把酒问青天"的词句，此处即借这种寓意。

〔34〕举杯明月自相邀：举起酒杯对着明月，自己邀请自己喝上一杯。此处借意唐朝李白"举杯邀明月，对影成三人"的诗句。

〔35〕冉冉天香，悠悠桂子："天香"和"桂子"都指桂花。

〔36〕杖头：古代人们在买酒时会把铜钱挂在手杖之上，所以后来就用"杖头钱"来指买酒钱，有时候会省略成"杖头"或者"杖钱"。宋朝苏东坡有诗句为"芒鞋青竹杖，日挂百钱游"。

〔37〕邻曲：指邻人，乡亲。

〔38〕临月美人：形容月夜梅花林的美好。

〔39〕雪庐高士：在雪花飘飞的天气里，高士在草庐之中安然入睡。此句是描写冬季园林中的景色之美，以及园主人安逸闲适的生活。

〔40〕黯黯：形容光线暗淡的样子。

〔41〕六花：指雪花，因为雪花六个瓣，故有此称。唐人贾岛诗"自著衣偏暖，谁忧雪六花"，宋代梅尧臣有诗"寒令夺春令，六花侵百花"。

〔42〕剡曲：指位于浙江省嵊州南的剡溪，也被称为戴溪。

〔43〕党家：相传宋代的太尉党进是个粗俗武夫，他把自家的姬妾送给了当时的名士陶谷。一日大雪纷飞，陶谷让党家送来的姬妾以雪水烹茶，然后问这个侍妾在党家有没有做过这样的事。女子回答："党太尉只知道在销金帐中烫羊羔酒喝，哪会有这么风雅。"文中用这个典故，意在说明园林中的文人雅士，比那些只知道喝羔羊美酒的人生活高雅得多。

〔44〕冷韵：指在寒冬时发生的一些韵事。

〔45〕赓：古汉语用字，即现代的"续"字。

〔46〕最要：最为重要的事情。

【译文】

　　整体来说造园没什么固定的法则，但借景是有据可依的。借景必须审度四时景色和气候的变化特点，和风水学所说的八宅没什么关系。林下和池沼旁边适合人们站立眺望的地方，就可借用或萧寒或青翠的树林、竹林景色；市井闹市一般都是嘈杂低俗的，所以园林选址要在城市中偏僻幽静之处。高原视野开阔，远山似屏环抱。厅堂要敞亮高大，打开门窗就会有温和的气息扑面而来，让人心旷神怡；门前要有一湾春水，引入园中池沼。在姹紫嫣红的花海中，也许会遇到花中仙子；

■〔明〕蓝瑛 山水图卷

于林下醉卧，像当年山中宰相陶弘景一样逍遥。

　　园中的景色根据四季变化而有所不同，春天来临就效仿潘安吟诵一首《闲居赋》，或像屈原一样写《芳草》；清洁花径，爱惜花木嫩芽，如此幽室便香气满溢；卷起软帘，让燕子自由来往，如剪三月春风。落红飘飞风中，碧柳枝条低垂；春寒尚能冻人，寒食节秋千已被高高荡起。悠闲之际就乘兴到园中游览，于丘壑之间寄寓闲情。园林里的景色如此美好，让人超然世外，似乎行走于画卷之中。

　　夏季到来，树林里莺歌燕舞，山中溪旁不时传来樵夫的欢歌。清凉怡人的风从林中拂来，感觉如同生活在太古悠闲的时代。隐士们在松林间吟诵诗词，高人在竹林中弹奏琴曲。芙蓉花露出水面，如同美人刚刚出浴；稀疏的雨点打在翠竹之上，就像云板奏乐、妙音唱曲。到溪水边赏看竹影，在池沼旁观赏鱼儿戏水。山间薄雾缥缈，倚栏远眺，好像云朵落在了栏杆前；水波粼粼，倚枕而眠，感觉凉爽的风不时吹到跟前。坐于南轩之中远眺，一股傲骨高远之气油然而生；开启北面的窗户，夏日清凉之气扑面而来。半开半掩的窗外隐隐有芭蕉和梧桐绿荫，围墙上萝薜堆累青翠欲滴。在溪流之上停步看水中明月，在山岩上品一口清凉甘洌的泉水。

　　秋天来临，那些夏季所穿之衣，已经不耐秋天的凉气，但是水上荷花依然发出让人留恋的清香。一片梧桐叶飘落，告知人们秋天已至，草丛中的虫子鸣叫，让人觉得园林如此幽静。湖水平静，上面的波光似乎看不到边际，山色娇媚，秀色可餐。一行白鹭飞上高远的蓝天，枫叶红艳如醉后的脸庞。登上高高的楼台远望，

或者仰望碧空思索；在凌空的阁楼上举杯邀月。桂花开时，有香气冉冉飘来。

冬季来临，篱笆边上的菊花已经凋零，看来秋天真的走到尽头。或许应去山上看看那些向阳的梅花是否盛开？带着少许杖头钱，邀请邻居家的老人同去买酒；一朵朵蜡梅在月光下尤为优美，就像是佳人袅娜而至。大雪飘飞，草庐之中的名士酣然入梦。天上云层暗淡，树叶萧瑟；晚来的风中几只老鸦归巢，残月当空数声寒雁鸣叫。书房窗边醒来，孤影寂然吟诗作赋；寒冷天气观赏雪景，生起炉火拉上锦帐但觉满室温暖。兴致所致，乘一叶扁舟到剡溪去访友；扫雪烹茶，置办清淡果蔬，风雅肯定胜过了当年的党家。寒冬里有说不完的园居乐事，清名能和古代的名士们相比了。园林中四个季节都有不同的花开放，观景也要顺应时节选择那些新奇的美景。根据地理条件借景没有定式，见景有情思，便可随意愿取之为用。

借景是建造园林最关键的部分，借景的方法也不尽相同。可以分作远借、邻借、仰借、俯借、应时而借。不过触其景生此情，目之所及心才有想法，借景时要先在胸中勾画，就像是画画之前先打腹稿一样，如此才能让所借之景生色。

【延伸阅读】

通过一些专业的建造技巧，把园外的一些景观纳入园林视野，帮助营造园林的审美意境，就是园林建造上的"借景"。

借景这种方法，在中国园林建造史上有着非常悠久的历史。每座园林在空间和面积上都是有局限的，为了使园林景物的深度和广度有所扩展，让游览者的视野更为丰富开阔，就需要用借景的方式把有限的空间向无限外景中扩展。

园林的借景方法有六种，包括了近借、远借、邻借、互借、仰借、俯借。从内容上来说，有借助自然山水的，有借助动物植物的，有借助园外建筑的，有借助天文气象的等等。

【名家杂论】

借他处之景，构成自家心怡境界的做法，中国自古就有。唐朝时期建造的名满天下的滕王阁，就借用了赣江之上的浩瀚缥缈之景。后来王勃也意识到了这种借来景色的美，写下了"落霞与孤鹜齐飞，秋水共长天一色"的千古诗句。而岳阳楼，也是近处得洞庭湖湖水之美，远处得君山之美，形成了气势恢宏的山水意境。

■〔南宋〕李嵩 西湖图卷

　　最著名的"西湖十景"，每个独立的景点都运用了借景的方法。如"苏堤春晓"，就使用了借时、借影、远借、近借四种方法。每年寒冬之后，就见苏堤两岸柳绿桃艳，湖水如镜，把树木花影尽摄其中。苏堤近旁，有六座拱桥风姿绰约地立于水面；远处，保俶塔赫然耸立，还有丁家山青翠可人的双峰，直插云霄。而"西湖十景"之间，也是互相因借，相映成趣，形成一整幅生动优美的画面。

　　苏州园林名满天下，在借景方面的表现也是卓尔不凡的。拙政园的西面原本是清代的补园，而拙政园西面的一座假山上面建了一座亭子，坐在亭子中，可以把两座园林的风光尽收眼底；而留园，则近借西园的景色，远处借了虎丘山的风景；沧浪亭中的看山楼，远景借的是上方山的塔影，近处借景虎丘塔，池水之中，清清亮亮地倒映着虎丘塔的倒影，使原本相对单调的景观变得丰富起来。

自 识

中国的园林建造，从南北朝开始，就注重以园林来体现人的情怀，营造一种诗情画意的境界。因此，在古时候有很多诗人、画家成了兼职造园师。

崇祯甲戌岁[1]，予年五十有三，历尽风尘[2]，业游[3]已倦，少有林下[4]风趣，逃名[5]丘壑[6]中，久资林园，似与世故[7]觉远，惟闻时事纷纷[8]，隐心皆然，愧无买山[9]力，甘为桃源[10]溪口人也。自叹生人之时也，不遇时也；武侯[11]三国之师，梁公[12]女王之相，古之贤豪之时也，大不遇时也！何况草野疏愚，涉身丘壑，暇著斯"冶"，欲示二儿长生、长吉，但觅梨栗[13]而已。故梓行[14]合为世便。

【注释】

〔1〕崇祯甲戌岁：公元 1634 年，明崇祯七年。

〔2〕风尘：形容旅途奔波中的艰辛劳苦，又有被世俗琐事纷扰的意思，也指娼妓生涯。在这里计成用此词形容自己一生坎坷，为谋生四处奔波的造园师生活。

■〔清〕王翚 江山雪霁图

〔3〕业游：因从事职业的需要，而四处奔波。

〔4〕林下：原意是树林里，这里引申为归隐到幽静的地方。

〔5〕逃名：避名声。

〔6〕丘壑：山水。

〔7〕世故：尘世中的事物。

〔8〕纷纷：时局动乱，战争不断。明朝末年，内有宦官和酷吏动乱朝野，导致民不聊生；外有清军大举用兵，当时很多地方都有农民起义事件和城市民众暴动事件。公元1644年，李自成带领起义军攻占北京，崇祯皇帝自缢身亡。

〔9〕买山：购买山地，归隐其间的意思。

〔10〕桃源："桃源"指的是桃花源或者武陵源，东晋文人陶渊明在《桃花源记》里虚构的一个地方，可避战乱，让人过上平安富足的生活。后人用"桃源"代指隐居地。

〔11〕武侯：三国时蜀丞相诸葛亮，字孔明，为刘备手下著名谋臣。刘备逝世后，他辅佐后主刘禅，被封为武乡侯。

〔12〕梁公：唐代名臣狄仁杰。在唐高宗时做过大理丞，武则天时也任要职，去世后被唐睿宗追封为梁国公，故后有"梁公"之称。

〔13〕觅梨栗：只知道嬉闹玩耍和讨要梨栗零食，形容孩子的年龄小。东晋陶渊明有《责子》一诗："通子垂九龄，但觅梨与栗。天运苟如此，且进杯中物。"

〔14〕梓行："梓"指一种高大的乔木，此处指书籍的刻印发行。

【译文】

明崇祯七年，我已到五十三岁的知天命之年，经历了太多艰辛，也早厌倦了为谋生而各地奔波劳碌的生活。我从小就有在山林中优游的志趣，所以才埋头林

泉间，长时间做着造园的工作，对于人情世故也没有顾及太多。如今听闻时局动乱，各地都有想寻找隐居之地、避免战乱纷扰的人。我很遗憾，没有购买山地建园的能力，只能心甘情愿地做个桃源溪口边的人了。只叹我生不逢时。古时候的贤才，诸葛亮只是做了蜀汉的丞相，狄仁杰也不过是武则天手下的一个宰相，他们也是受到时运的牵绊，没有到达更高的平台。这些人还有如此遭遇，更何况我一个只能给人造园的草野莽夫呢？趁着闲暇的时间，我著成了这本书，本来是想给我的两个儿子长生和长吉的，但他们还那么小，什么事都不懂，所以就刻印发行出来，在造园方面给世人一个方便吧。

【延伸阅读】

中国的园林建造，从南北朝开始，就注重以园林来体现人的情怀，营造一种诗情画意的境界。因此，古代有很多诗人、画家成了兼职造园师。其中最为著名

■〔明〕唐寅 西园雅集图

的是唐代诗人王维。他依照图画建成了辋川别业。还有像中唐时期诗人白居易、北宋时期诗画俱佳的晁无咎、元代画家倪云林等，都曾以诗人或画家身份主持建造过私家园林。

到了明代，以造园为职业的专业造园师才出现。明代初期在杭州有位姓陆的造园师，因为叠山而出名，人称"陆叠山"。明朝嘉靖年间的张南阳，也是以画家的身份出道，后专职为人造园；周秉忠不但能做窑器和铜漆用具，还善于堆叠假山；嘉定著名刻竹大师朱邻征，也擅长造园；明代末年，有一位画家出身并在江南享有盛名的造园叠山匠师叫张涟；明末清初的戏剧家李渔，对造园术也颇精通，在《闲情偶寄》中，他对园林建造有精辟的论述。道光年间有著名匠师戈裕良，与张涟齐名，作品遍及江南各地，如常熟燕园、如皋文园、仪征朴园、江宁五松园、虎丘一榭园等。

附录
——国外的中国式古典园林

西雅图西华园

西华园位于西雅图之南社区学院，园内有多座假山及小径，溪水流经莲花池，通过岩峡，成为一股瀑布，流注为一大湖。另有一座三层宝塔，几座凉亭。园内遍植松、柏、竹等具中国特色的树木。

纽约大都会艺术博物馆明轩

明轩占地400平方米，建于美国纽约大都会艺术博物馆内，布局设计是依照中国苏州网师园里的"殿春簃"庭院建造的，有月亮门、曲廊，还有山石、竹木、花草和鱼池等，建造精巧完美，是境外造园的经典之作。该园以明代建筑风格为基调，故名为"明轩"。

纽约斯坦顿岛寄兴园

寄兴园位于美国纽约斯坦顿岛植物园内，是中国苏州留园的姊妹园，也是全美第一座完整的、完全仿真的较大型的"苏州园林"。该园依地就势，堆山理水，所用太湖石均由中国国内运去，其中的亭台堂榭、曲桥飞廊、花街铺地、云墙月洞应有尽有。著名建筑大师贝聿铭及许多美国政府要员参观后，给予高度评价。

温哥华逸园

逸园坐落在温哥华市华埠与市中心之间的中山公园内。建筑精致，幽静典雅。该园布局利用假山、水池、花木和中国传统的亭台楼阁、榭廊桥洞有机组合，形成"多方景胜，咫尺山林"的意境。入园门，一小院以曲尺形走廊与主厅华枫堂相连。堂坐北朝南，面阔三间，内四界前后带轩廊。堂南侧右翼垒石造山，一亭枕山，左翼曲地复廊，一榭浮水，对面水轩，景色秀美。

日本熊本县孔子公园

孔子公园由纪念广场、祭祀区、展示区和演出区组成。祭祀区有大式重檐六角亭，一座高达 3 米的孔子石像，四围有回廊、方亭。另有一组四合院式建筑，结合建筑布局布有小桥流水，公园植物以松柏等常绿树种为主。所有古建均按清代北方建筑风格设计。

慕尼黑芳华园

芳华园位于慕尼黑的西公园内，是欧洲的第一座中国公园。园内有钓鱼台、方亭、船厅等传统建筑，配以中国园林中的传统花木，如松、竹、梅、玉兰等。迈进芳华园竹门，一座平板小桥静卧在前。伫立桥上，一汪清池居中。园中建筑均有金黄瓦顶、五彩飞檐。园中有小亭台，月洞门内壁石精细，错落有致。

法兰克福春华园

春华园位于法兰克福贝特曼公园内，有池塘、树林和草地，具有中国徽州水口园林特色。

园内建筑造型为徽州园林传统样式，除采用大木作的营造制度，还多用徽州的"砖、木、石、竹"点缀，有浓郁的地方特色。

英国燕秀园

燕秀园位于英国利物浦黑赛河畔，占地 920 平方米。园中建筑仿照北京北海公园静心斋沁泉廊和枕峦亭建造，金碧辉煌，有我国北方皇家园林特点。

新加坡蕴秀园

蕴秀园是新加坡裕廊公园中国园内的一个园中园，面积约 5800 平方米。园内的叠石、假山均采用我国太湖的太湖石。蕴秀园以盆景为主，有微型盆景、树木盆景、精品盆景和水式盆景。

园 冶